中国旱灾风险防范研究

主　编　范一大
副主编　郑大玮　王志强　夏　军

内容简介

本书全面研究了中国不同区域的旱灾成因及旱灾发生的空间分异规律，评估了旱灾对中国社会、经济和人民生计的影响，分析了中国旱灾风险防范工作的理论技术和实践经验，阐述了中国旱灾风险防范的管理体制和有关政策，总结了各地旱灾风险防范的成功案例，介绍了中国在旱灾风险防范领域国际合作与交流的进展。这将为国家旱灾风险防范政策的制定提供重要参考，有助于推动中国与国际社会在旱情与减灾信息、技术、知识、经验等方面的交流与合作。

图书在版编目(CIP)数据

中国旱灾风险防范研究 / 范一大主编. -- 北京 ：气象出版社，2016.9

ISBN 978-7-5029-6417-7

Ⅰ.①中… Ⅱ.①范… Ⅲ.①旱灾-灾害防治-研究 Ⅳ.①P426.616

中国版本图书馆 CIP 数据核字(2016)第 208073 号

Zhongguo Hanzai Fengxian Fangfan Yanjiu

中国旱灾风险防范研究

出版发行： 气象出版社

地　　址： 北京市海淀区中关村南大街 46 号　　**邮政编码：** 100081

电　　话： 010-68407112(总编室)　010-68408042(发行部)

网　　址： http://www.qxcbs.com　　**E-mail：** qxcbs@cma.gov.cn

责任编辑： 张盼娟　　**终　　审：** 邵俊年

责任校对： 王丽梅　　**责任技编：** 赵相宁

封面设计： 易普锐企划

印　　刷： 北京中新伟业印刷有限公司

开　　本： 787 mm×1092 mm　1/16　　**印　　张：** 12.5

字　　数： 308 千字　　**彩　　插：** 3

版　　次： 2016 年 11 月第 1 版　　**印　　次：** 2016 年 11 月第 1 次印刷

定　　价： 50.00 元

《中国旱灾风险防范研究》编写委员会

主　　编　范一大

副 主 编　郑大玮　王志强　夏　军

委　　员　董治宝　刘连友　潘学标　陈　海　马柱国
王纪华　王　国　周立华　邓祥征　刘三超
师春香　李素菊　李　军　潘志华　魏玉荣

贡献专家　王昂生　吕　娟　李茂松　苗红军　吴炳方
武建军　舒立福

咨询专家　史培军　于沪宁　卢志光　刘良明　刘颖秋
朱小祥　陆光明　严昌荣　李晓兵　祝昌汉
黄朝迎　程晓陶　陶毓汾　潘耀忠　阚凤敏

序

全球气候变化已经成为关系人类社会可持续发展的重要问题。在许多国家，气候变化正在放大风险，增加灾害带来的损失，世界各国都日益感受到其带来的严峻挑战。近百年来地球气候系统正经历着一次以变暖为主要特征的显著变化，2014 年 11 月，政府间气候变化专门委员会(IPCC)发布了第五次评估报告综合报告，报告显示：过去 50 年极端天气事件呈现不断增多、增强的趋势，预计未来极端事件将更加频繁。联合国秘书长潘基文对气候变暖问题也指出："科学已经晓谕，其信息毫不含糊，领导者必须采取行动，时间并不对我们有利。"目前，水资源、生态系统、粮食生产和人类健康等领域都证实了气候变化的影响，未来气候变化影响的风险更加广泛。人类对气候的干扰越大，面临的风险就越高，气候变暖问题已经得到世界各国政府的广泛关注。

中国正经历着气候变暖的影响。1913 年以来，我国地表平均温度上升了 0.91℃，极端天气气候事件和灾害也趋多趋强。中国是典型的季风气候国家，降水南多北少，旱涝分明，气候的异常波动常带来严重旱涝灾害。中国区域性和阶段性干旱影响也呈加剧趋势，东北地区中等以上干旱日数增加 37%，西北地区东部和华北地区增加 16%，西南地区增加 10%。近年来，全国重大干旱事件频繁发生，严重威胁人畜饮水安全和粮食安全，农作物受旱面积年均达 2443 万 ha。同时，中国城市干旱问题也日趋严重，缺水城市 400 多个，其中严重缺水城市 114 个，水资源短缺将严重制约着中国城镇化的进程。

中国政府一直高度重视粮食安全和防灾减灾工作，已初步形成了中国特色的灾害风险管理体系，防灾减灾能力全面提升，灾害监测预警水平不断提高，应对极端事件和灾害成效显著。近年来国家各涉旱相关部委共同采取措施应对旱灾，开展了旱灾监测预警、旱灾损失评估、旱灾救助、抗旱水利、抗旱育种等大量工作，建立健全了应对旱灾的管理机制和法制，整体应对旱灾能力明显增强。适应气候变化，加强灾害风险防范，是降低灾害风险的重要手段。《中国旱灾风险防范研究》一书的内容，正是对全社会提高灾害风险防范能力、适应气候变化影响、降低灾害风险的有益支撑。

本书对中国应对旱灾科技成果和实践经验进行了较为全面的研究和总结，具有较强的科学性和实用性。"防灾减灾，科学应对"，本书对增进各级政府的旱灾风险防范认识水平，制定相关政策提供了重要科学参考，也对提升社会各界灾害风险防范和应对气候变化的意识有重要的实践价值和现实意义。

最后，也希望本书能出版英译本，这将有助于将中国应对旱灾方面的技术、知识、经验在国际社会进行推广和交流，为世界各国应对旱灾工作提供重要参考，也为提升我国在应对气候变化领域的国际影响和推动国际减轻旱灾风险与消除贫困方面的工作起到积极作用。

秦大河

国家减灾委专家委主任

中国科学院院士

前　　言

全球气候变化是当今国际社会最为关注的问题之一。随着人口数量增加、资源短缺、环境条件恶化，干旱灾害因其发生频率高、影响范围广，对社会经济造成的影响也日趋严重，直接威胁人类生存与发展，日益受到各国政府的广泛关注。全球陆地面积的1/3被归为干旱或半干旱地区，近一半的国家处在严重干旱发生的高风险区。据世界气象组织的统计，在各类自然灾害造成的总损失中气象灾害引起的损失约占85%，而干旱又占气象灾害损失的50%左右。第五次IPCC评估报告中指出：1880—2012年，全球地表温度上升了0.85℃。在全球气候变暖、极端干旱事件有所增加的背景下，旱灾发生的频率将有可能增加，其对人类社会造成影响的深度和广度将有可能进一步增大。

干旱灾害对全球粮食安全有着重大影响。粮食安全问题关系到人类的生存和国家的稳定，一直是各国政府工作的重中之重。据统计，2000年以来全球粮食产量一直在温和增长，中国粮食产量在经历了1999—2003年的连续下降后，2004—2009年的产量在稳步回升。但是随着人口数量的增加和生活水平的提高，加上耕地不断减少和全球气候变化等因素的影响，粮食安全问题仍然长期存在。

中国是遭受旱灾影响较为严重的国家。近年来华北地区、内蒙古中东部、长江及黄淮中下游、西南地区先后发生严重的春夏连旱、秋冬春连旱、夏秋连旱，对这些地区的粮食安全和人畜饮水安全都造成严重影响。同时中国也是有着几千年抗旱历史经验的农业大国，在减轻旱灾风险和适应农业旱灾方面有很好的科学研究成果和实践经验。

2005年，民政部与联合国国际减灾战略组织（UNISDR）共同签署合作备忘录，决定依托民政部国家减灾中心成立国际减轻旱灾风险中心，加强中国与联合国在旱灾风险防范方面的合作，推动中国和国际社会在《2005—2015年兵库行动框架》（HFA）下旱灾风险防范工作的开展。本书就是作者在组织开展国际减轻旱灾风险中心工作的过程中，在全面系统地总结和研究中国旱灾风险防范的科学研究和技术实践经验的基础上，集国内气象、水利、农业、生态、自然地理、自然灾害、社会经济、灾害遥感等不同领域旱灾专家之智，撰写而成。

本书全面研究了中国不同区域的旱灾成因及旱灾发生的空间分异规律，评估了旱灾对中国社会、经济和人民生计的影响，分析了中国旱灾风险防范工作的理论技术和实践经验，阐述了中国旱灾风险防范的管理体制和有关政策，总结了各地旱灾风险防范的成功案例，介绍了中国在旱灾风险防范领域国际合作与交流的进展。这将为国家旱灾风险防范政策的制定提供重要参考，有助于推动中国与国际社会在旱情与减灾信息、技术、知识、经验等方面的交流与合作。

本书也对中国旱灾风险防范的科技成果和实践经验进行了深入研究，并对卫星遥感等高新技术的应用进展进行了探讨。近期基于高分辨率对地观测系统的灾害监测与评估信息服务应用示范系统的建设，将为中国旱灾的预警、监测和评估起到重要的技术支撑作用。

本书由范一大总体设计。第1章由范一大、王志强、郑大玮、李素菊撰写；第2章由刘连友、王志强、夏军、马柱国、王国、李素菊撰写；第3章由范一大、潘学标、夏军、邓祥征、王纪华、周立华、潘志华、魏玉荣撰写；第4章由夏军、王志强、师春香、王国、郑大玮撰写；第5章由董治宝、王志强、陈海、潘学标、夏军、李军、周立华、刘三超、潘志华撰写；第6章由郑大玮、陈海、王国、李军、周立华、潘学标撰写；第7章由郑大玮、李素菊、王志强、范一大、马柱国、刘连友撰写。王志强、郑大玮承担了全书录入、编排、校对等工作；王志强、李素菊承担了本书编写过程中的协调联络工作。

在本书的编写过程中，国家减灾委员会专家委副主任史培军教授、联合国国际减灾战略高级协调员阚凤敏女士给予了大力的支持，苗红军、陶毓汾、陆光明、刘颖秋、黄朝迎、王昂生、吴炳方、武建军、吕娟、李茂松、舒立福等专家提出了很多建设性的意见，来红州、关妍、和海霞、刘明、马云飞、刘晓光等帮助收集整理资料，在此一并致谢。

2015年3月，在日本仙台举行的第三次联合国世界减灾大会，正式通过了《2015—2030年仙台减灾框架》(HFA2)，为未来15年全球应对气候变化、促进可持续发展、推动世界减灾战略实施给出了方向。本书是第一次对中国旱灾风险防范方面的科学技术、工作实践和成功实践的较全面的分析与研究，将为中国和国际社会在2015年后国际减灾框架时代开展旱灾风险防范工作提供重要参考。同时，随着中国和国际减灾工作的不断推进和发展，可编制《中国减轻旱灾风险国家报告》，以更好地推动中国和国际社会旱灾风险防范工作的开展，为中国和国际社会的减灾行动做出积极贡献。

限于时间及水平，书中难免出现差错，欢迎广大专家读者批评斧正。

编者

2016年1月

目　录

第1章 中国减轻旱灾风险概述

1.1 干旱与旱灾概述

1.1.1 干旱及其类型

1.1.1.1 干旱

干旱(drought)指当降水量显著低于正常记录水平时出现的一种现象。它造成严重的水文学不平衡,对土地资源生产系统产生严重影响(IPCC,2001)。中国学者提出,干旱指因水分的收入与支出或供求不平衡而形成的持续的水分短缺现象。这种水分的短缺可以表现为降水量的不足、土壤水分的缺乏或江河湖泊水位偏低等(张强等,2009)。

1.1.1.2 干旱的分类

按照致灾因子、承载体性质、灾害程度和发生季节,干旱有不同的分类方法。

(1)按照致灾因子,可分为气象干旱、土壤干旱和水文干旱。

气象干旱指某一时段由于蒸发量和降水量的收支不平衡,水分支出大于水分收入而造成的水分短缺现象。

土壤干旱指土壤水分不能满足植物根系吸收和正常蒸腾所需而造成的干旱。

水文干旱指河道径流量、水库蓄水量和地下水等可利用水资源的数量与常年相比明显短缺的现象。

虽然气象干旱、土壤干旱与水文干旱都是由于长时期降水不足所造成,但它们之间并不完全一致。例如,中国北方冬季多风少雪空气干燥,但如上年夏季降水充沛,土壤底墒充足,加上形成冻土后的聚墒效应,土壤不会显旱;而西北干旱区的河川径流主要来自高山融雪,水量与春夏升温速率密切相关,春季阴湿年反而径流偏小。

(2)从承灾体的角度可分为农业干旱与社会经济干旱。

农业干旱指由于长时期降水偏少或缺少灌溉,土壤水分不足,使作物生长受抑,减产甚至绝收,或牧草生长不良,牲畜缺乏饮水甚至死亡的农业灾害。对于种植业,农业干旱与土壤干旱的发生基本一致,但作物开花期和某些蔬菜、浆果对空气干燥十分敏感,单纯的大气干旱也能造成明显危害。

社会经济干旱是指区域可利用水资源数量不能满足需水总量而造成区域社会和经济重大损害的现象,其中发生在城市系统的通常称为城市干旱。

由于城市供水主要来自河川径流、水库蓄水或地下水，往往更多地受到上年和上游降水影响；而除灌区外，农业是否受旱主要取决于当年降水量与蒸发、蒸腾量。因此，同一地区城市干旱与农业干旱不一定同步，但发生特大干旱时一般同步。

(3)按照灾害严重程度，可分为轻度干旱、中度干旱、重度干旱和特大干旱等。

(4)按照干旱的发生季节，可分为春旱、夏旱、秋旱、冬旱、连季旱(如春夏旱、夏秋旱、秋冬旱等)、全年大旱和连年大旱等。

春旱：一般指3—5月份发生的干旱。春季是越冬作物返青、生长发育和春播作物播种出苗季节。特别是北方十年九春旱，春雨贵如油，如果降水量比常年再偏少，易发生严重干旱，不仅影响夏粮产量，还影响秋作物的播种和苗期生长。

夏旱：一般指6—8月发生的干旱，三伏期间发生的干旱又称伏旱。夏季为晚秋作物播种和秋作物生长发育最旺盛季节，初夏还是夏收作物灌浆收获期，气温高、蒸发大，干旱会影响作物生长以致减产。夏旱还造成土壤底墒不足，影响到越冬作物的秋播，水库、塘坝蓄水不足还将给冬春农业和城市用水造成困难。

秋旱：一般指9—11月发生的干旱。对作物成熟和越冬作物播种出苗不利，不仅影响当年秋粮产量，还影响下一年的夏粮生产。

冬旱：一般指12月至次年2月发生的干旱，主要影响农作物越冬和来年春播。

跨季节干旱的危害更大，北方以春夏连旱，南方以夏秋连旱，西南以冬春连旱发生频率较高。北方有些年份甚至发生春夏秋连旱甚至全年或连年大旱。

1.1.2 干旱、旱情与旱灾

1.1.2.1 干旱与旱灾

干旱与旱灾相互联系又有所区别。干旱是指一种气候或水文现象，而旱灾则指缺水对人类社会、经济活动造成危害的一种自然灾害。干旱主要是由气候、水文和地形等因素形成，在常年降水稀少的干旱气候区，或季风气候区的旱季，或发生异常气候时都可以出现干旱现象。旱灾一方面由持续少雨引起，另一方面又与人类活动有着密切关系。常年气候干旱地区如人口稀少，人均水资源较充足或利用效率较高，或通过水利工程引进区域外水资源，也可以不发生旱灾。相反，在气候较湿润和水源较多地区，如果人口过于密集且经济活动耗水过多，也有可能发生旱灾。作为自然现象的干旱，是旱灾的主要致灾因子；而作为自然灾害的旱灾，则是干旱作用于承灾体所造成的承灾体损害。

1.1.2.2 干旱与干燥

干旱也不等于干燥(arid)。干燥是指一个地区常年降水稀少和水源不足的气候与水文条件，或空气中严重缺乏水汽的天气状况。但干燥地区或天气不一定都发生干旱，湿润和半湿润气候区也可以发生干旱，如江南的夏季就经常发生伏旱。

1.1.2.3 干旱与旱情

旱情指干旱或旱灾的发生、发展、时空分布、动态变化情况及其对经济、社会、生态的综合影响。

狭义的旱情指在作物生育期内，由于降水少、河流及其他水资源短缺，土壤含水量降低，在农作物某一生长阶段由于供水量少于其需水量而影响作物正常生长，使农业生产和农民生活受到的影响。中国地域辽阔，自然条件差异很大，难以用同一标准来衡量旱情。各地原则上是以包括天然降水、土壤含水量、作物长势和水利条件等四项因素的综合指标对旱情进行综合评估。

作物生育期内由于降水偏少或灌溉水源短缺使土壤含水量降低，导致作物某一生长阶段的供水量少于需水量，从而影响正常生长，使农业生产和农村生活受到影响，称为受旱。受到旱灾影响的作物面积称为受旱面积。中国灾情统计制度规定，受灾面积指因灾减产11%～30%的农田面积，成灾面积指因灾减产31%～80%的农田面积，绝收面积指因灾减产81%以上的农田面积。

根据不同受旱程度将旱情分为轻旱和重旱。在旱作区，轻旱指因旱不能适时播种，出苗率低于8成，叶片出现萎蔫，影响作物正常生长。其中土壤相对湿度(含水量占田间持水量百分数)下降到60%以下为旱象露头；50%以下为旱情发展。重旱指土壤相对湿度低于40%，播种困难，出苗不足6成，对作物生长影响较大，有叶片枯萎和死苗现象，影响产量。在稻作区，轻旱指适时整田和栽插秧苗有困难，插秧后各生育期不能及时按需供水，稻田脱水开始干裂，影响水稻正常生长；重旱指供水严重不足，稻田干裂，对禾苗生长有明显影响，出现枯萎现象。

1.1.3　干旱和旱灾的形成

1.1.3.1　干旱和半干旱气候的形成

干旱气候的形成与地理位置、地形、大气环流等有关。

远离海洋的内陆由于缺乏水汽输送，年降水量很少。如新疆各向距离海洋都在三千公里以上，南部年降水量仅有50 mm左右，吐鲁番盆地南部仅有5 mm，有些年份甚至滴雨不下。

地形对水汽输送影响很大。距今二三百万年前青藏高原隆起到平均海拔4000 m，阻断了印度洋水汽向北输送，导致中国西北地区进一步干旱化。青藏高原作为巨大的地面热源形成大气上升运动，作为补偿在高原周围又形成下沉气候。青藏高原还迫使中纬度西风急流分为两支绕过高原，其中北支呈顺时针方向旋转，进一步强化了下沉气流和辐散作用，不利于降水形成。中国干旱气候区的年降水量一般在200 mm以下，广布沙漠与戈壁，农业生产只能在有水源的绿洲依靠灌溉进行。在西北干旱气候区到东部季风气候区之间的过渡带则形成半干旱气候，年降水量200～500 mm，天然植被以草原为主，其中年降水量350 mm以下地区已不适宜旱作农业生产，以放牧业为主。

中低纬度大陆西岸虽然近海，但终年盛行离岸的西风，也能形成干旱气候，形成的沙漠甚至能延伸到海边。

1.1.3.2 季节性干旱的形成

季节性干旱主要发生在存在明显雨季与旱季的季风气候地区。季风是由于海洋和陆地的热力差异造成的。夏季陆地升温迅速成为低压区，气流从海洋吹向陆地，降水充沛；冬季陆地降温明显形成高压区，气流从陆地吹向海洋，降水稀少。但在为地中海气候型的中低纬度大陆西岸，夏季被副热带高压控制炎热少雨，冬季盛行西风环流温和多雨，呈现与季风气候相反的季节性干旱特征。

中国位于世界上最大的陆地——欧亚大陆，并与最大的海洋——太平洋相连，形成世界上最强盛和最典型的东亚季风气候，中国东部季风气候区在一年中存在雨季和旱季之分。北方干旱主要发生在冬半年，南方由于受夏季风控制时间较长，干旱时段较短，但盛夏被副热带高压笼罩常发生伏旱。有些年份夏季风势力较弱水汽供应不足，北方可发生春夏连旱。但如夏季风过强，则长江流域伏旱特别严重。

1.1.3.3 旱灾的形成

旱灾形成是干旱气候环境与承灾体脆弱性及易损性相互作用的结果。在同样的干旱条件下，缺乏灌溉或种植制度及作物品种的适应性差，就可以导致减产；而采取灌溉措施或采用适应干旱环境的种植制度或作物品种，就不一定形成旱灾。不合理的人类活动如破坏生态环境，对水资源的掠夺性开发或无序争夺，农业生产管理决策不当都有可能人为地加重旱灾。

1.1.4 风险与旱灾风险

1.1.4.1 风险的概念

目前对于风险（risk）有多种解释，如风险指损失的可能性，取决于致灾因子、脆弱性和暴露性等三个因素，其中任何一个因素改变，风险就会相应地增加或减少（D. Crichton，1999）。自然灾害风险指未来若干年内可能达到的灾害程度及其发生的可能性，风险＝危险性×暴露性×脆弱性×防灾减灾能力（张继权等，2004）。风险是由致灾因子引起的损失的期望价值，风险是致灾因子、暴露性、脆弱性的函数（ADRC，2005）。

对于灾害风险主要包括：①损失的可能性；②致灾因子、脆弱性和暴露性三个主要因素；③特定区域和特定时段内，特定灾害对于承灾体造成损失的期望值。灾害风险形成与灾害发生发展过程可以用图 1-1 表述。

1.1.4.2 旱灾风险及其形成

旱灾风险的形成因素包括旱灾致灾因子、旱灾承灾体脆弱性和减灾能力。前者为旱灾的自然属性，后者为社会属性。承灾体的暴露性以自然生态系统最强；农业由于主要在露天生产也有很强的暴露性；以室内工作为主的制造业和服务业暴露性较低，除需水量较大的少数产业外旱灾风险相对较小。当承灾体暴露于旱灾致灾源影响下而造成受旱损失的可能性，就形成了旱灾风险。

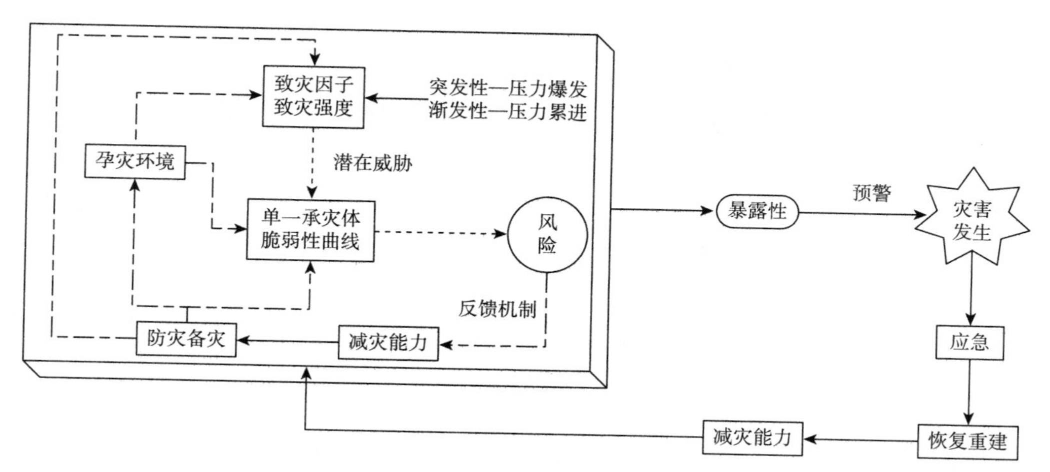

图 1-1 灾害风险形成与灾害发生发展过程(王志强,2008)

根据灾害系统理论,综合旱灾风险可分为旱灾致灾因子、旱灾承灾体、旱灾暴露性、旱灾减灾能力等几个部分。气象干旱、水文干旱是旱灾的自然属性,属致灾因子范畴;农业干旱和社会经济干旱则更多包含旱灾的社会属性,涉及旱灾承灾体、旱灾暴露性和旱灾减灾能力。

1.1.4.3 旱灾的风险因子

旱灾风险可分解为旱灾致灾因素和减轻致灾因素强度的能力;旱灾承灾体和降低承灾体脆弱性的能力;旱灾暴露性及减灾能力。旱灾风险评价理论模型体系包括旱灾致灾强度、旱灾自然脆弱性和旱灾暴露性几方面内容(王志强,2008)。农业旱灾风险形成框架可以用图 1-2 表示。

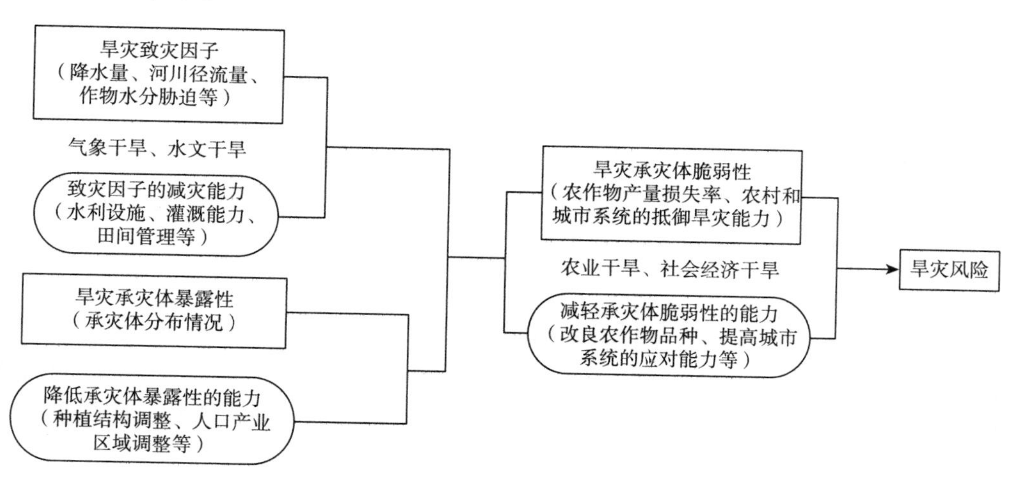

图 1-2 农业旱灾风险形成概念框架(王志强,2008)

旱灾致灾因子中,致灾因素为正,减轻致灾因素强度的能力为负。前者一般可用气象干旱因子、干旱持续时间、水分胁迫或亏缺三个方面描述和刻画;后者为社会属性,在农业生产中通过人为田间管理措施来减轻致灾因素的效应，包括灌溉、施肥、土壤培肥、耕作栽培和种植制度等。

旱灾承灾体因素包括旱灾承灾体脆弱性和降低承灾体脆弱性的能力。旱灾承灾体包括农业系统，二、三产业，城乡社区等社会集合。脆弱性是指某种农作物或社会集合容易遭受致灾因子危害的程度。农作物的脆弱性既受到其遗传特性的影响，也与生育前期环境条件的诱导有关；社会集合的脆弱性主要取决于自身承受干旱的能力。脆弱性是致灾因子强度的函数，同一承灾体在受到同一致灾因子的不同强度作用下，其脆弱性大小并不相同。降低承灾体脆弱性的能力体现在改良作物品种或改善农业系统结构、增强社会集合系统自身应对能力等。

旱灾的暴露性是指旱灾致灾因素与承灾体在时间和空间上能够相互作用的机会。若二者在时间上错离（如干旱发生时作物已收获）或在空间上隔绝（如高标准温室和畜舍），则暴露性将不存在或极低，旱灾风险为零或极小。

从承灾体的角度减轻旱灾风险的途径，一是提高减轻致灾因素强度的能力，二是增强降低承灾体脆弱性的能力，三是避免或减少暴露性。

对于种植业，旱灾承灾体即农作物的脆弱性由其遗传特性和前期生育状况共同决定。不同种类和品种在同等强度的干旱作用下，其脆弱性大小不同，有些作物与品种不耐旱，有些则更为耐旱。干旱发生前的作物生长状况对于脆弱性也有很大影响。如苗期根系发育较好，又经过适当的抗旱锻炼，抵御干旱的能力就更强。相反，如生长前期徒长，根系发育不良，即使是轻度干旱也会造成严重的枯萎和减产。旱灾致灾因子的致灾能力由多种自然因素和人为因素共同决定。承灾体与致灾因子能否发生相互作用而成灾又取决于承灾体的暴露性，只有当旱灾致灾因子、承灾体、暴露性三者同时具备时，旱灾才会发生。

1.2 旱灾的基本特征与发生概况

1.2.1 旱灾的基本特征

旱灾除与其他自然灾害一样，具有破坏性、周期性、连锁性等特征外，还具有与一般自然灾害不同的若干特征。

（1）累积性和隐蔽性

与冰雹、霜冻、山洪等突发型灾害不同，旱灾是一种典型的累积型灾害，通常是持续相当长一段时期的降水量偏少和空气干燥，导致土壤水分不断下降和可利用水源不断减少，以致作物生长受到抑制，人畜饮水困难，工农业生产受到影响。由于旱灾的形成需要一个不断累积的过程，因而在其初期具有一定的隐蔽性。

（2）持续性

干旱一旦形成，通常会持续相当长时间，甚至形成连季干旱或连年大旱，水资源不足地区更需要有长期抗旱的准备。

(3)季节性

绝大多数旱灾的发生具有一定的季节性。在季风气候区,多数旱灾发生在冬半年,但地中海型气候区以夏季干旱为主。农业生产上的旱灾还与农事活动有关。农闲季节对于作物无所谓旱灾,但作物旺盛生长期即使具有相当数量的降水,只要不能满足作物需求,仍然会发生旱灾。

(4)频发性

与其他灾害相比,旱灾的发生频率特别高。中国北方的春季有“十年九旱”之说,长江流域几乎每年都有部分地区发生伏旱。

(5)广域性

旱灾影响的范围要比一般自然灾害大得多。洪涝虽然也能造成严重损失,对于局地甚至是毁灭性的,但绝大多数洪涝的成灾范围要比旱灾小。因此,近几十年中国的偏涝年往往全国粮食总产量增加,而减产年大多是全国偏旱年。

(6)长链性

与其他自然灾害相比,旱灾具有特别长和复杂的灾害链,其危害特别严重且影响深远。这是由于水分不但是农业的命脉,而且是人类最基本的生存要素。旱灾导致水资源的匮乏,除影响农业、工业和服务业外,还影响到城市功能运行、人民生活与生态环境,不但影响当年,还可影响下年甚至多年。上游旱灾导致径流减少还会影响到中下游。在经济全球化的背景下,一些国家的大面积严重旱灾还会对世界粮食安全、农产品贸易甚至全球经济产生很大影响。

(7)相对性

旱灾的相对性源于不同承灾体对于干旱环境的适应能力不同。同等程度的干旱对于谷子等耐旱作物可能不会造成明显影响,但对于喜湿的蔬菜、水稻等影响极大。干旱年由于光照充足和气温日较差大,灌溉农田的产量往往高于正常年份。同等程度的旱灾,在现代社会虽能造成减产和经济损失,但一般不会造成饥荒和死亡;而在古代社会和当代最不发达国家,干旱却是造成饥荒和人口大量死亡的主要原因。由于农业生产与城市区域水分供需平衡的特点不同,农业干旱的发生与城市干旱也不一定同步。

(8)突消性

旱灾虽然是较长时间累积形成并持续相当长时间,但却可以在一场暴雨或连阴雨之后突然解除,甚至迅速走向反面,需要由抗旱立即转为防汛。

由于上述特征,旱灾几乎是所有自然灾害中最为复杂的,脱离实际的抗旱措施往往事倍功半甚至事与愿违,必须遵循自然规律与经济规律,实行科学抗旱。

1.2.2 世界旱灾概况

旱灾是世界上发生最普遍、波及范围最广的自然灾害,估计全球有近半地区受到严重干旱的影响,尤其是发展中国家和欠发达地区。全球每年因干旱造成的经济损失高达(60～80)亿美元。人类历史上有些古代文明的灭绝,与干旱和水源枯竭有关,如古希腊、古巴比伦、古玛雅、古楼兰等。干旱还是古代造成饥荒和人口大量死亡的主要原因,如

1199年的埃及,1898年和1943年的印度,1627—1640年和1876—1879年的中国,都曾发生过死亡上百万甚至上千万人的干旱与饥荒。近百年来影响最为严重的一次旱灾是1968—1985年在非洲撒哈拉沙漠以南萨赫勒地区发生的大旱,遍及36个国家的近一亿人口,干旱导致的饥荒造成约200万人死亡。

世界上旱灾最严重的地区并不是最干旱气候区,干旱气候区只在有水源的绿洲才有人居住和有经济活动。持续性干旱一般发生在半干旱气候区,如非洲撒哈拉沙漠以南地区、南部非洲、澳大利亚东南部、巴西东北部、中国的黄土高原和东北西部等。由于水资源不足和气候干燥,严重的旱灾可延续数年。季节性干旱主要发生在季风气候区的旱季,以中国和印度最为典型。进入雨季,干旱一般都能缓解或解除;但如发生在作物生育的关键期则造成严重的减产。世界上的非季风气候区在气候异常年份也可发生相当严重的旱灾,特别是地中海气候区的夏季。

根据联合国的评估报告,世界上干旱受灾人口最多的国家是中国和印度,平均每年都在两三亿,其次是印尼和美国,超过0.5亿人口。但从受灾人口比例看,撒哈拉沙漠以南和加勒比海地区的许多国家都在30%以上(ISDR,2009),是干旱严重区域。

与其他自然灾害相比,干旱是世界上发生面积最大,对社会经济影响最为深远,尤其对农业生产和生态环境危害最大的自然灾害。气候变化导致全球有些地区的降水减少或蒸发加大而使干旱加剧。对于边境河流和流经多国的河流,两岸及上下游国家之间对有限水资源的争夺将成为新的国际纠纷热点。干旱导致的土地荒漠化还使灾民逃离家乡成为生态难民,如2000年东非就有几十万人因干旱而背井离乡。

1.3 国际社会和中国减轻旱灾的努力

1.3.1 中国减轻旱灾的努力

中国是世界上自然灾害最严重的国家之一,尤以旱灾发生的范围广,历时长,危害大。据文献记载,公元前206—公元1949年中国曾发生旱灾1056次。其中16世纪至19世纪受旱范围在200个县以上的大旱有8次。在中国,既有面积广的干旱、半干旱气候区,存在常年水资源紧缺甚至日益枯竭的问题;也存在东部半湿润和湿润气候区明显的季节性干旱,北方尤为严重。为减轻旱灾风险,中国政府和人民做了长期艰苦的努力。

中国早在距今三千年的商周时期就有了井田沟洫之制,秦汉时期修筑了都江堰、郑国渠等大型灌溉工程,唐宋以后北方的井灌、淤灌和南方的塘堰、湖田都有很大发展,畜力或龙骨水车成为抗旱浇灌的主要提水工具。古代先民还创造出许多抗旱保墒耕作栽培技术,选育了许多抗旱农家品种。从周代起就建立了储粮备荒的救灾管理体系,古代荒政除灾年赈济外,还实行减轻赋税和以工代赈,上述做法和经验至今仍具有重要借鉴价值。但从总体上看,由于生产力水平低下,对于旱灾风险的承受能力还很脆弱,历史上仍多次发生导致严重饥荒死亡和生产力破坏的特大旱灾事件。

1949年以来,新中国政府在减轻旱灾风险方面做出了巨大努力,成立了各级抗旱管理机构，实施了一大批水源建设与节水工程，研究推广了抗旱增产技术，积累了丰富的抗旱经验。中国以占全球约6%的淡水资源和9%的耕地，解决了占世界21%人口的生存与发展。特别是改革开放以来的30多年，以年均1%的低用水增长率支撑了年均近10%的高经济增长率；在连续30年保持农田灌溉用水量零增长或负增长的情况下，粮食产量提高了50%以上。1991年以来平均每年抗旱浇地3053万ha，挽回粮食损失4059万t，解决2603万人、2042万头大牲畜的临时饮水困难(国家防汛抗旱总指挥部办公室，2008)。

1.3.2 中国减轻旱灾的主要成就

1.3.2.1 重大工程建设

截止到2008年年底，已建成水库86353座，总库容6924亿m^3。机电井522.6万眼。修建了一批输水工程。农田有效灌溉面积从1949年的1600万ha扩大到5847万ha，占世界1/5。节水灌溉面积达到2443.6万ha，占灌溉面积比例为41.8%(水利部，2008年)。全国纳入节水统计的349个城市1996—2005年共节水327.4亿m^3。到2009年已提前6年实现联合国千年宣言确定的饮水不安全人口比例降低一半的目标。2001—2004年建设基本农田233.3万ha，截止到2008年已建成淤地坝19840座。

1.3.2.2 科学研究成果

新中国成立以来，涌现了一大批抗旱相关科技成果并被广泛应用，初步建立了节水农业与旱作农业的技术集成体系，有力地支撑了中国的农业抗旱减灾，除水利工程外，主要抗旱农业科技成果如下(科学技术部，2008；薛亮等，2002)。

针对中国干旱气候特征、旱区气候与农业资源、旱灾发生时空分布规律、旱灾风险分析评估、作物干旱生理机制等开展了大量基础性研究。在抗旱节水领域实施了一系列重大研发项目，其中大田作物非充分灌溉、调亏灌溉及作物控制性根系分区交替灌溉理论与技术研究领域居国际领先水平(山仑等，2004)。

各地育成一批抗旱丰产新品种，根据旱情合理安排不同抗旱性的作物和品种，通过调整种植结构以适应干旱条件，取得显著减灾效益。形成具有中国特色，在不同土壤水分条件下抗旱播种的配套技术与耕作保墒技术体系。各种先进节水灌溉方式大面积推广，并创造出膜下滴灌和日光温室等适合国情的节水灌溉和栽培模式。自动化无限灌溉控制系统示范效果良好。雨水集流，中水、微咸水和海水等非常规水资源开发利用技术取得突破并大面积推广。水肥耦合、覆盖、保护性耕作与化学抗旱技术在旱作农业中得到了广泛应用。

1.3.2.3 抗旱工作的主要经验

(1)坚持实行行政首长负责制

抗旱关系国计民生，涉及方方面面，是复杂的系统工程，行政首长对于组织指挥各部门和动员全社会的力量抗旱负有不可推卸的责任。

(2)坚持以防为主，常备不懈

中国的旱灾发生频繁，但目前还很难对旱灾发生的时间、地点和程度做出准确的长期预报，只有常备不懈，以防为主，才能立于不败之地。与应急抗旱措施相比，防旱措施的难度和成本较低，清代朱用纯《治家格言》曰“宜未雨而绸缪，毋临渴而掘井”。

(3)坚持防汛与抗旱并举

中国大多数地区的水旱灾害常交替发生，必须做好防汛抗旱两手准备，在防洪的同时也要考虑雨洪资源的开发利用，在抗旱的同时也要做好防洪的准备。

(4)坚持工程措施和非工程措施结合

工程措施包括水利工程、水土保持工程和农田基本建设工程等，是抗旱工作的物质基础；非工程措施包括水资源管理、节水灌溉、集雨补灌、耕作栽培、生态修复、化学抗旱技术、工业与生活节水等，可以使工程措施充分发挥效益，促进人与自然的和谐。两种措施的结合既能减轻或避免水旱灾害对经济社会发展和人类生存环境的危害，也能避免人类对资源掠夺性的开发利用而加大旱灾风险。

(5)坚持统一指挥，统一调度，建立协调有序的防汛抗旱组织体系

防旱抗旱需要多个部门和不同专业的通力合作，必须统一指挥，统筹协调。抗旱用水调度涉及不同地区的生活、生产和生态用水，必须兼顾同一流域的上、中、下游和城乡用水，实行统一调度，才能实现水资源的合理配置和高效利用。

(6)坚持依法抗旱

完善的法律法规是做好抗旱工作的根本保证。《中华人民共和国水法》、《中华人民共和国抗旱条例》、《国家防汛抗旱应急预案》等法律法规的制定和施行，使中国进入了依法抗旱的新阶段。

(7)坚持正规化、规范化、现代化建设

抗旱工作的重要性、长期性、艰巨性和复杂性，要求抗旱工作必须实现正规化、规范化和现代化，做到有章可循，高效运转。

(8)坚持群众队伍和专业队伍结合，建设抗旱服务组织

各地水利部门组织了专业性的抗旱服务队，深入农村地头，与农民一起抢修灌溉设施，修建应急水源与输水工程。农业部门组织专家深入旱灾地区指导抗旱保苗，消防机构和交通运输部门对人畜饮水困难地区进行应急供水。

(9)提高抗旱应急管理能力，做到反应灵敏、运转高效

加强抗旱应急管理体系建设，完善抗旱预案，对组织体系、预报预警、应急响应、应急保障和善后工作等方面加以规范，逐步健全分类管理、分级负责、条块结合、属地为主的应急管理体制，形成统一指挥、反应灵敏、协调有序、运转高效的应急管理机制。

(10)转变抗旱指导思想，坚持科学抗旱

按照科学发展观的要求，坚持以人为本，从人类向大自然无节制的索取转变为人与自然的和谐共处，实现经济社会的可持续发展。在总结多年抗旱经验教训的基础上，近几年中国水行政主管部门提出“由单一抗旱向全面抗旱转变，由被动抗旱向主动抗旱转变”的抗旱工作新思路，逐步构建科学的抗旱减灾体系，提高了防御水旱灾害的能力。

1.3.3 国际社会应对旱灾的行动

为发展干旱半干旱地区的农业，联合国教科文组织在1951年制定了干旱地区研究的大型计划。20世纪70年代，国际农业磋商小组在叙利亚和尼日利亚分别成立了国际干旱热带作物研究所，在印度成立了国际半干旱热带作物研究所。1981年在夏威夷召开了第一届国际雨水集流系统会议，后成立国际雨水集流系统协会，每3年召开一次大会。

鉴于土地荒漠化和干旱对人类社会造成的巨大危害，1994年12月，第49届联合国大会决定从1995年起，把每年的6月17日定为"世界防治荒漠化和干旱日"。非洲和其他国家发生严重旱灾时，国际社会组织了多种形式的救援。1992年6月联合国环境与发展世界大会通过的《21世纪议程》中，针对旱灾风险专门把"保护淡水资源的质量和供应"列为议程的第18章。2007年4月2日，联合国国际减灾战略与中国国家减灾委员会合作建立了国际减轻旱灾风险中心（ICDRR），目的是加强国家和地区间，尤其是强化与亚洲国家在减轻旱灾风险方面的合作；开展干旱风险监测与评估；推动干旱减灾信息、技术、知识、经验的交流与服务；开展干旱减灾实用技术的收集与开发及相关培训、推广和示范，开展区域和次区域减轻旱灾风险对策的研究、研讨和交流；推动政府干旱管理水平和公众减灾意识提高，增强社区的干旱减灾能力。

参考文献

国家防汛抗旱总指挥部办公室，2008. 改革开放30年的防汛抗旱[Z]. 中国水利网，2008-11-17.

科学技术部，2008. 科技支撑经济社会发展先进适用技术和产品简介(农业部分)[Z].

山仑，康绍忠，吴普特，等，2004. 中国节水农业[M]. 中国农业出版社：12-16.

水利部，2009. 2008年全国水利发展统计公报[Z]. 水利部网站.

王志强，2008. 基于自然脆弱性的中国小麦旱灾风险评价[D]. 北京：北京师范大学.

薛亮，等，2002. 中国节水农业理论与实践[M]. 北京：中国农业出版社：28-32.

张强，潘学标，等，2009. 干旱[M]. 北京：气象出版社：1-3.

张继权，赵万智，冈田宪夫，等，2004. 综合自然灾害风险管理的理论、对策与途径[J]. 应用基础与工程科学学报(增刊)：263-271.

中华人民共和国国务院，2006. 中华人民共和国抗旱条例[Z].

ADRC，2005. Total disaster risk management-good practices[R].

CRICHTON D，The risk triangle，in Ingleton，J. (Ed.)，1999. Natural disaster management，a presentation to commemorate the International Decade for Natural Disaster Reduction(IDNDR)[Z]. London：Tudor Rose：102-103.

ISDR，2009. 减轻灾害风险全球评估报告[R]. 日内瓦：联合国，ISBN 978-92-1-132028-2.

IPCC. Ch4，2001. Hydrology and water resources，working group Ⅱ：impacts，adaptation and vulnerability. Climate Change 2001：Third Assessment Report，UNEP，WMO[R].

第2章 中国旱灾的时空特征及规律

2.1 中国的旱灾与抗旱

中国旱灾的时空从中国古代、近代、现代等三个阶段展开。其中中国古代指有文字记载以来的近四千年；近代指1840—1949年，即中国逐步沦为半殖民地半封建社会的时期；现代指1949年新中国成立以来的时期。

2.1.1 中国古代的旱灾与抗旱

2.1.1.1 中国古代的旱灾

距今五千年前，中国的气候由温暖湿润转为干凉，近千年来进一步转向干燥寒凉，干旱更为频繁。河南安阳出土的殷商甲骨文中有大量祈祷问天和求雨的记载，记录了距今三千多年前中原严重干旱，与西亚和印度河文明因气候转旱衰亡几乎是同一时期。在几千年的抗旱赈灾实践中，中国逐步摸索出很多有效措施，确保了中华文明的传承和发展。

先秦早期文献旱灾记载较少，长江流域距今约6000年的吴县*草鞋山遗址，发现了大量灌溉用井。距今约4000年的大禹治水不仅疏河防洪，而且还有引渠抗旱（王夫之，1999）。

《国语·周语上》记载："昔伊、洛竭而夏亡。"孔甲开始，夏朝发生多次连年旱灾，夏末的干旱持续到商汤初年。《吕氏春秋·顺民》记载："天大旱，五年不收，汤乃以身祷于桑林。"当年文王所在的周原，由于干旱缺水不得不一度将都城迁徙至程邑。周立国以后旱灾及帝王祈雨的记载增多。

西汉、东汉共历时400余年，发生旱灾48次。

隋唐气候变温暖，北方降雨增多，南方的干旱比南北朝时期有所加重。宋朝气候变冷，北方的干旱明显加重。

近500年全国重大干旱事件较多。其中以明崇祯十年至清顺治三年（1637—1646年）的旱灾持续时间最长、范围最大。重旱区覆盖黄河流域、海河流域并波及长江中下游，涉及20余省和全国半数以上人口。其中1640和1641年的旱灾指数分别为华北近500年来最大值（1.00）和次大值（0.96）。据推算1637—1643年降水量和农作物生长季节

---

* 现已改设分为苏州市吴中区和相城区。

(5—9 月)降水量至少较常年偏少 1 成以上,其中 1637、1639、1640 和 1641 年降水量不足 400 mm,比常年同期偏少 3～5 成(表 2-1)(陈玉琼,1991)。

表 2-1 1637—1643 年华北地区年降水量和 5—9 月降水量估算

年	年降水量		5—9 月降水量	
	降水量/mm	距平/%	降水量/mm	距平/%
1637	358	−33	281	−37
1638	401	−25	321	−28
1639	388	−31	290	−35
1640	283	−47	210	−53
1641	294	−45	220	−51
1642	466	−13	382	−15
1643	479	−11	393	−12

华北 1640、1641 两年的年降水量都不足 300 mm,山西的汾水、漳河枯竭,河北九河俱干,人相食现象频频出现。严重干旱还导致大范围蝗灾和瘟疫。陕西、河南、河北、山东大量灾民逃亡。自然灾害激发了社会矛盾,陕西爆发了李自成、张献忠领导的农民起义,1644 年李自成攻进北京,明朝灭亡。

2.1.1.2 中国古代的抗旱工作

(1)引水灌溉工程

水利是农业的命脉,灌溉是古代先民最早采取的抗旱措施。距今 7000 年前新石器时代的河姆渡遗址,从出土的大量稻谷遗存和骨耜推测,河姆渡人已初步掌握依地势开沟引水和筑埂等排灌技术以从事水稻生产。公元前六世纪楚国兴建了芍陂,利用原有湖泊形成周围约 100 里* 的水库。公元前 237 年修建引泾水灌溉的郑国渠,至今养育着关中 18.7 万 ha 农田;公元前 227 年李冰父子主持修建的都江堰,引岷江水灌溉近 70 万 ha 土地,使成都平原以“天府之国”著称。在地下水开发利用上,秦汉时期黄河中下游凿井灌田已很普遍。公元 533—534 年《齐民要术・种葵》中有田间井群布置的方案(梅松龄,1982)。至今仍遍布江南塘坝和稻田的水车、华北的水井、西北的天车、新疆的坎儿井等,都是中国古代劳动人民与干旱斗争的创造,并得到了历代政府的扶持(农业部,1962)。

宋元时期朝廷重视农田水利建设,农田灌溉系统在黄河中下游大量修建。王安石推行《农田水利约束》,督促地方官员兴修水利,奖励百姓提出好建议。

(2)灌溉用水的管理

据《汉书・召信臣传》记载,召信臣在任几年建水渠数十处,灌溉百多万亩,还为民作“均水约束”,刻石立于田畔,以阻纷争,是较早见于文字的管水保灌制度。《晋书・杜预传》载:杜预灭吴以后主持恢复灌区,建立了用水管理制度和农田分配制度,并刻石为记。新《唐书・王起传》也有类似的记载。元代中央设置专门的水利官员都水监,地方设有河

* 1 里=500 m。

渠司统一负责兴修水利事务。

(3)农田基本建设

中国古代十分重视农田基本建设，土地平整和渠系配套以保证灌溉效果。《国语·齐语》篇记载："昔汤有旱灾，伊尹为区田，教民粪种，负水浇稼，收至亩百石。"(梅松龄，1982)夏商时期黄河流域出现沟洫即灌排用的渠道。

唐代云南就已开发梯田，名称始见于宋代，南宋时江南丘陵山坡到处可见水稻梯田。元代王祯最早总结了梯田修造方法。宋代以后采取了修筑陂塘蓄水方法，并用高转筒车接力引水上山，南方还十分注重圩田水利和海塘工程。

明朝甘肃皋兰、永登连年大旱，一老农挖草根度荒，在老鼠洞口沙砾上看见生长着小麦，由此得到启示发明了砂田并逐渐推广，在年降水量只有200多mm的干旱地区也能种植各种作物并获得较好收成。

(4)抗旱耕作

春耕在北方具有抗旱保墒的作用。古代先民在长期生产实践中总结出系统的抗旱耕作保墒技术，并在以后历代采用推广。

战国时代就有深耕增产的记载，西汉《氾胜之书》指出早耕是保墒的关键，早春解冻、夏季麦收和早秋收获后是耕作保墒的三个时期。

秦代以前的畎亩法即沟垄种植，将作物种在沟里以利抗旱保墒。西汉中期发明了代田法，即在一亩长条形土地上开三条一尺宽一尺深的沟，沟位每年轮换，将种子播于沟中，发芽长叶后中耕除草破垄培土，能起到防风抗倒抗旱的作用。汉代还普遍实行区田法，采取作区深耕，等距点播，耕耱结合。魏晋时期已形成耕、耙、耱一体，比较完整的旱地耕作保墒技术。

(5)推广抗旱作物和品种

选用抗旱作物与品种也是古代重要的抗旱措施。早在1400多年前就选育出百日粮、起妇黄、焦金黄等14个耐旱、早熟、抗虫的粟谷良种。1593年，明代福建巡抚金学采纳建议从菲律宾引进甘薯，下令各县大量种植，度过了当年的特大旱灾，百姓为纪念他的功绩称为"金薯"(梅松龄，1982)。

2.1.2 中国近代的旱灾与抗旱

2.1.2.1 中国近代的旱灾

鸦片战争以后中国逐步沦为半殖民地半封建社会，生产力受到极大破坏，旱灾日益严重。仅1912—1937年期间就发生大旱灾20次，并呈逐年增加趋势，主要发生在西北、华北、西南和华南(杨琪，2009)。

(1)清同治十三年至光绪五年(1874—1879年)北方持续大旱灾事件

大旱始于1874年，终于1879年，最严重时段在1876—1878年。1876年共145个县受灾，重旱区为山西、山东和苏北、安徽部分地区。1877年旱区共308个县，重旱区扩大到陕西、山西、宁夏、内蒙古、河北、山东、河南等省。1878年受旱县131个，重旱区缩小为黄河中下游、海河流域和淮河流域北部。几年间，山西、河南、河北、山东4省共死亡1300万人，史称“丁戊奇荒”。

(2)1928—1929年大旱

重旱区主要分布在甘肃、宁夏、陕西、山西及河南西部、青海东部、四川北部和两湖毗邻地区；广西与安徽部分地区也出现重旱。北方重旱区的年降水量比20世纪下半叶实测最枯年还要少，其重现期估计在50年以上。1928年晋南自春到秋无雨。河南春夏少雨，夏熟歉收。旱灾过后蝗灾又至，秋收大减。甘肃夏禾枯死，秋田无播，灾民多达250万人，人相食。1929年灾情愈加严重。山西昔阳、平遥、介休、绛州赤地遍野。陕西全省88个县夏秋颗粒无收，死亡250万人。甘肃58个县大旱，树皮草根掘食已尽，十室九空，灾民456万人，死亡230万人。

(3)1941—1943年的河南旱灾

从1941年夏天起干旱少雨，1942年旱情更加严重，夏秋两季几乎颗粒无收，仅国民党统治区就有1600万人发生饥荒，占全省人口一半以上。1943年灾情达到顶峰，又发生空前严重的蝗灾，到1944年才有所缓解。官方公布300万人饿死，300万人逃荒，全省3000万人几乎都成难民(郑连根，2009)。

其他较严重旱灾事件还有1920年的北方大旱，山东、河南、山西、陕西、河北等省灾民2000万人，因饥荒、疫病死亡50万人。1943年广东大旱，仅台山县饥民死亡就有15万人，惠东有的村庄人口损失过半，潮阳地区海门县①，各善堂收埋尸体1.1万余具。其他跨省域的较大范围旱灾至少还有十几次。

2.1.2.2 近代中国的抗旱工作

清廷始终把荒政作为基本国策，民间赈灾也更为普遍，江南地方士绅组织民间慈善团体，赈济范围扩展到全国。近代中国由于外来侵略与内乱不断导致国力衰弱，民国初期更是军阀割据，抗旱与备荒救灾措施不力，甚至还不断发生人为破坏水利设施和抢水斗殴事件。

民国时期较少进行大型水利工程建设，但仍有一定规模。1928—1930年北方大旱之后，陕西修筑了泾惠渠，灌溉关中5县59万亩田地；加上到40年代初期陆续建成“关中八惠”大型灌渠和陕南灌渠，使陕西省灌溉面积大幅增加。甘肃、宁夏也修筑了一些灌渠。华北在20年代和30年代，政府和社会团体大力支持农民凿井凿泉，河北省除沿海低湿地和山区外，几乎各县都有灌溉用的凿井(杨琪，2009)。导淮是民国时期最大的一项公共工程，兼有灌溉、防洪、航运和土地增值之利，可使苏北93.3万ha耕地免遭干旱。经10年努力取得很大进展，但抗日战争爆发后为阻止日军南下掘开花园口黄河大堤，造成了83万人死亡，数百万人逃荒的惨剧，黄河水把100亿t泥沙带到淮北，形成5.4万km^2的黄泛区，使得导淮工程前功尽弃(汪汉忠，2005)。

民国时期政局相对稳定地区的农业生产力有缓慢发展。如上海郊区农村的富裕农民

① 今海门市。

已能用船装抽水机抗旱，但广大贫困农民只能靠人力脚踏水车、畜力车和少量风车灌溉，抗旱能力很弱。

2.1.3 新中国成立至改革开放前的旱灾

(1)1958—1962 年持续干旱

1958 年 1—8 月旱灾波及 24 个省区的 2236 万 ha 农田，受灾 3380.6 万 ha，成灾 1117.3 万 ha。

1960 年上半年北方大旱，除西藏外，中国内陆各省(区)旱灾面积 3812.46 万 ha，为新中国成立以来最高，其中鲁、豫、冀三省均在 530 万 ha 左右。

1961 年 1—9 月的特大旱灾受灾面积 3784.6 万 ha，成灾 1865.4 万 ha，主要分布于华北平原、长江中下游地区、黄土高原和西辽河流域。

根据长序列降水资料分析，这一时期的降水负距平为 1949 年以来的高峰。严重的旱灾造成部分农村人口的非正常死亡和农业生产力的巨大破坏。

(2)1972 年大旱

1972 年全国大部地区干旱少雨，重旱区主要在北方，以京津、山西、河北、陕北、辽西、鲁西北持续最久。河北、山西均为 1950 年以来最旱年。当年春季多大风，6—7 月异常高温也加剧了旱情。

2.1.4 改革开放后的旱灾

1978 年以来经济发展较快，应对旱灾风险的能力显著增强，特别是旱灾管理水平有很大提高。由于人均水资源数量减少和北方大部地区的气候暖干化，加上部分地区水利工程年久失修，旱灾发生更加频繁，对经济、社会和生态的影响更加广泛和持久，但由于救灾及时，没有造成大的饥荒和社会动荡。

1978 年以后几次大旱灾的情况如下(国家防汛抗旱总指挥部办公室等，1997)：

(1)1978 年特大干旱

重旱区主要分布在长江中下游和淮河流域，太湖流域达到 50 年一遇的极端干旱。淮河流域春季降水量只及需水量的 30%。江苏、河南、安徽春夏秋三季连旱，不少地区一直持续到 10 月份。该年日照多，气温高，蒸发量大，江淮和东南沿海流域一些水文站实测径流为 1949 年以来最低。全国受旱面积 4017 万 ha，占播种面积的 26.8%，成灾 1797 万 ha。

(2)1982 年干旱

北方部分地区重旱，辽宁、河北两省山区丘陵和甘肃、宁夏部分地区人畜饮水困难，夏旱持续时间之长、范围之大和发展迅速较为罕见。全国受旱面积 2070 万 ha，成灾 997 万 ha。

(3)1985—1989 年干旱

1985 年全国受旱 2299 万 ha，成灾 1006 万 ha。除东北、华北中部及西南大部外，全国大部降水偏少，夏伏旱严重。

1986 年全国受旱 3104 万 ha，成灾 1476 万 ha。大部地区降水偏少，春旱连接伏秋旱，涉及 15 个省(区)。

1988 年全国受旱 3290 万 ha，成灾 1530 万 ha，东中部 12 个省（区）严重夏伏旱，主要在黄淮和长江中下游。有 3463 万人、1465 万头大牲畜饮水困难。

1989 年全国受旱 2936 万 ha，成灾 1526 万 ha。东北、华北伏旱严重。

（4）1991—1995 年干旱

1990 年南方已发生大范围伏旱，部分地区伏秋连旱。四川东部、南部 9 地市伏旱无雨百日之久，个别地区达 200 天。浙江干旱 59 日。

1991 年向北方扩展，全国受旱 2491 万 ha，成灾 1056 万 ha，以黄河中游最重。河南饮水困难 430 万人。甘肃部分地区靠外地运水。

1992 年全国受旱 3298 万 ha，成灾 1705 万 ha。夏季华北大部、淮河流域降水偏少 2～4 成，江南、华南、江淮及西南部分地区持续高温伏旱。

1993 年旱情有所减轻，但全国受旱仍有 2110 万 ha，成灾 866 万 ha。

1994 年初夏，华北、东北、西北地区降水偏少，气温高、蒸发量大。江淮大部 6 月下旬至 8 月中旬晴热少雨，雨量偏少 2～6 成。全国受旱 3043 万 ha，成灾 1704 万 ha。1995 年受旱面积仍有 2345 万 ha。

（5）1997 年大旱

全国受灾 3351 万 ha，粮食减产 476 亿 kg，为 1949 年以来最大。旱情严重期间有 1680 万人、850 万头大牲畜饮水困难。夏季全国大部降水偏少，长江以北持续高温夏旱，降雨偏少 3～8 成，黄河下游断流为有史以来最严重。

（6）1999—2001 年世纪之交的严重干旱

1999 年属偏重干旱年，先后有 30 个省（市、区）发生不同程度干旱，北方大部、西南东部、华南南部出现较严重冬春连旱；华北大部、西北东部、东北西部、淮河与汉水流域发生严重夏秋连旱，全国受旱 3016 万 ha，因旱减产粮食仅次于 1997 年。

2000 年有 20 多个省（市、区）旱灾严重。全国受旱 4041 万 ha，成灾面积、绝收面积、粮食和经济作物损失均为 1949 年以来最大。干旱主要发生在春夏，以东北西部、华北大部、西北东部、黄淮及长江中下游最严重。大部地区气温偏高，北方春季出现十多次大范围风沙。黄河以北大部分河流汛期来水比多年平均少 5～9 成，辽河、黄河中下游为历史同期最少。辽宁西部极端气温最高 41～43℃，突破历史极值，长江干流出现 50 年来罕见的主汛期枯水。

干旱持续到 2001 年，全国 30 个省（市、区）受旱面积共 3847 万 ha。2 月到 6 月上旬北方 180 个气象站平均降水量 53 mm，为 1949 年以来同期最少。

（7）2006 年的川渝大旱

2006 年夏秋，重庆市和四川省特大干旱为 50 年一遇（图 2-1）。重庆市（沙坪坝站）6—8 月降水量 271.1 mm，比常年偏少 212.3 mm。6—8 月全市 35℃以上高温 31～57 天，其中 17 个区县 40℃以上酷暑 10～19 天。干旱期间全市 2/3 溪河断流，3.38 万口山塘干涸，40 个区县有 37 个达到或超过重旱标准，2100 万人受灾。

图 2-1　2006 年四川省受旱的水稻秧苗

(8)辽宁西北部严重夏秋连旱

2009 年 6 月 21 日至 8 月 16 日，全省平均降水量为 151 mm，较常年偏少 5 成，为 1951 年有完整气象记录以来同期最少值。辽西北地区旱情持续 16～47 d，发生了 1951 年以来最严重夏旱。8 月 11 日至 9 月 10 日，朝阳大部、葫芦岛西北部、阜新西部、锦州西北部及沈阳北部地区平均降水量为 46.8 mm，较常年同期偏少 4 成以上，出现重度秋旱(图 2-2，图 2-3)，其中阜新县和建平县发生了 1951 年有完整气象记录以来最严重秋旱。

图 2-2　2009 年辽宁朝阳地区的严重伏旱造成玉米大面积绝收

图 2-3　2009 年辽宁受旱萎蔫的玉米

(9)2009—2010 年西南干旱

2009 年秋季—2010 年春季，中国西南地区降雨少、来水少、蓄水少、气温高、蒸发大、墒情差，致使广西、重庆、四川、贵州、云南 5 省(区、市)遭受旱灾。特别是云南发生自有气象记录以来最严重的秋、冬、春连旱，全省综合气象干旱重现期为 80 年以上一遇；贵州秋冬连旱总体为 80 年一遇严重干旱，中部以西以南地区旱情达百年一遇。云、贵两省的干旱发生范围之广、持续时间之长、受旱程度之深、旱灾损失之重，均为历史同期少有。据各地民政部门统计，截至 2010 年 3 月 23 日，广西、重庆、四川、贵州、云南 5 省(区、市)受灾人口 6130.6 万人，饮水困难人口 1807.1 万人，饮水困难大牲畜 1172.4 万头，农作物受灾面积 503.4 万 ha，绝收面积 111.5 万 ha，直接经济损失达 236.6 亿元。

总的来看，新中国成立 60 多年来，全国发生过数次较大范围重大和特大干旱事件，有的还持续多年，成灾率和经济损失都有所上升。虽然基本格局仍是南涝北旱，但南方的季节性干旱也有发展加重的趋势。

2.1.5　新中国的抗旱减灾

新中国历届政府十分重视抗旱减灾，中央级抗灾领导小组或指挥机构一直由主管副总理牵头，特大干旱等重大灾害发生后，最高领导人经常直接深入第一线慰问灾民和指导抗灾救灾。通过大规模的水利建设，抗旱减灾能力有很大提高。20 世纪 60 年代初期以后再未发生旱灾引发的严重饥荒事件。

截至 2009 年，60 年来国家先后投入 10034.6 亿元资金用于水利建设，修建各类水库 8.6 万多座，水利工程年实际供水量达到 5000 多亿 m^3，年供水能力达到 6591 亿 m^3，基本满足了城乡经济社会和生态环境的用水需求。全国农田有效灌溉面积跃居世界首位。60 年来累计解决了 2.72 亿农村人口的饮水困难，到 2004 年年底基本结束了中国农村严重缺乏饮用水的历史(人民网,2009)。

60年来全国在水土流失治理中建设基本农田1.95亿亩,营造水土保持林6.95亿亩,建成淤地坝、塘坝、蓄水池、谷坊等小型水利水保工程680多万座(处),水土保持设施使全国年均减少土壤侵蚀15亿t,植被覆盖率提高11.46%,有效地改善了生态环境,减轻了旱灾风险。

1949年以前,旱情监测和预报预警几乎空白。现已初步建立全国旱情监测、预报和抗旱指挥决策支持系统,现代化、信息化水平得到提升。初步建立以县级抗旱服务队为基础,乡镇抗旱服务分队为依托,村级抗旱小组和农民抗旱协会为纽带的社会化抗旱服务网络,发挥了重要的应急抗旱作用。

改革开放之前,抗旱工作主要通过党和政府发布文件和号召广泛开展群众运动的方式进行,对抗旱法制建设与科学指导重视不够。许多中小型水利工程的质量不高,目前已年久失修,隐患突出。一些地方盲目开采和过度利用,导致水资源的日益紧缺。重大灾害发生时临时建立抗灾指挥机构,进行组织协调,灾后缺乏总结与善后,日常的防灾备灾工作相对薄弱。

改革开放以来,科学抗旱和依法管理水平有很大提高,确保了供水安全,没有发生因旱灾死亡和引发群体性治安事件。近几年,中国抗旱思路发生根本性变化,由单一抗旱向全面抗旱转变,由被动抗旱向主动抗旱转变。抗旱工作从农业扩展到各行各业,从农村扩展到城市,从生产、生活扩展到生态,逐步构建科学合理的抗旱减灾体系。抗旱条例于2009年颁布施行,全国抗旱应急能力建设正在稳步推进,省、市、县三级抗旱预案编制初步完成,在近年来的抗旱工作中发挥了巨大作用。

2.2 中国旱灾的分布特征和规律

2.2.1 中国旱灾的区域分布特征

中国各地区都有可能发生干旱,但发生频率、程度和成因不尽相同。华北、西南、江淮、华南是干旱严重发生地区。秦岭、淮河以北春旱突出,有时春夏或夏秋连旱;长江中下游主要是伏旱或伏秋连旱;西南多冬春旱;华南秋冬春常有旱情;西北和东北地区西部常有春旱(表2-2)。

表2-2 历年各大区累计受旱面积和成灾面积统计

地区	受旱面积(hm^2)	占全国(%)	成灾面积(hm^2)	占全国(%)
黄淮海	61.6	41.3	25.9	42.8
长江中下游	30.8	20.7	11.4	18.0
东北	18.4	12.4	7.4	12.2
西北	14.9	10.0	7.3	12.0
西南	14.9	10.0	5.7	9.5
华南	8.4	5.6	2.9	4.6
全国总计	149.0	100	60.4	100

(据水利部水利水电规划设计总院,2008)

(1)东北干旱区

包括辽宁、吉林、黑龙江三省和内蒙古东北部,其中大兴安岭为寒温带,其余大部为温带湿润半湿润气候。气温较低,蒸发微弱,降水较少。干旱主要出现在4—8月,春旱发生概率66%,夏旱50%。过去50年中大部地区干旱出现15~25次,加之水土流失较严重和灌溉条件差,旱情较为严重,尤其是西部。

(2)黄淮海地区

位于华北,是中国旱灾损失最严重的地区。近50年大部地区干旱发生30~40次,居全国之首。受灾面积和成灾面积均占全国40%以上。

黄淮海地区属暖温带半湿润大陆性季风气候,夏季高温多雨,冬季寒冷干燥。年降水量400~1000 mm,集中于7、8月,夏季降水量占全年50%~75%且多暴雨。其中淮河流域800~1000 mm,黄河下游600~700 mm,海河平原北部500~600 mm,太行山东麓和燕山南麓700~800 mm,河北省东南部雨影区仅400~500 mm。年降水量变率达20%~30%,京津地区在30%以上。作物生长期间的3—10月均可能出现干旱,几乎每年都有不同程度的春旱发生,夏季降水异常时也会出现伏旱。黄淮海地区水资源总量只占全国的7.2%,人均水资源量462 m^3,仅为全国的1/5,而耕地面积却占到36%。黄、淮、海三个流域每公顷耕地拥有地面径流量分别只占全国平均值的16%、14%和10%。

(3)西北地区

地形西高东低,深居内陆并受到青藏高原和高大山脉的阻挡,来自海洋的暖湿气流无法到达,干燥少雨,自古有“春风不渡玉门关”之说。年蒸发量为降水量的4~11倍,寒暑剧变,风大沙多,太阳辐射强烈,地表水资源十分匮乏。但由于人口稀疏,人均水资源量仍高于黄淮海地区。

除新疆西北部有北冰洋水汽输入降水稍多外,整个西北地区自东向西年降水量递减。西北东部年降水量300~500 mm,干燥度1.5~2.0,属半干旱地区,天然植被为干草原,是旱作农业边缘地带,产量低而不稳,草地与农田沙化、退化严重。贺兰山以东年降水量200~300 mm,干燥度2.0~4.0,天然植被主要是荒漠草原。贺兰山以西广大荒漠地区年降水量不到200 mm,干燥度大于4.0。塔里木盆地东部年降水仅50 mm。西北除黄土高原为旱作农业外,绝大部分依赖灌溉,干旱发生不但与降水有关,更与融雪量密切相关。

(4)长江中下游地区

为亚热带湿润气候,也是东亚季风活动最明显的地区。丘陵与平原相间,降水充沛,但7、8月间雨带北移后受副热带高压控制,常出现高温伏旱,可在短时期内迅猛发展,以江南丘陵受害最严重。本区累计受旱面积占全国20%以上。本区经济发达,人口稠密,有时发生城乡的污染型缺水。

(5)西南地区

降水充沛,旱灾发生低于全国平均,但受地形影响,部分地区干旱较重。

四川盆地与云贵高原温暖多雨,但冬春受南支西风急流控制常发生干旱,以云南最为频繁,川中丘陵也较严重。

川东与重庆有些年份发生严重伏旱,其中2006年由于副热带高压异常偏西偏强且与青藏高压相连，形成50～100年一遇的空前严重伏旱。

云南中南部河谷气候与东南亚相似，春季迅速升温干燥炎热。

西藏为典型的高山高原气候，西北部严寒干燥，东南部湿润温和。年降水量自东南低地的5000 mm向西北递减到仅50 mm。干季和雨季分界非常明显，10月—次年4月降水量仅占全年的10%～20%，5—9月占80%～90%。

西南地区的东南部为石灰岩山区，降水总量虽多，但大多渗漏形成岩溶地下水或地下河，水资源很难利用，干旱也很突出。

(6)华南地区

属热带和亚热带季风气候，冬暖夏热，降水集中在夏季，年降水量大部地区为1500～2000 mm，水资源丰富。旱灾发生较其他地区轻，以冬春为主，出现概率为78%，海南岛西部和广东西南部冬旱较为严重。

根据1950—2007年旱灾数据统计全国旱灾发生频率和季节分布，高频区域主要集中在西南南部、华南、华北、西北东部，大致以秦岭淮河为界，以北多春夏旱，以春旱为主；以南多夏、秋、冬旱，以夏秋连旱或冬春旱为主。上述区域也正是受季风影响比较显著的区域(刘江等，2000)。

2.2.2 中国旱灾的时空分布规律

关于中国旱灾的发生规律，早在20世纪30年代就受到关注，60和70年代有一些研究，但系统研究从80年代才开始(林学椿等，1990；张庆云等，1991；1999；翟盘茂等，2005；王志伟等，2003；Zou *et al*，2005)。近年来揭示了全球和区域尺度增暖引起干旱化强度增大的事实(Fu，1994；Dai *et al*，2004；马柱国，2005；马柱国等，2006)，单一分析降水量变化已不足以说明干旱化趋势，增暖已成为加剧干旱的重要因子(Fu，1994；Maetal，2003)。

(1)中国旱灾发生季节的区域分布

华北、黄土高原、东北中西部、淮河流域、四川西部和云南易发生春夏连旱，但云南大部、甘肃东部与河北坝上以夏旱为主，其余地区以春旱为主。东北北部和东南部、河南中南部、湖北中北部、陕西中南部、四川中东部、重庆、贵州、广西中部、广东北部和东部、海南、新疆、云南西北部和西南部为春旱区。山东和江苏南部为夏旱区。江南大部为夏秋连旱区，以伏旱为主。广东中西部为冬春连旱区，以春旱为主。秋旱区与春秋旱区都只在南方有小片分布(图2-4)。

(2)中国旱灾发生的分布规律

中国旱灾总体空间格局的年分布型为东西分异，且以东部型为主，占72.5%，这与东部农业承灾体集中和温带草原牧业承灾体载畜量高和生产力不稳定的特征相符合。在东部型的亚型中又以分散型为主，占60%。这一方面与旱灾致灾因子影响的广泛性和频发性相关，另一方面与县域承灾体脆弱性的差异相对应。除东部分散型外，其余几种分布亚型的出现在时间上具有相对集中性，直接由当年降水系统的异常和发生异常的相对位置决定，即由旱灾致灾因子所决定(图2-5)。

根据《中国减灾》杂志提供的1990—2003年的旱灾信息，王静爱等编制了中国旱灾频次图(图 2-6)。1990—2003 年中国旱灾格局呈现出西部旱灾少，东部旱灾多，中部旱灾重，北方重于南方的空间分异格局。

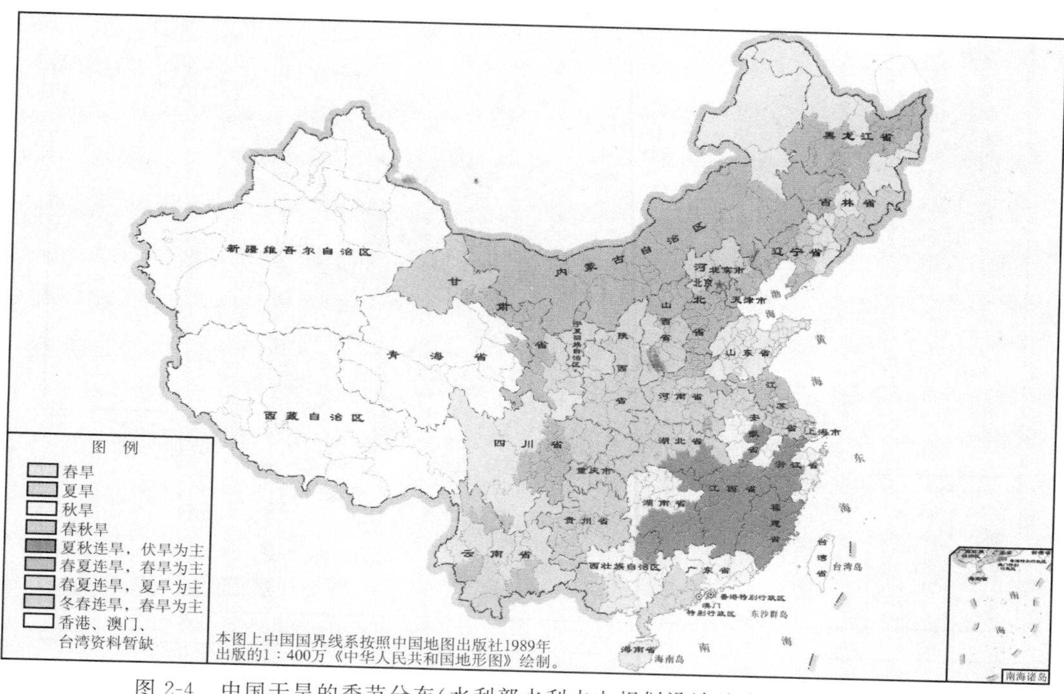

图 2-4　中国干旱的季节分布(水利部水利水电规划设计总院，2008，见彩图)

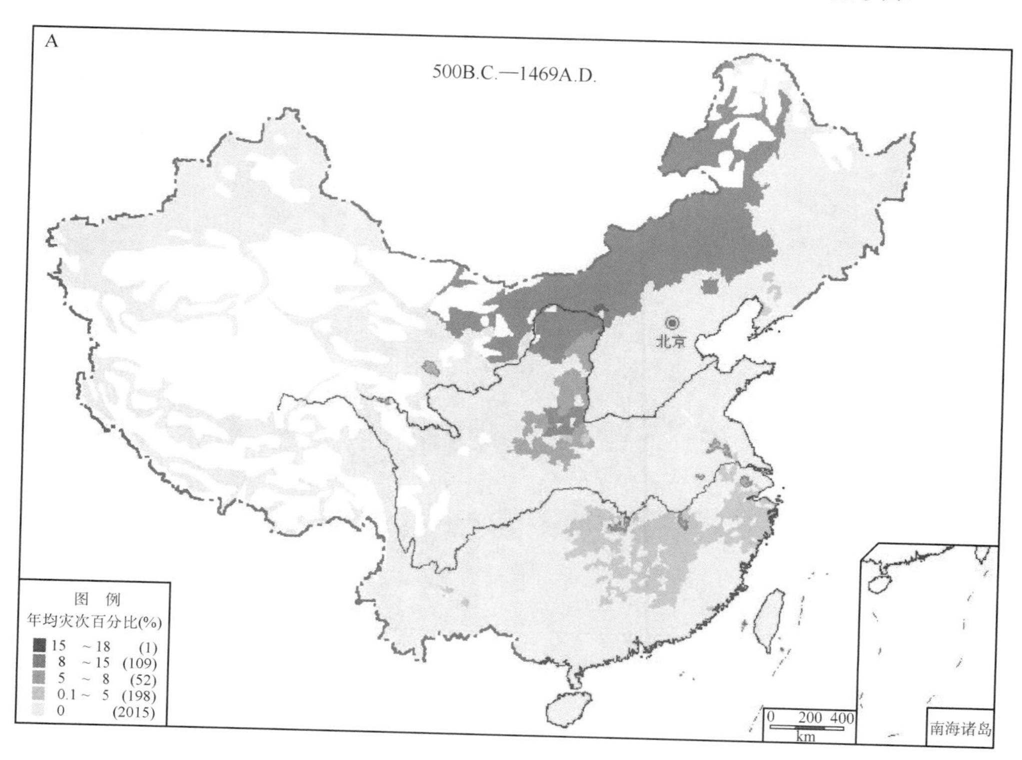

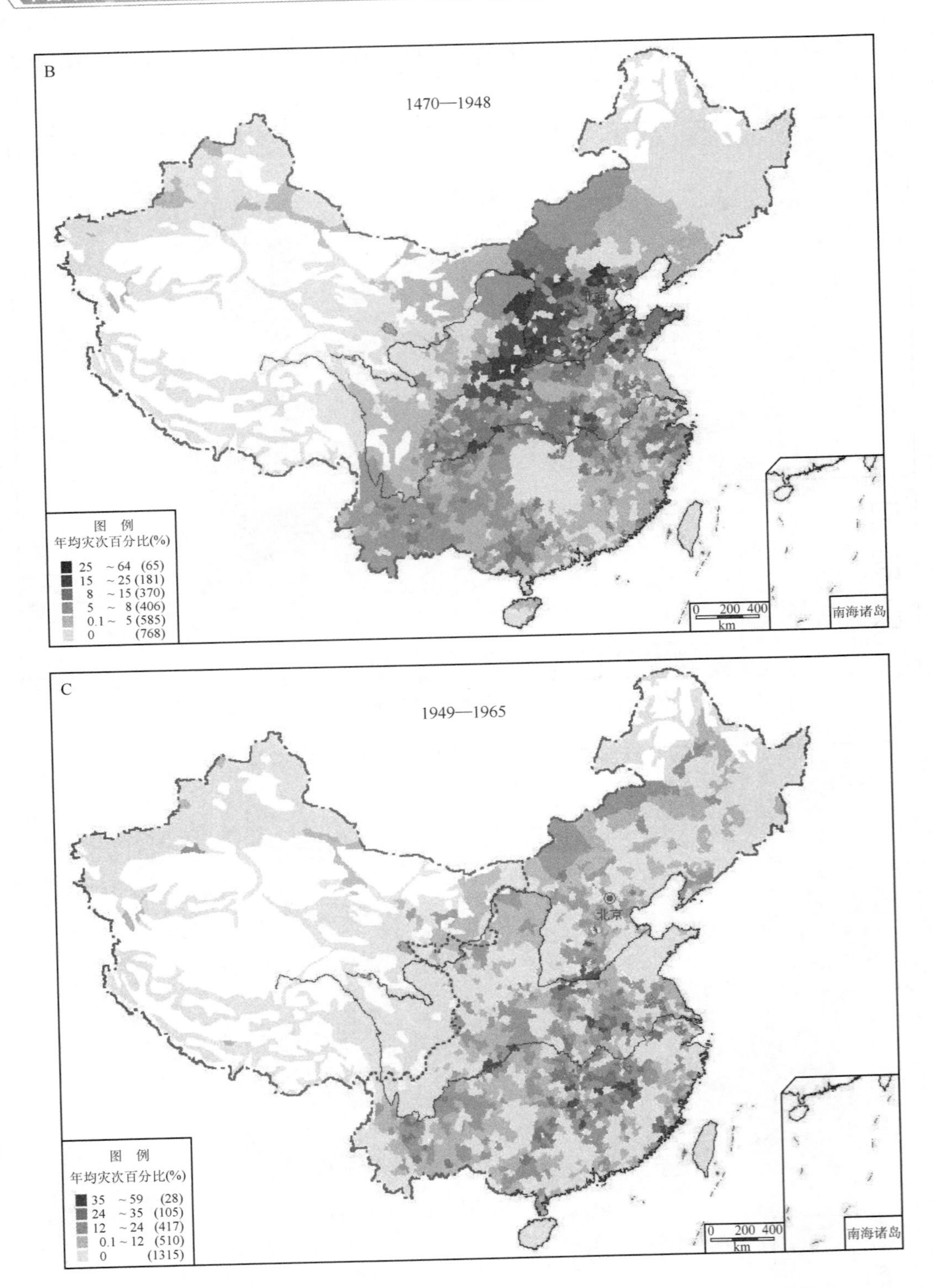
B
1470—1948
图 例
年均灾次百分比(%)
25 ~64 (65)
15 ~25 (181)
8 ~15 (370)
5 ~ 8 (406)
0.1~ 5 (585)
0 (768)
0 200 400
km
南海诸岛
C
1949—1965
北京
图 例
年均灾次百分比(%)
35 ~59 (28)
24 ~35 (105)
12 ~24 (417)
0.1~12 (510)
0 (1315)
0 200 400
km
南海诸岛

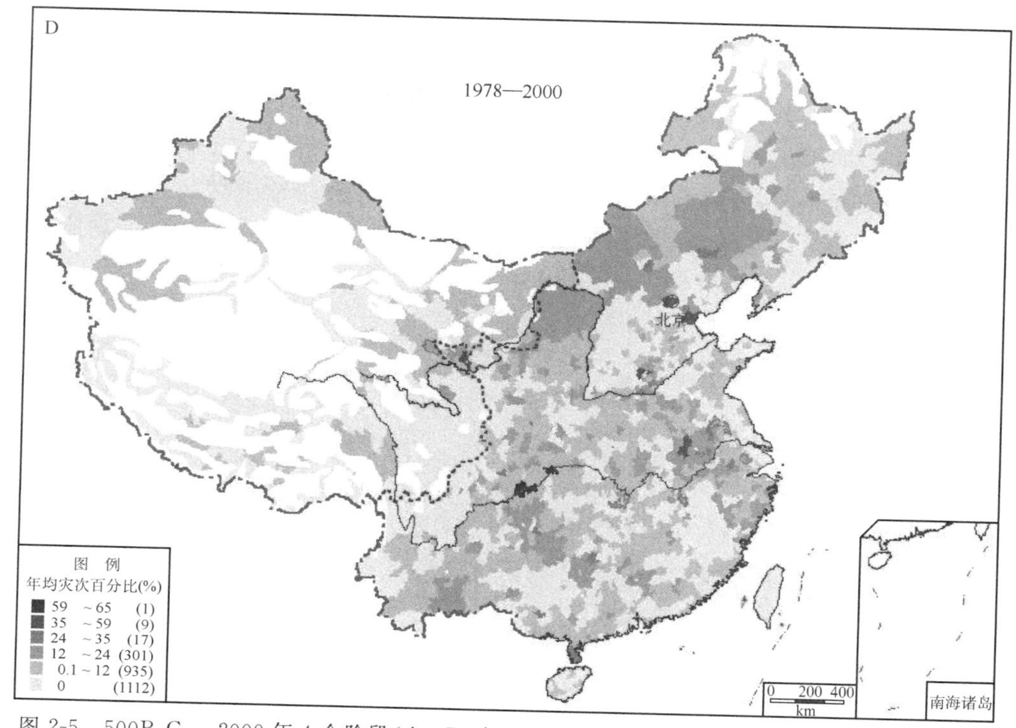

图 2-5 500B.C.—2000 年 4 个阶段(A—D)中国县域年均旱灾频次百分比图(王静爱等,2006)

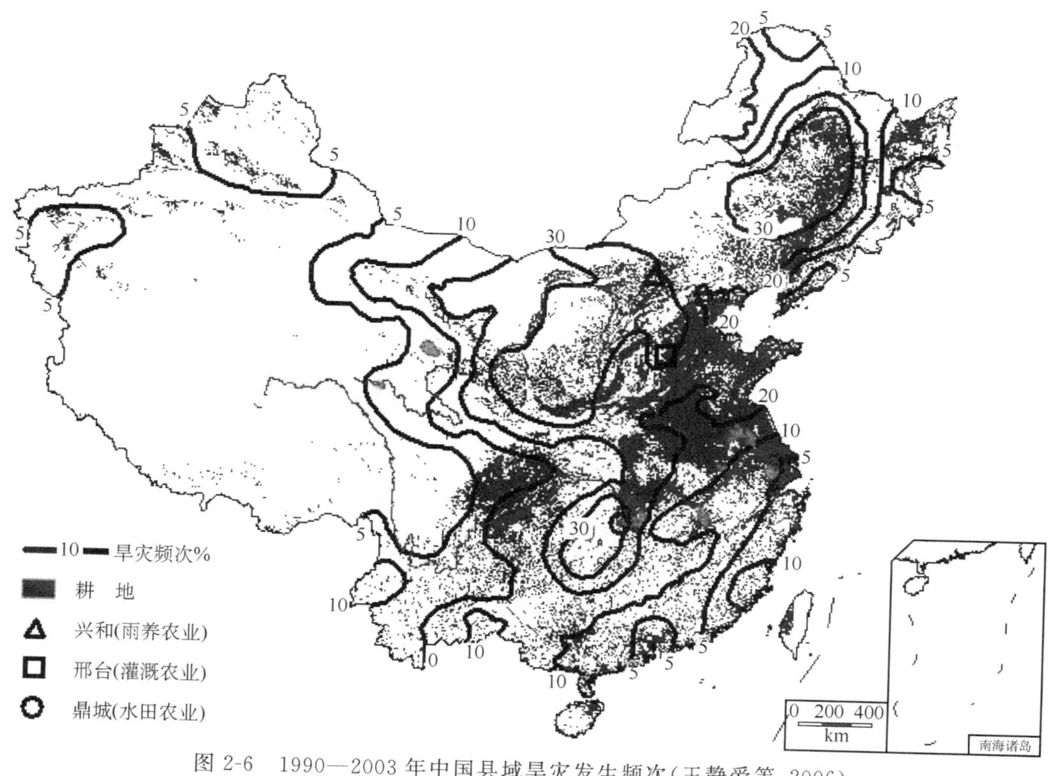

图 2-6 1990—2003 年中国县域旱灾发生频次(王静爱等,2006)

中国旱灾频次高值中心分别是东北中西部地区、黄土高原及内蒙古中部地区、湖南及其周边地区；旱灾频次在10%～30%的中值和次高值区基本连接成片，遍布中国的第二、三级阶梯的广大地区，北方总体上频次值高于南方。中国旱灾中心与农业承灾体之间的区域组合关系表明：第一，除内蒙古中、东部外（以牧为主，农牧交错），旱灾频次高值区基本上与耕地分布区相吻合；第二，种植杂粮为主的农牧交错雨养农业区、种植冬小麦—夏玉米为主的黄淮海平原灌溉农业区和种植水稻为主的湖南水田农业区与旱灾高值、次值区相对应。

2.3 中国旱灾的影响因素

2.3.1 气候、地理因素与干旱

形成干旱的自然因素包括气候、水文、地形等，天文因素通过对地球各圈层的作用而影响到干旱的发生（中国农业科学院农业气象研究室，1980），但是否形成旱灾及受灾轻重还要取决于承灾体的脆弱性和暴露性。

（1）纬度与海陆分布

通常大陆性气候由于水汽难以进入，降水较少且变率较大，容易发生干旱；海洋性气候由于水汽充足，降水充沛且年际变化和季节变化较小，很少发生干旱。

气候的干湿还与海陆分布有关。中纬度地区盛行西风，中国位于欧亚大陆东岸，北方全年大部分时间为离岸的西北风，容易发生干旱。南方低纬度地区夏季盛行东南风，冬季为东北风，都有水汽从海上输送，干旱比北方轻得多。

（2）季风与干旱

季风气候有雨季和旱季之分，干旱通常在旱季发生，但有些年份雨季来得很晚或结束过早，雨季也会发生较重干旱。

冬半年蒙古高压干冷气团不断南下，控制中国大部分地区，暖湿气流退缩到沿海甚至远洋，大部地区干燥少雨雪。夏半年西太平洋副热带高压的暖湿气团向西、北不断扩展，大陆干冷气团向北退缩。副热带高压外围两种气团之间的锋面形成相当宽的雨带，并随季节变化和冬夏季风的进退而南北移动。大致5月至6月上旬停留在南岭以南，形成华南的雨季高峰，淮河以北仍处于干冷气团控制之下降水稀少，北方有春季十年九旱之说。常年的6月中旬，副热带高压脊线北移至20°～25°N，雨带主要在长江中下游，直到7月中旬，形成江淮的梅雨季节，此时北方易发生初夏旱。7月中旬雨带北移到黄淮平原，华北的雨季开始。7月下旬到8月上旬，副热带高压脊线北移至30°N左右，雨带进一步北移到华北北部和东北南部并维持到8月中旬，形成北方的雨季。此期间长江及以南地区受副热带高压笼罩易发生伏旱。如有台风登陆可大大缓解所影响地区的干旱。8月下旬至9月上旬，副热带高压向南急退，北方降雨减少，长江流域降水增多。

上述副热带高压的季节性活动和雨带的移动只是多年平均的状况，实际每年副热带高压的强弱和位置、移动快慢和停留时间长短都不相同。副热带高压的外围雨带形成当

地的雨季高峰，雨带以外地区并非完全没有雨，在有明显的低气压和较强冷空气活动时也会下雨。即使处于副热带高压外围，如无明显冷空气活动也不会下大雨。但总的看，副热带高压强盛年份北方夏旱较轻，南方易发生较重伏旱，如1959年；反之，北方易发生较重夏旱，而南方伏旱较轻，如2009年。

(3)大气环流异常

中纬度大气环流格局对于中国北方的干旱也有很大影响。经向环流占优势年份水汽输送充足，对应多雨期，如20世纪50年代；纬向环流占优势年份由于气流来自中亚干旱地区，缺乏水汽，对应少雨期，如20世纪40年代和80年代以后。

大气环流异常还能导致部分地区的严重干旱。常年夏季亚洲东部高空为稳定的高压脊，蒙古为稳定的低压，有利于东南方向的水汽向内陆输送。但1972年夏季贝加尔湖地区维持一个高压脊，中国北方大部地区长期处于脊后槽前的西北气流控制之下，出现大范围严重的春夏连旱。

(4)地形

地形的作用表现在对降水的影响和对自然降水的再分配两个方面。

山脉走向与降水分布关系密切。中国大部分南北向山脉起着阻挡水汽向西深入的作用，东麓形成多雨区，西麓成为少雨区。如太行山东麓比西坡年降水量多出一二百毫米，泰山东南的沂蒙山区年降水量比河北省东南部要多出二百毫米。

通常随着海拔高度上升降水量会逐渐增加，在某一高度形成一个多雨带，再上升降水又逐渐减少。如新疆吐鲁番盆地南部年降水量只有5 mm。但天山和阿尔泰山有些地方高达500 mm。

封闭地形水汽难以输入，如新疆塔里木盆地被昆仑山、天山、阿尔金山等高大山脉遮蔽，成为中国最干旱的地区，盆地东部年降水量只有50 mm。

地形对自然降水具有强烈的再分配作用。陡峭山地雨水很快流失并向河谷汇集，特别是石灰岩山区。盆地和山谷降水量虽少于山区，但由于径流汇集水资源较丰富，旱灾很少发生。河滩地有地下水补给，农民称为“夜潮地”，旱年反而丰收。

(5)土壤

土层深厚、颗粒细和有机质丰富的土壤蓄水能力强，雨季能充分吸纳降水，供应作物在旱季利用。同样降水条件下，水分易渗漏的砂土地、贫瘠土壤和土层薄的山区农田受旱更严重。黏质土壤虽然保蓄水分能力强，但如发生板结或形成大坷垃，水分易从大量毛细管、地表裂缝或坷垃缝隙蒸发丧失，也容易发生干旱。一般认为以轻壤至中壤最利于抗旱。由于华北平原是由黄土高原流失泥沙经众多河流泛滥改道冲积形成，土壤质地分布很不均匀，在同样干旱气候背景下，不同农田的实际旱情分布很不一致。最理想的土壤是表面薄层偏沙性，下层土壤偏粘，农民称为“蒙金土”。表土变干使毛细管切断，对蓄墒能力强的下层黏土形成保护层。相反，表层土质偏粘，下层为沙性的土壤最不耐旱，雨水易从板结的土表流失，下层土壤保水能力差且易渗漏。

土壤保水性能与水分状况都可通过一定的耕作和栽培措施来调节控制，如雨季前耕翻以接纳雨水，雨季过后耙耱收墒；增施有机肥和使用土壤改良剂可增强土粒持水能力；

遇旱中耕以切断毛细管，可减少水分蒸发；沙土与黏土混合可改善土壤保水性能；地表铺设覆盖物可减少雨水流失和水分蒸发。

农田微地形也有很大影响，高处土壤水分易蒸发或流失受旱更重，低处则易聚墒受旱较轻。平坦农田雨水或灌溉水的分布都更均匀，中国农民把平整土地作为抗旱的一项重要措施。实行沟垄种植，沟内播种可明显提高干旱时的出苗率，垄上虽然蒸发强烈，但变干后对深层土壤水分蒸发有一定阻挡作用。

2.3.2 区域生态环境与旱灾

生态环境破坏加重旱灾体表现在掠夺性开发水资源、滥垦土地和破坏植被。

(1)掠夺性开发水资源引发或加重旱灾

中国人均水资源量不足世界平均的四分之一，北方只有世界人均水资源量的9%。缺水地区普遍存在无序争夺水资源的现象。

20世纪90年代，西北东部处于降水量异常偏少的干旱期，黄河上中游大量引水漫灌，造成下游连年断流且日益严重。黄河下游1972—1996年因断流和供水不足造成工农业经济损失累计268亿元，其中90年代年均损失已达36亿元。农田受旱面积累计470万ha，减产粮食986亿kg。胜利油田因注水不足减产原油数十万吨。中国政府和水利部门采取果断措施，严格限制和适当削减了上游灌区取水量，确保了最近10年不断流，使黄河三角洲湿地生态开始恢复。尽管如此，黄河年均入海径流量也只占到34%，远低于国际公认河流入海生态用水至少应占径流量50%的标准。

甘肃河西走廊水资源开采率高达115%，由于上游来水减少，石羊河下游的民勤绿洲不得不大量抽取地下水维持生产和生活，使地下水位累计下降10～20 m，严重的下降40 m之多。在因全球气候变化风速减弱，土地荒漠化和沙尘灾害总体减轻的背景下，民勤却成为中国土地荒漠化扩展最严重的地区。

海河流域是中国的政治文化中心和经济发达地区，人口密集。自20世纪70年代以后气候干暖化趋势明显。为抗御日益频发的干旱，70年代到90年代打了120多万口机井，平均每年超采地下水65亿m^3，超采率高达36.5%，形成面积数万平方公里的地下水漏斗区，导致地面下沉、地裂缝与海水入侵等一系列地质环境灾害。由于提水难度加大成本上升，许多农民在大旱年常放弃灌溉。

(2)滥垦土地

随着人口的增长，人们不断开垦生态脆弱的边际土地，造成严重的水土流失。黄土高原的过度开垦形成了千沟万壑的地貌(图2-7)，平均每年有16亿t土壤注入黄河，不但使作为古代中华民族摇篮的黄土高原成为苦旱贫瘠之地，而且使黄河成为一条悬河，中下游水旱灾害频发。在西南地区，石灰岩山区的土层薄，开垦后失去植被保护，土壤迅速流失，许多地区已石漠化，庄稼只能种在石缝中，干旱承受能力极弱，成为中国南方最贫困的地区(图2-8)。

图 2-7　黄土高原的沟壑

(3)人类活动对植被的破坏加剧了旱灾

植被虽然本身也消耗大量水分，但能减轻水土流失，削弱雨季洪峰，增大旱季径流。中国历史上黄土高原的旱灾发生频率与程度大多与植被破坏或恢复密切相关。大面积植被营建能使局地气候波动幅度减小。在农田防护林保护下，由于风速降低蒸发减弱，旱情可大大减轻。冬春裸露土壤水分蒸发损失很快，而被枯枝落叶、枯草或秸秆覆盖的土壤，水分能长期保持。

图 2-8　广西的石漠化山地

中国古代北方原有大片原始森林或茂盛草原，随着人口不断增长，对黄土高原、山区和草原的开垦强度不断加大，植被遭到破坏，水土流失使河水泥沙含量不断增大，泾渭不再分明，“大河”也改名为“黄河”。原来比较平坦的黄土高原变成千沟万壑，旱灾日益严重。北方农牧交错带的草地大量开垦后，冬春裸露土壤风蚀强烈，农田沙化和土地荒漠化严重(图 2-9)。长江及其支流上游山区的森林被大量砍伐后水土流失加重,使河湖不断淤积,水位抬高,蓄水量缩减,中下游平原的旱涝灾害都有所加重。

图 2-9　内蒙古严重超载沙化退化的草地

此外,超载过牧、樵采滥伐、在草原上滥挖发菜、甘草及无序开矿等也经常发生,凡植被破坏严重地区干旱无不加重。

2.3.3　社会经济发展与旱灾

干旱是否成灾及程度不仅取决于致灾因子的性质与强度,社会经济因素往往起到更重要的作用。

(1)因农业技术措施不当而加重旱灾

农业旱灾的承灾体是农业生物和农业设施。农业技术措施不当可以加大承灾体的脆弱性或暴露性,如在灌溉水源不足地区扩种需水较多的水稻和小麦;播种期或移栽期不当使作物需水临界期处于常年的旱季;栽种密度过大,苗期水肥过量又缺乏抗旱锻炼导致徒长变得嫩弱,都可以使旱灾加重。生产上还经常发生耕作不当使旱情加重的情况,如 2009 年初黄淮平原冬旱期间发生黄苗和死苗情况,一种是旋耕播后未及时镇压,表土疏松跑墒严重;另一种是撒播后遇旱,根系未能扎到下层湿土。正常播种的大部分麦田由于上年雨水充足底墒良好,根系都能扎到湿土,受冬旱影响不大。

(2)社会经济因素与旱灾

社会经济发展水平很大程度上决定了一个国家的抗旱能力与旱灾救援能力。发生同样严重的干旱,发达国家一般都能及时救援并实行保险赔付,使灾民得到妥善安置和补偿;旱灾引起的饥荒只在最不发达国家发生。

中国在 20 世纪 50 年代到 70 年代,尽管开展了大规模的水利建设,由于经济发展水平不高，旱灾仍然造成很大的损失，个别年份也曾发生过比较严重的饥荒。80年代以来由于坚持改革开放，综合国力与抗灾能力显著增强，特别是在开展联合国国际减灾十年活动和国际减灾战略行动之后，减灾管理水平有很大提高，发生旱灾的地区都能得到及时的救援，使灾害损失大幅度下降。但与发达国家相比，中国的旱灾保险业务非常薄弱，仍处于试点探索阶段，严重影响了灾后生产和生活的恢复速度。

近年来，一些水资源贫乏地区盲目发展高耗水和高污染产业和增加城市人口，也人为加剧了水资源危机，也使得旱灾风险日益加重。

参考文献

陈玉琼，1991. 近500年华北地区最严重干旱及其影响[J]. 气象(3)：23-28.

国家防汛抗旱总指挥部办公室，水利部南京水文水资源研究所，1997. 中国水旱灾害[M]. 北京：中国水利水电出版社.

林学椿，于淑秋，1990. 近40年中国气候趋势[J]. 气象，**16**(10)：16-22.

刘江等，2000. 21世纪初中国农业发展战略[M]. 北京：中国农业出版社.

马柱国，2005. 中国北方干湿演变规律及其与区域增暖的可能联系[J]. 地球物理学报，**48**(5)：1011-1018.

马柱国，符淙斌，2005. 中国干旱和半干旱带的10年际演变特征[J]. 地球物理学报，**48**(3)：519-525.

梅松龄，1982. 抗旱农经[M]. 银川：宁夏人民出版社：112-113.

农业部，1962. 农业生产技术基本知识[M]. 北京：农业出版社：23-33.

人民网—环保频道，2009. 抗旱减灾：年均挽回粮食损失4059万吨[EB].

水利部水利水电规划设计总院，2008. 中国抗旱战略研究[M]. 北京：中国水利水电出版社：137-140.

汪汉忠，2005. 灾害，社会与现代化[M]. 北京：社会科学文献出版社：289-318.

王夫之，1999. 船山遗书·书经稗疏[M]. 北京：北京出版社.

王静爱，史培军，王平，等，2006. 中国自然灾害时空格局[M]. 北京：科学出版社.

王志伟，翟盘茂，2003. 中国北方近50年干旱变化特征[J]. 地理学报，**58**(增刊)：61-68.

杨琪，2009. 民国时期的减灾研究(1912—1937)[M]. 济南：齐鲁书社：22-23，231-237.

翟盘茂，邹旭恺，2005. 1951—2003年中国气温和降水变化及其对干旱的影响[J]. 气候变化研究进展，**1**(1)：16-18.

张庆云，1999. 1880年以来华北降水及水资源的变化[J]. 高原气象，**18**(4)：486-494.

张庆云，陈烈庭，1991. 近30年来中国气候的干湿变化[J]. 大气科学，**15**(5)：72-811.

郑连根，2009. 1941—1943：河南大旱[N]. 济南时报A26，2009-02-10.

中国农业科学院农业气象研究室，1980. 北方抗旱技术[M]. 北京：农业出版社：29-35.

DAI A G，TRENBERTH K T，QIAN T T，2004. A global data set of Palmer drought severity index for 1870—2002：relationship with soil moisture and effects of surface warming[J]. J. of Hydrometeor.，**5**：1117-1130.

FU C，1994. An aridity trend in China in association with global warming，in Climate Biosphere Interaction：Biogenic Emissions and Environmental Effects of Climate Change[C]. Edited by Richard G. Ze，1-17.

ZOU X K，ZHAI P M，ZHANG Q，2005. Variations in droughts over China：1951—2003[J]. Geophys. Res. Lett，**32**(4)：353-368.

第3章　旱灾对中国社会经济发展的影响

3.1　干旱对水资源的影响

干旱对于水资源的影响表现在径流减少甚至河川断流、湖泊干涸；地下水水位下降，漏斗区扩大；并导致水环境的污染，海水入侵，水质恶化等诸多问题。

3.1.1　干旱对地表水资源的影响

20世纪后半叶中国北方气候呈干旱化趋势，加上超量开采与不合理利用，造成地表水资源日益紧缺。当遭遇严重干旱时，河川断流，湖泊和水库蓄水量大减乃至干涸（表3-1，图3-1至图3-4）。

图3-1　2010年初昆明市石林县高石哨绿塘子水库干旱露底

1959年大旱中，松花江源濒于干涸，丰满水库因缺水不能发电。长江与淮河均出现历史同期有记载的最低水位。江苏、湖北和湖南省西部、南部的塘坝大半干涸。1960年大旱，山东省与河南省伏牛山—沙河以北大部河道断流，济南至范县黄河段40多天断流或接近断流。海河水系主要河流断流5～8个月。

1978年江淮大旱，入洪泽湖水量仅为常年的1/10，沂、沭、泗等河入骆马湖水量比常年少6成。响洪甸水库蓄水量5月达到死库容（即水库在正常运行情况下，允许消落到的最低水位)，7—12 月只及死库容的 1/5；梅山水库只及死库容的 1/10，中小水库大多耗尽。

1988 年旱情波及 27 个省、市、自治区。6—8 月淮河水量减少 7～8 成，蚌埠段 6—7 月断流 35 天。河南省 15 座大型水库蓄水量减少到 10 年来最低。山东、江苏湖泊蓄水量达历史最低，湖南湘、资、沅、澧四水和洞庭湖水量偏少 4 成，珠江的西江偏少 5 成。

20 世纪 90 年代以来黄河流域降水明显减少，加上沿程水资源消耗日益增长，使兰州年径流量偏少 24%，华县偏少 34%。1972—1997 年共有 21 年发生断流且次数逐年增加，起始由 5—6 月提前到 2—3 月，到 90 年代断流天数逐年增加，1997 年利津站断流 226 天，河口 295 天无水入海，断流河段上溯到开封长 703 km。河源的沼泽湿地从(6～7)万 ha 减少到不足 2 万 ha，草原退化沙化严重。

持续干旱使华北平原的白洋淀在 80 年代连续发生干淀，大部河道长年断流。

表 3-1 20 世纪 50—80 年代华北地区干旱缺水引起的入境水量、入海水量的变化

项目	地区	50 年代(1956—1959 年)	60 年代	70 年代	80 年代(1980—1989 年)
平均入境水量(m^3/s)	河北省	99.8	70.8	52.2	31.2
	北京市	34.7	20.0	16.2	11.7
平均入海水量(m^3/s)	河北省	70.1	59.3	60.5	3.6
	华北地区	241.8	161.8	104.8	14.3
	胶东地区	99.0	91.0	82.0	67.0

图 3-2 连年干旱使密云水库明显萎缩

中国最长的内陆河塔里木河主河道已缩短 300 km，西北最大的淡水湖艾比湖从 20 世纪 50 年代的 1200 km^2 萎缩成 500 km^2。甘肃石羊河干流进入民勤盆地的年径流量从 50 年代的 5.7 亿 m^3/s 下降到 90 年代初的 1.71 亿 m^3/s。青藏高原的湖泊 30%以上退化成咸水湖或盐湖，青海湖水位下降，面积萎缩。

图 3-3　干涸的河床

图 3-4　大口井干涸见底

3.1.2　干旱对地下水资源的影响

黄淮海流域在中国经济社会占有重要战略地位，黄淮海平原以占全国 1/7 的国土面积和 2/5 的耕地生产了 2/5 的粮食、1/3 的国民生产总值，抚育着全国 1/3 的人口，但水资源仅占全国总量的 7.2%。20 世纪 80 年代以来因持续干旱少雨大量开采地下水，到 90 年代后期平均每年超采 70 亿 m^3，其中海河流域超过 50 亿 m^3，形成了天津、宁柏隆、冀枣衡武、沧州等 10 余处大面积地下水漏斗。河北省平原区浅层地下水位 1978 年平均埋深 4.55 m，2006 年已降到 15 m，深层地下水位也下降了 40 m。北方其他省区的地下水位下降也十分不乐观。

根据《中国水资源公报》（水利部，2003；2008），与 1980 年比较，河北、北京、河南、山东、黑龙江、陕西的平原浅层地下水储存变量累积分别减少了 631 亿、75 亿、34 亿、29 亿、

27亿和20亿 m^3，以河北平原最为突出。到2005年年末，漏斗区大于500 km^2 的有10个，以河南的安阳—鹤壁—濮阳漏斗、山东的淄博—潍坊和莘县—夏津漏斗面积较大，分别达到6305、5240和4201 km^2。在35个深层(承压水)漏斗区中，年末面积大于500 km^2 的有21个，以天津第Ⅲ含水组漏斗和第Ⅱ含水组漏斗面积较大，分别为6767 km^2 和4774 km^2。

3.1.3 干旱对水环境的影响

地表径流大幅度减少和地下水水位下降使地表水体的纳污和自净能力下降，污染加重，水质恶化。污水灌溉和污染物渗漏也使地下水质更加恶化。

2008年对15万km的河长水质监测评价显示，Ⅰ类水河长占评价河长的3.5%，Ⅱ类水占31.8%，Ⅲ类水占25.9%，Ⅳ类水占11.4%，Ⅴ类水占6.8%，劣Ⅴ类水占20.6%。自20世纪80年代中期到2005年污染河长增加一倍，环境污染从城市向农村急剧蔓延，有1000万ha农田被污染，有2800 km河长鱼虾绝迹，2.5万条河流水质低于渔业水质标准。2008年对44个湖泊水质监测评价显示，符合和优于Ⅲ类水的面积占44.2%，Ⅳ类和Ⅴ类水共占32.5%，劣Ⅴ类水占23.3%。对其营养状态评价显示，贫营养仅1个，中营养22个，轻度富营养10个，中度富营养11个。对8个省(自治区、直辖市)的641眼监测井的水质监测显示，不适合饮用，只能作其他用途的Ⅳ～Ⅴ类监测井已占到73.8%。

黄河干流全年平均Ⅴ类和劣Ⅴ类水质占所评价河长比例，2000年为25%，2002年增加到48.7%。华北地区污水年排放43亿t，河川径流量338亿 m^3，污径比0.13，严重超标，京津唐地区甚至达到0.25。一些城市近郊的大型养殖场附近，由于大量畜禽粪便的排放使地下水硝态氮严重超标。

新疆塔里木河因径流量减少，阿拉尔以上河段接纳大量灌溉回归水使河水明显盐化。20世纪50年代末矿化度小于1 g/L，到70年代中期的枯水期增加了5～8倍。博斯腾湖原有矿化度不超过0.40 g/L，是典型的淡水湖；80年代初矿化度达1.61～1.83 g/L，年积盐量45万t，成为微咸水湖泊。

3.1.4 干旱与海水入侵

滨海地区超采地下水，海水与淡水界面不断向内陆推移，导致地下淡水趋于咸化。目前海水入侵以莱州湾和渤海湾沿岸最为严重，甚至在气候湿润的上海、宁波也已出现。河北、山东、江苏三省海水入侵面积已达1433 km^2。连河川径流丰富的珠江流域近年也屡发咸潮入侵。

3.2 旱灾对农业的影响

中国每年受灾农田和粮食减产损失中旱灾要占一半以上，尤其是在北方，水资源紧缺成为农业生产的主要制约因素。

干旱对农业的影响具有范围广、持续时间长、危害程度大、区域分布明显等特点，受灾范围往往涉及几个甚至十几个省、市、自治区(王静爱等,2006)。尤其是持续多年的大范围干旱危害极为严重(李克让,1999)。1959—1961年的三年连旱受灾面积累计8600万 ha,粮食减产221.64亿 kg,导致国民经济的暂时困难和部分地区的饥荒。从20世纪80年代到21世纪初的前10年,受灾面积和成灾面积都呈明显增加趋势。80年代和90年代因旱成灾面积占受灾面积比例约为48%;2000年以后急升至59.3%,全国年均因旱粮食损失372.84亿 kg,约为80年代的2倍,对中国粮食安全威胁巨大(张家团等,2008)。其中2000年全国农田受灾4000万 ha;2770万农村人口和1700多万头大牲畜饮水困难;粮食减产近600亿 kg,经济损失约占当年农林牧渔总产值的4.7%。

新中国成立以来,尽管开展了大规模的农田水利基础设施建设,农业生产条件有了明显改善,防灾减灾能力大大加强,但从总体上看仍未摆脱旱灾威胁(夏军,2007)。尤其是随着中国工业化城市化的进程,农用水资源将进一步被挤占,气候变化也有可能加重北方和西南的干旱。

3.2.1 中国农业旱灾的特点及分类

3.2.1.1 中国农业旱灾具有明显的季节性、随机性、区域性和连续性的特点

(1)很强的季节性与随机性

中国主要农业区具有世界最典型的季风气候,不同年份的季风强度、进退早晚和深入内陆程度各不相同,导致中国的旱灾具有更加明显的季节性和随机性。

旱灾发生总的趋势是以冬半年的旱季较重,但由于夏季风登陆中国后有一个自南向北的推进过程,各地雨季到来时间存在差异(叶笃正,1992;潘耀忠等,1996)。夏季风到达时间和雨量多少、旱季降水量多少和时间分配以及年降水量多少都有一定的随机性,导致旱灾的发生也具有一定的随机性。南方湿润气候地区也往往遇到比较严重的季节性旱灾,如长江中下游1959、1978、1994等年都曾遇到“空梅”,形成严重伏旱。2006年四川和重庆还遭受了特大夏秋旱。

人多地少和温度年较差大,使得中国有必要也有可能实行较高的复种指数,农事活动的季节性也更加严格,这也是中国的农业旱灾具有很强季节性的重要成因。农业生产对干旱最敏感的时期,一是播种期或移栽期,二是孕穗、开花到结实初期的水分临界期。

(2)显著的区域性

与世界上其他幅员辽阔的国家相比,由于地形复杂,中国不同地区的气候差异更大。由于地形影响和各地降水量相差悬殊,干旱程度呈显著的区域性特征(张钰等,2001)。南方年降水量850~1800 mm,少数地区在2000 mm以上;而北方除长白山区年降水量达1000 mm外,其他一般在850 mm以下,内蒙古、宁夏、青海、新疆、甘肃和西藏大部不足400 mm(傅伯杰,1991)。因此,南方以季节性干旱为主,较少发生连季干旱,一般不会发生全年和连年大旱。干旱在北方许多地区为常态,经常发生连季干旱,全年或连年大旱也多次发生。

西部地区虽然降水稀少,但农业生产分布在绿洲或河谷,主要依赖灌溉,农业旱灾发

生频率反而低于东部。

黄淮海地区是中国最大的易旱区，旱灾发生次数多，波及范围居全国首位(潘耀忠等，1996)。该地区耕地面积占全国36%，但地面径流量仅为全国的4.9%。全国每公顷耕地拥有地面径流量2.7万m^3，而黄河、淮河、海河三个流域平均分别只占到全国平均值的16%、14%和10%。1950—1983年，黄淮海地区旱灾受灾和成灾面积分别占全国的46.4%和48.1%(刘颖秋等，2005)。南方的山丘地区旱灾威胁也较严重，干旱程度与高温等气候因素及地形地貌有关(李克让等，1996)。

1949年以来发生过多次较严重的旱灾。其中1960年干旱主要发生在西北、华北及西南地区；1961年主要发生在黄淮海地区；1972年主要发生在北方；1978年主要发生在淮河流域和长江中下游；1986年旱灾广布全国，以华北和西北最严重；1988年主要发生在中东部；1989年主要发生在东北和华北；1992年发生范围较大，以黄淮海、长江中下游及西南地区夏季伏旱为主；1997年主要发生在黄淮海和东北；2000和2001年全国持续严重旱灾，四川、重庆大旱，北方大部地区和长江以南也较严重；2009—2010年云南、贵州干旱也非常严重。

(3)旱灾的连续性

与水灾相比，干旱具有更明显的连发性和连片性(傅伯杰，1991)。干旱往往连年发生且比洪涝连年发生概率大得多，持续时间也更长(刘颖秋等，2005)，其中北方干旱连发性比南方更显著。由于大部农区实行复种，干旱还往往影响到下茬。

干旱的连片性是指旱灾发生波及的面积很大(傅伯杰，1991)。1876—1878年遍及18个省的旱灾是中国近代史上最为严重的一次灾害(中央气象局气象科学研究所，1981)，旱灾波及区域80%的人口发生饥荒，死亡约1300万人。1959—1961年的三年自然灾害以连续干旱为主，长江、淮河、黄河和汉水流域等地区损失惨重，粮食累计减产2216.4万t，全国减产3531.3万t(张德二等，1993)，全国粮食产量直到1966年才恢复到1958年的水平。

3.2.1.2 中国农作物干旱区分类

中国地域辽阔，气候条件多样，不同地域形成了不同的熟制和作物种类，使得中国农业干旱的季节性和地区性差异明显(刘颖秋等，2005)。

(1)冬小麦春旱区

中国冬小麦主要分布在黄淮海平原，黄土高原中南部、长江中下游平原和西南。华北地区春旱频率约70%，常连年发生，如1970—1975年连续6年春旱(刘颖秋等，2005)。多发地带为河南北部、河北南部、山东中西部。

华北地区冬小麦全生育期平均需水量340 mm(刘晓英等，2004)。各阶段缺水都会造成不利影响，尤其是孕穗期对水分亏缺最敏感。本地区年降水量主要集中在秋作物生长季，其中6—8月占55%～73%，冬、春季分别只占2%～7%和10%～12%。由于春季降水量少、日照充足、空气干燥、升温快、风多风大，地表蒸发和植被蒸腾都很旺盛，土壤失墒较快。小麦受旱后生长受抑，植株矮小，分蘖减少，穗数和粒数减少，粒重下降。河南新乡试验结果显示，正常供水单产6000 kg/ha的麦田，缺水200 mm减产2385～2685 kg/ha；

缺水 150 mm 减产 1785～2010 kg/ha(刘颖秋等,2005)。订正后的全生育期需水量与实际降水量的差额,黄淮地区缺水大于 100 mm,其中黄河以北 150～200 mm,京、津、石家庄、德州一线以北缺水 200 mm 以上。

(2)水稻伏旱区

水稻伏旱主要发生在长江中下游、江南和四川盆地。长江中下游 7—8 月降水变率约 40%,平均降水总量比蒸发量少 70～130 mm,几乎每年都有 1～2 个月的高温伏旱期,发生频率 90%。此时正值水稻开花灌浆,作物生长旺盛需水量大,缺水对开花授粉极为不利,导致结实率降低、空壳率增加。有的年份伏旱之后紧接着秋旱,对晚稻生产威胁很大。伏旱发生时长江中上游处于双季晚稻移栽和幼苗生长期,伏旱严重又无灌溉条件的地方晚稻常无法移栽而致死。因此,农谚有"春旱不算旱,夏旱减一半,秋旱连根烂"之说。

(3)玉米、棉花、高粱等秋作物夏旱区

包括整个北方和西南部分山区,作物大多依靠自然降水。华北玉米水分临界期为抽雄前后一个月,春玉米一般在夏初的 6 月下旬到 7 月上旬,夏玉米则在 8 月上、中旬,干旱直接影响抽雄,俗称"卡脖旱"。华北地区夏季风势力弱、雨季来得晚的年份,初夏旱对春玉米生长影响很大。盛夏三伏正值春玉米灌浆和夏玉米抽雄,一旦出现伏旱会影响授粉或灌浆,发生秃尖、缺粒或瘪粒。北方的棉花、高粱、薯类作物的水分临界期一般在 7 月上旬至 8 月上旬,降雨集中,但有些年份降水仍然不足,若遇夏旱将造成棉花蕾铃脱落,高粱穗小粒少,薯块不能正常膨大。

(4)小麦秋播旱区

黄淮海平原 9 月以后雨带南移,如夏季和初秋降雨偏少将影响冬小麦适时播种、出苗和冬前生长。西北、华北秋旱造成土壤底墒下降,会影响来年收成。

此外,整个北方和西南地区都以春旱频率最高,对夏收作物生长发育、春播作物播种和苗期生长影响很大,在历史上曾经是威胁最大的干旱类型。由于初春气温尚不高,现有抗旱播种保苗技术比较成熟,近十多年的威胁已不如夏秋旱。

3.2.2 旱灾对粮食生产和安全的影响

近 30 年来中国农作物因旱受灾明显加重。特别是 2000 年,全国因旱受灾 4053 万 ha,占当年播种面积 25.9%,为多年平均受灾面积的 1.6 倍;因旱成灾 2680 万 ha,占总成灾面积 66.1%,超过多年平均的 2 倍;因旱粮食损失近 600 亿 kg,为多年平均的 2.5 倍,占当年粮食总产的 13%。旱灾已经成为造成中国粮食减产的主导因素,旱灾频繁发生对国家粮食安全构成较大威胁。

3.2.2.1 旱灾对粮食生产的影响分析

(1)全国农作物旱灾受灾、成灾情况

旱灾在中国每年都发生,1949 年以来,年均因旱受灾面积占农作物受灾面积的 55%,因旱成灾面积占总成灾面积的 54%,且 1950—1989 年的比例呈增大趋势,90 年代以来仍维持较高比例(图 3-5)。

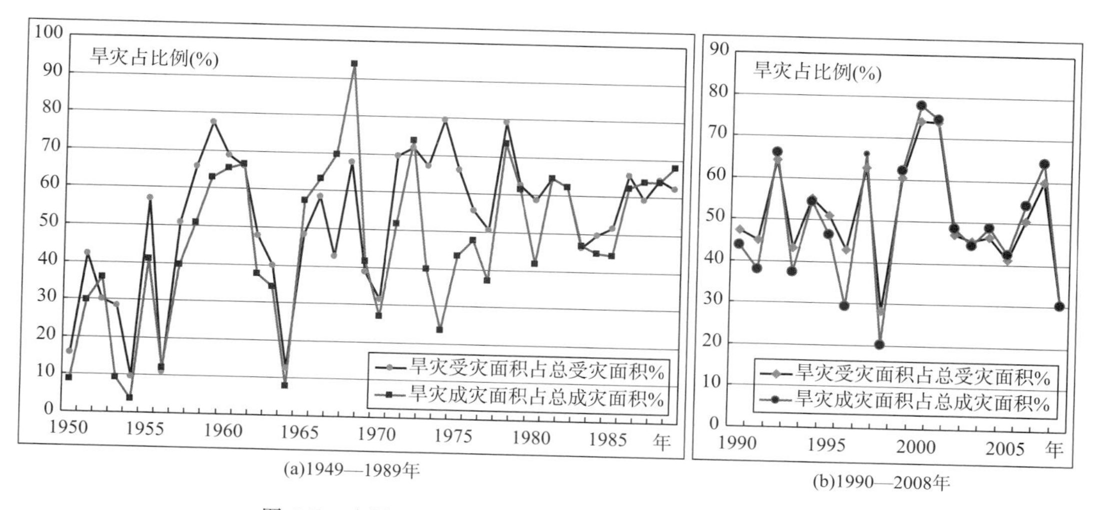

图 3-5 中国 1950—2008 年农作物旱灾受灾、成灾情况

(2)省域农作物旱灾受灾、成灾分布情况

自 20 世纪 80 年代以来,各地年均因旱受灾和成灾面积比例都在不断增加(表 3-2)。其中以黄淮海地区发生最多和最严重,东北旱灾频率和受灾、成灾面积也呈逐年增加趋势。

表 3-2 1978—2008 年三个时段各区域年均农作物因旱受灾统计 (单位:千 ha)

地区	1978—1989 年		1990—1999 年		2000—2008 年	
	旱灾受灾面积	旱灾成灾面积	旱灾受灾面积	旱灾成灾面积	旱灾受灾面积	旱灾成灾面积
北京	917.3	407.5	806.3	351.7	581.8	266.9
天津	1403.2	638.7	1134.3	479	989.3	522.7
河北	22049.9	12087.4	18079	8950.6	13345.9	8900.6
山西	14927.3	7321.9	16229.6	8678	11863.1	7072.4
内蒙古	15136	10076.8	16232	8224.7	20814.3	13753.2
辽宁	10107.3	5128.7	7706.3	3988.3	11975.8	7601.3
吉林	8462	4284	8791.7	4585.7	14995.2	9265.5
黑龙江	12890.1	6412	14620.6	6287.4	26034.2	13730.1
上海	0	0	115	13	0	0
江苏	7704	3164.8	9629.7	3623.7	3956.4	2424.5
浙江	1408.7	426	2967.7	1159	1264.1	767.8
安徽	7930.6	3413.4	11469.7	5686.3	7684	4716.2
福建	2138.7	711.4	1424.7	509	1836.2	859.4
江西	4939.9	2474	4036	1433	4232.6	2699.4
山东	29876	13360	19166.3	8744	12585.6	7413.6
河南	23574.1	11438	22238	11282	9879.6	5029.7
湖北	8811.4	4284.6	10360	4446.4	9071.7	5862.4
湖南	13630.6	7565.3	8771.7	4238.4	7047.4	4183.7
广东	5152	1445.3	4261.7	1650.7	2968.6	1418.3
广西	7000.7	3173.2	6894	3717	5497.5	2974.6
海南	182.6	78.7	1200.7	361.3	882.4	461.4

续表

地区	1978—1989 年		1990—1999 年		2000—2008 年	
	旱灾受灾面积	旱灾成灾面积	旱灾受灾面积	旱灾成灾面积	旱灾受灾面积	旱灾成灾面积
重庆	—	—	2447	1068	4753.8	2740.4
四川	11188.6	4554.7	15779.4	7346.7	11227.7	5548.6
贵州	4857.2	2841.8	5073	2289	3221.4	1622
云南	4725.2	2188.7	5822.6	2316	6498.1	3736
西藏	414.1	164	312	67.3	112.4	11.7
陕西	10857.9	5669.3	16233.7	9296.7	9395.6	5478.7
甘肃	6992.7	4019.9	11232.7	6013	10361.1	6935.6
青海	498	276	1506	649	1573.1	1003.4
宁夏	1755.3	1022	1969.3	1072.3	2945.9	1777.3
新疆	1880	677.9	2594	925.3	3934.9	2688.3

注释：重庆 1997 年起为直辖市，此前统计数据并入四川省。

(3)粮食主产省份旱灾受灾、成灾情况分析

中国粮食主产区主要分布在松辽平原、黄淮海平原、长江中下游平原和四川盆地。从1980—2008 年不同年代主产省因旱受灾面积(图 3-6)看均在 50%之上。

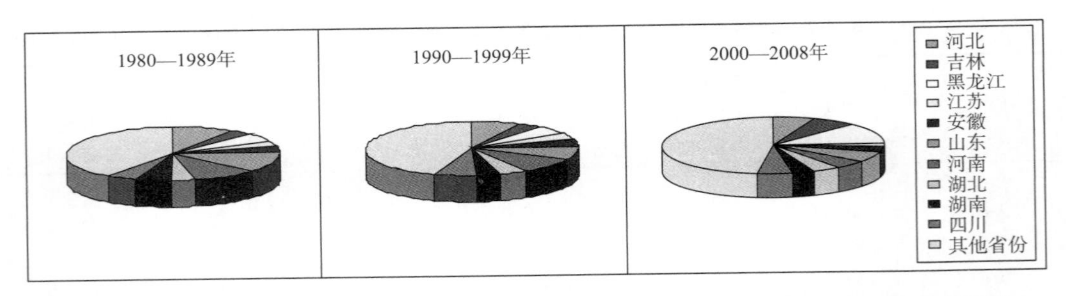

图 3-6　1980—2008 年不同年代粮食主产省因旱受灾面积占全国因旱受灾面积比例(见彩图)

3.2.2.2　旱灾对国家粮食安全的影响

(1)粮食安全的概念

粮食是人类生存的基本消费物资，粮食安全是社会稳定的基础和保障。粮食安全的国际概念是在 20 世纪 70 年代提出的，后来其内涵和外延不断丰富发展。

①1974 年 11 月联合国粮农组织第一次世界粮食首脑会议提出粮食安全是指“保证任何人在任何时候都能得到为了生存和健康所需要的足够粮食”。

②1983 年联合国粮农组织将上述定义修改为“确保所有的人在任何时候能够买得到也能够买得起他们所需的基本食物”。

③1996 年 11 月第二次世界粮食首脑会议作了新的表述：“只有当所有人在任何时候都能在物质上和经济上获得足够、安全和富有营养的粮食，来满足其积极和健康生活的膳食需求及食物爱好时，才实现了粮食安全。”

根据中国的情况，粮食安全是指粮食数量能够满足人口食用、养殖业、工业及其他国

民经济正常发展所需日益增长的所有用粮，国内粮食产量与夺取全面建设小康社会新胜利的目标和进程的客观需要相匹配；粮食价格及其变化符合国民经济健康快速稳定发展内在规律的客观要求；质量符合人民群众生活水平日益提高的要求，能以合理价格消费粮食的需要，并具备抵御各种粮食风险的能力（国务院，2005）。

（2）中国粮食安全问题现状分析

中国历届政府重视农业生产，粮食产量持续增长，1978 年全国粮食总产达到 1949 年的 2.7 倍。改革开放以后农业生产水平不断提高，1996—1999 年全国粮食总产达到 5000 亿 kg，人均 400 kg 左右，实现了粮食基本自给。世纪之交中国北方遭遇持续干旱，加上种植结构的调整，使粮食播种面积大幅度减少，粮食产量有所下降，2003 年仅为 4.3 亿 t，供需缺口 2500～3500 万 t，粮食安全问题引起党和政府的高度重视。

粮食产量连年减少除与粮价偏低农民积极性不高、农业结构调整、耕地面积减少等因素有关外，自然灾害也是重要因素，其中又以旱灾对农业生产影响最大（鲁奇，1999）。

目前，中国商品粮主产区和产粮大省主要集中在东北三省和黄淮海平原，这两个地区由于水资源短缺，旱灾发生也最为严重。近 20 年来工农业的快速发展更加剧了北方的水资源紧缺。水资源的过度开采利用已造成径流严重衰减，湖泊水位下降。三江平原湿地大范围缩小，黄淮海平原和西北绿洲地下水位快速下降。一旦出现连年干旱必将严重危及粮食生产并直接影响全国粮食供给。世界上主要产粮国家也面临干旱的威胁，如中国与世界主要产粮国家同时干旱，对中国和世界的粮食安全将造成更大的影响。

3.2.3 旱灾对主要经济作物生产的影响

经济作物指其产品作为工业原料的农作物，广义的经济作物还包括蔬菜、花卉、草药等经济价值较高但并非以摄入能量为目的的作物。干旱对各种经济作物的产量、品质、市场供需和价格都有很大影响。

（1）棉花

棉花是最主要的纤维作物。春旱影响播种、出苗和苗期生长，沙壤土当含水率低于 10%会出现萎蔫。盛夏高温季节棉花旺盛生长需水量大，缺水会使株高降低，果枝数、果节数、铃数减少，铃期变短，脱落增加，产量下降。吐絮期干旱会加速衰老，影响种子生长和纤维合成（郑大玮等，2005）。2008 年春夏美国棉花主产区因高温干旱减产，导致价格大幅度上升。

（2）油料作物

主要油料作物有油菜、花生、向日葵、芝麻等。

长江流域的冬油菜常发生秋旱，淮河流域和西南常发生冬春旱，出苗不全，叶片黄化易脱落，移栽后皱缩，返青延迟。北方春油菜区以春旱为主，影响播种出苗和苗期生长。2009 年，江淮油菜一度发生冬旱和冻害，虽然总体长势尚好，但由于媒体大量炒作造成减产预期，导致市场价格一度上扬。

花生主产区在黄河流域和西南，苗期较耐旱，花芽分化期遇旱可导致败育。开花下针要求充足水分，干旱和土壤板结会使果针不能下扎入土，结实率显著下降。结荚期干旱会导致含油率下降(郑大玮等，2005；王福青等，2000)。

(3)糖料作物

热带和南亚热带主要是甘蔗，中温带为甜菜，暖温带和北亚热带既不适合种植甘蔗，也不适合甜菜，可种植甜高粱。

华南西部常发生冬春旱，影响甘蔗春植和苗期生长，华南中东部有时发生秋旱，影响甘蔗生长量。甜菜主要种植区在黑龙江、新疆和内蒙古，春旱常影响出苗(郑大玮等，2005)。2008 年夏秋，广西持续干旱，相当数量的原料蔗普遍存在红心、空心、节多、矮小和不同程度的枯叶现象，旱情严重的出现生长点坏死和植株枯萎(图 3-7)。估计严重受害甘蔗每亩减产 1.3～2.2 t，一般受害甘蔗减产 0.5 t。2009 年广西和云南秋冬少雨干旱严重，预计蔗糖减产 5 成，糖价和酒精市场价上升(中国天气网，2010)。

图 3-7　2010 年云南省保山市隆阳区受旱的甘蔗

(4)蔬菜

蔬菜种类繁多，绝大多数喜湿怕旱，对水分亏缺要比大田作物更加敏感。大部分菜田需要灌溉，缺水无法播种或移栽。中国北方许多城市的蔬菜面积受制于可灌溉水源。苗期缺水影响发苗甚至形成小老苗。营养生长盛期和产量形成期需水量最大，干旱严重影响产量和品质。瓜果类蔬菜开花结果期干旱会造成落花落果。大多数叶菜类根系分布浅，需要小水勤浇。大白草苗期遇高温干旱还容易感染病毒病(郑大玮等，2005)。

所有农产品中以蔬菜价格波动最大。2009 年，东北西部夏旱和湖南、广西等地秋旱严重，长春市 8 月 24—31 日一周之内菜价上涨一成(骆家烨，2009)；广西南宁市蔬菜价格从 10 月 20 日开始节节攀升，有的蔬菜价格甚至比 10 月中旬翻了一番(骆家烨，2009)。云南本是蔬菜外销大省，2009—2010 年秋冬持续干旱使菜价上涨四成，反而要从外地输入大量蔬菜以平抑菜价，连菜农也不得不到市场上购买蔬菜(严红霞，2010)。

3.3 旱灾对林业的影响

3.3.1 中国林业发展与旱灾发生概况

中国森林面积7500万ha,有林地面积1700万ha,森林蓄积量31亿m^3。中国森林主要分布在东北和西南的深山区,西北边疆和东南部山地也有广泛分布。东北的森林资源主要集中在大兴安岭、小兴安岭和长白山区。西南主要分布在川西、滇西北、藏东南的高山峡谷(裴国良,1993)。林业容易遭受各种自然灾害的侵袭,其中以干旱的影响最为突出。林业旱灾发生时期和程度有明显的区域性。秦岭淮河以北春旱突出,黄淮海地区经常出现春夏连旱甚至春夏秋连旱,长江中下游主要是伏旱和伏秋连旱,西北大部和东北西部常年受旱,西南为春夏旱,四川东部经常出现伏秋旱,华南旱灾也时有发生,以冬春旱为主(图3-8,图3-9)。

图3-8 广西干旱林木枯死

图3-9 干旱引发森林火灾

3.3.2 旱灾对林业生产的影响

干旱常造成植树成活率下降或失败；严重干旱年份还会使成龄树木枯死。干旱严重地区育苗成活率只有10%左右，特别是北方春季造林如缺少灌溉和疏于管理，新栽苗木很容易死亡(顾常第，1989)。

森林火灾的发生需要同时具备可燃物、助燃物(氧气)与火种三个条件。冬半年枯枝落叶等可燃物多且含水量低，在干旱多风情况下，一旦与火种接触会迅速引发森林火灾并迅速蔓延。干旱年份和干旱季节最容易发生森林火灾，森林火险等级也随之上升。如黑龙江伊春市1971—1980年共发生森林火灾829起，其中781起在春秋两季，占94.2%。

经济林果受干旱响最大的有柑橘、板栗、茶树、桑树等(图3-10)。柑橘受旱会出现不同程度的叶片萎蔫、卷叶、落叶、小果，甚至落果。降雨不均导致文旦、脐橙等裂果。高温干旱期如正值板栗生长高峰，会使大多数果实干瘪成为空苞，并可能导致提早落叶甚至绝收。梨、桃、李、梅等果树遇高温干旱叶片失水早衰，易提早落叶和在冬季反常开花，影响秋冬养分积累，对下一年挂果有不良影响。柿子在果实生长期如受旱严重，单果重和产量将明显降低并提早落叶，影响树势和养分积累，次年坐果不良(郑大玮等，2005)。

图3-10 2010年云南省大理州祥云县受旱的桑树

3.4 旱灾对畜牧养殖业的影响

3.4.1 中国牧区概况

(1)牧区的分布

中国牧区面积426.62万km^2，占陆地国土面积的44.4%，主要分布在北部、西部和西南部，均为少数民族集聚地区，涉及内蒙古、新疆、西藏、青海、甘肃、四川等14个省(自治区)。天然草地3.9亿ha，其中可利用面积3.3亿ha，牧区1.93亿ha，半农半牧区

0.59 亿 ha(农业部,2002)。

牧区地貌以高原、山地、沙漠为主,生态脆弱,水草资源分布极不平衡。由东向西随着水分条件由湿润到干燥,依次分布着疏林草原、草甸草原、典型草原、荒漠草原、草原化荒漠和荒漠。除东北及西南部分牧区和高山年降水量大于 400 mm 外,大部地区为 200～350 mm,干旱、风沙、低温等自然灾害频繁。牧区水资源普遍贫乏,多年平均径流总量 3876.22 亿 m^3,折算径流深 90.9 mm。绝大多数河流的水量虽然不大,但对于人畜饮水和草地灌溉极为重要(中国农业科学院草原研究所,1996)。冰雪融水是西北干旱牧区水资源的重要补给源。

(2)牧区旱灾概况

中国北部和西部属干旱和半干旱地带,年降水 50～400 mm,年蒸发量 1200～2000 mm,降水的年内和年际变化均较大,旱灾频率较高。

青海省和宁夏回族自治区也是旱灾发生的高频地区。1997—2001 年间青海草场年均受旱面积 1184 万 ha,占本省可利用草地面积的 38%(表 3-3)。

表 3-3　1997—2001 年青海、宁夏草地受旱面积统计　(单位:万 ha)

年份	1997	1998	1999	2000	2001	平均
青海	930	1400	930	1470	1190	1184
宁夏	6.01	5.64	6.37	6.08	4.35	5.69

(据刘颖秋等,2005)

内蒙古草地旱情的年际变化较大,20 世纪 80 年代以来旱灾频率增加,受灾面积明显扩大,影响程度加深。1957—2001 年受旱草地面积超过 3000 万 ha 的 12 年中,有 9 年发生在 80 年代以后。2001 年在全国大面积干旱的背景下,内蒙古草地旱灾面积 5100 万 ha,受灾率达 60%(表 3-4,图 3-11)。

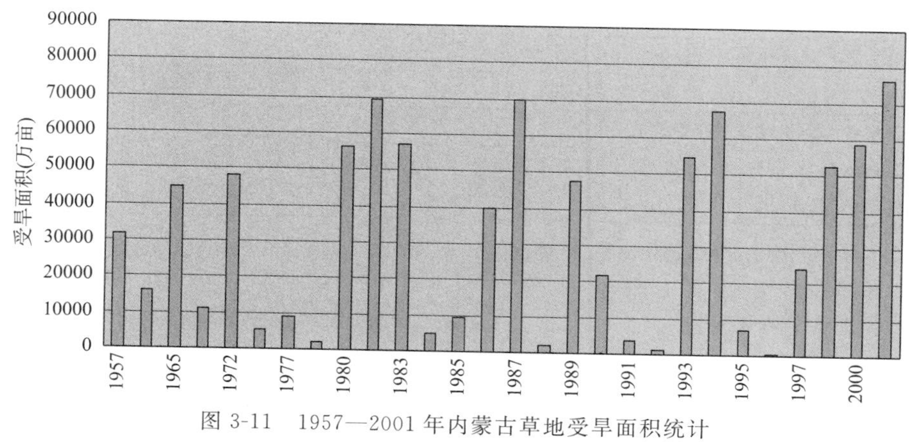

图 3-11　1957—2001 年内蒙古草地受旱面积统计

(数据资料来源:①四川牧业科技手册. 成都:四川民族出版社,1983。②中国水利年鉴,1990—2002 年. 北京:中国水利水电出版社,1991—2003。③中国西部农业气象灾害 1961—2000,北京:气象出版社,2003。④历年中国农业统计年鉴)

表 3-4　1957—2001 年内蒙古草地受旱面积统计　(单位:万 ha)

年份	1957	1962	1965	1969	1972	1976	1977	1978	1980	1981	1982	1983	1984	1985
受旱面积	2100	1080	3000	730	3200	350	610	140	3750	4640	3800	330	630	2670
年份	1987	1988	1989	1990	1991	1992	1993	1994	1995	1996	1997	1999	2000	2001
受旱面积	4670	140	3170	1460	230	70	3640	4500	470	40	1620	3500	3930	5100

3.4.2　旱灾对草地生产力的影响

旱灾使牧草不能正常生长,草地载畜能力大幅度下降(刘颖秋等,2005);牲畜因饲料和饮水短缺发育不良甚至死亡,畜产品数量和质量下降。

中国牧区发生春旱、夏旱和春夏连旱的频率较高,对牧区生产构成严重威胁(范宝俊,1998)。春季为牧草返青期,春旱使牧草返青推迟或返青后枯萎。统计资料显示,春旱年牧草返青期要比正常年推迟 10～15 天,严重年份推迟 20～30 天。典型干旱年主要草场牧草产量下降案例见表 3-5。

表 3-5　旱灾对草地生产力影响的案例

年份	旱灾影响草地生产力描述
1973	青海因旱灾导致草量损失 30%～50%
1978	青海海西州牧草减产一半以上;四川若尔盖县当年储备干草平均每畜仅 5 kg
1979	青海海西、海南、黄南三州牧草减产 1/3 至 1/2
1985	甘肃产草量仅及往年 30%;新疆各地区少则减产 20%～30%,多则 50%
1988	青海海西州都兰、天峻两县受旱,有些乡枯草期提前 1～2 个月,产草减少 40%～50%
1989	新疆全区大旱,草场受旱 1670 万 ha,成灾 887 万 ha,绝收 400 万 kg,牧草减产 6.06 亿 kg
1991	甘肃每公顷产草量仅 60 kg 左右,为常年的 20%～50%;青海产草量减少 40%～50%;新疆受旱草场 2187 万 ha,占全区可利用草场面积 45%左右
1993	西藏全区大旱,60%的草场干旱缺水
1994	青海省产草量和载畜量较正常年份减少 40%～50%
1995	甘、宁、青、新、蒙、晋等七省(自治区)旱灾,牧区草场受灾面积 5100 万 ha,其中,新疆产草量损失 2 亿 kg
1996	青海省海南州牧草减产 10%以上
1997	新疆阿勒泰、塔城、昌吉、克州、和田、哈密等地 80%以上冬春草场受旱,产草量减产 20%～30%,严重地区甚至达到 50%以上

(数据资料来源:①四川牧业科技手册. 成都:四川民族出版社,1983。②中国水利年鉴 1990—1996 年. 北京:中国水利水电出版社,1997。③中国灾情报告:1949—1995. 北京:中国统计出版社,1995。④中国西部农业气象灾害 1961—2000. 北京:气象出版社,2003)

3.4.3　旱灾对牧区畜牧业生产的影响

(1)旱灾对牧区牲畜生长的影响

冬春是母畜产仔期,旱灾极易造成仔畜死亡。牧区冬季到初春持续少雪称为黑灾,常造成牲畜饮水困难。新疆塔里木盆地、内蒙古高原、甘肃河西走廊北部祁连山中西段、青海柴达木盆地、西藏西北部以及宁夏的海原、同心、盐池容易发生黑灾,其中内蒙古锡林郭勒和乌兰察布等地黑灾发生率为25%～30%，其余地区10%～15%。黑灾发生转场放牧时极易造成母畜流产、牲畜掉膘、体弱、疫病和死亡（中国农业科学院草原研究所，1996）。如1983年内蒙古因旱灾仔畜死亡率14.7%；1998年新疆仔畜因旱灾死亡3.08万头（只），比1997年同期增加15%。

春旱使牧草返青期和饱青期推迟，牲畜无法采食或吃不饱，会导致膘情下降（图3-12）。春夏连旱还造成冬季饲草料储备不足，直接影响牲畜过冬和来年畜牧业发展，严重时还造成牲畜饮水困难和饲草料缺乏，导致大批死亡。据统计，1965年内蒙古因旱灾损失牲畜476.3万头（只），1966—1972年青海省成畜死亡率高达6.8%～15%，1975年宁夏盐池县大旱造成1976年春乏牲畜死亡率由常年的6.7%上升到35%，绵羊肉产量下降15%～18%（国家统计局等，1995）。干旱致使大批牲畜提前出栏，如1991年甘肃因干旱缺少饲草料和饮用水，出栏率由常年的20%猛增到40%（中国农业科学院草原研究所，1996），直接导致存栏母畜数量不足，畜牧业基础变弱，影响以后几年的生产。

图3-12　内蒙古草原受旱牛群吃不上草

（2）旱灾对畜产品品质的影响

干旱年饲草料不足且营养价值下降，牲畜膘情下降且抵抗力差易感病，还导致肉奶、皮毛等畜产品和制品的品质下降。据甘肃农业大学草原系对天祝县高山草地的调查，春乏期间羊毛生长速度降低75%且粗细不一，出现大量饿痕，工艺性能降低。内蒙古1978年9月到1979年6月连续10个月基本无雨，巴彦淖尔盟*北部牲畜不退毛，大量病死。1986年新疆28个县（市）发生旱灾，病弱牲畜450万头。1994年青海省干旱，产草量和载畜量较常年减少40%～50%，牲畜几乎没有一类膘，二、三类膘畜占50%，较正常年份减少40%～50%，其余均为次等膘。1999年的旱灾造成西藏牧区牲畜发生大面积肺炎、口

* 2003年撤销，设立为巴彦淖尔市。

膜炎等(刘颖秋等,2005)。

(3)牧区旱灾经济损失估算

旱灾直接影响牧区经济发展和牧民收入,包括牧草损失、牲畜死亡损失及抗旱投入等,以全国最大的牧区内蒙古为例,新中国成立初期,畜牧业旱灾损失巨大。20 世纪 90 年代以来,内蒙古损失大大减少,但 1995 年以后又有回升,与区域气候干旱化、草地退化、水资源状况恶化,以及牲畜头数超载等有关(表 3-6,图 3-13)。其他牧区也有同样趋势。

表 3-6 内蒙古牧区 1957—2001 年旱灾损失估算

年份	受旱草场面积(万 ha)	牧草因旱经济损失(万元)	牲畜因旱死亡数量(万头/只)	牲畜死亡损失(万元)	当年受旱经济损失
1957	2100	4746	179.9	6453	12803
1965	3000	8318	476.3	42624	56640
1972	3000	6166	98.3	21888	32191
1977	610	885	15.8	10355	8477
1980	3750	6452	124.0	16354	31378
1987	4670	4933	180.0	8212	9755
1991	260	473	0.7	75	548
1992	70	127	/	/	127
1993	3640	6618	30.4	3262	9880
1994	4500	8181	20.0	2146	10327
1995	470	854	/	/	854
1996	40	73	0.7	75	148
1997	1620	2954	3.1	333	3278
1999	3500	6363	34.0	3649	10012
2000	3906	7145	61.7	6621	13766
2001	5100	9272	95.0	10194	19466

(数据来源:据刘颖秋(2005)整理修编)

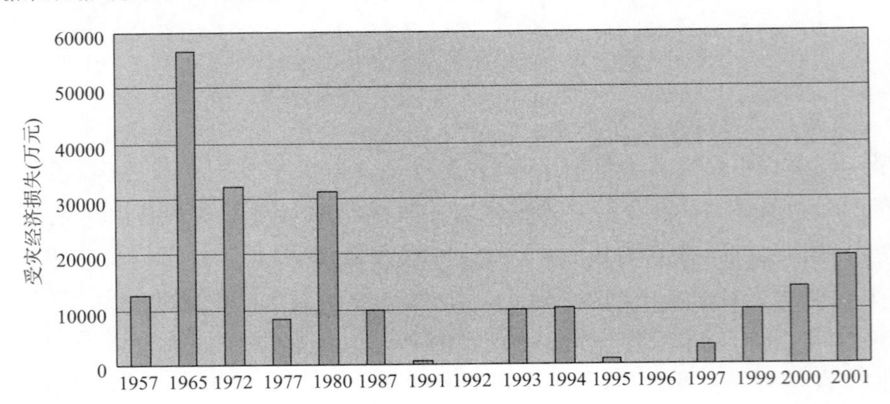

图 3-13 内蒙古牧区 1957—2001 年旱灾经济损失统计(1957—2001)

(数据来源:据刘颖秋(2005)整理修编)

3.4.4　旱灾对农区畜牧业的影响

（1）农区畜牧业概况

农区指牧区和半农半牧区以外，以农作物栽培为主的地区，拥有全国95%以上的农业人口和90%以上的耕地。主要畜禽有猪、牛、羊和各种家禽，以舍饲为主，生产的肉类占全国总产的95%以上。

农区的畜牧资源、牲畜构成及经营方式与牧区不同，具有以下特点：

①以耗粮型畜牧业为主。饲料来源是粮食、饼粕、秸秆、牧草及其他农产品加工废弃物，牛、羊、鹅等还可利用山坡和零星草地放牧。

②兼用型畜牧业较多，如乳役或肉役兼用的养牛业、养马业和养驴业等。

③舍饲为主，除作物收获后短期茬地放牧外，其余均在畜舍内人工饲养。

④饲料费用较高，一般占畜牧业成本的65%以上。

⑤经营管理和生产水平较高。传统经营方式是农家副业，经营规模较小；20世纪80年代以来经济发达地区涌现出一批规模较大的集约化养殖场或专业养殖户。农区畜牧业在90年代迅猛增长，现已成为中国畜牧业的主体。

（2）干旱对农区畜牧业的影响

中国农区畜牧业正在逐步规模化、集约化、现代化，受旱灾影响明显轻于牧区，但干旱仍然具有种种直接和间接的危害，表现为：

①旱灾造成农作物减产，特别是粮食、大豆和油料作物的减产将减少饲料粮的来源，粮价上升带动饲料价格的上升，导致农区畜牧业成本的提高。

②发生旱灾时山区和部分平原地区往往发生人畜饮水困难。

③干旱年水资源减少往往导致水环境恶化，畜禽易发生疫病和寄生虫病。

粗略估计近三十年来，旱灾对中国农区畜牧业带来的损失率在8%以下，远远低于对牧区畜牧业20%以上的损失率。

3.4.5　旱灾对淡水养殖业的影响

（1）中国淡水养殖业概述

淡水养殖业指利用池塘、水库、湖泊、江河以及其他内陆水域（含微咸水）饲养和繁殖水生经济动物的产业。淡水养殖集约化程度较高，按照养殖场所可分为池塘养殖、湖泊养殖、江河养殖、水库养殖、稻田养殖、工厂化养殖、网箱养殖、微流水养殖等；按集约化程度分为粗养、半精养和精养。中国淡水总面积约20万km^2，养殖面积和总产均居世界首位，总产量占全国水产品总产量的36.7%。

（2）旱灾对淡水养殖业的影响

旱灾造成湖泊河流水位降低，首先影响到淡水养殖的面积。干旱往往伴随着高温少雨，外源性水源紧缺使养殖水体的交换与调节难度加大。较高水温和狭小的水体空间使藻类旺盛繁殖，随着投饵增加和排泄物的增多，水质严重富营养化，NO_2^-、NH_3、H_2S等有害物质明显增多，淤泥产生的CH_4也增多，容易导致浮头缺氧甚至窒息死亡。随着水温上升，细菌、病毒等繁殖速度大大加快，各类细菌性、病毒性和寄生性鱼病高发。鱼类和虾蟹在长时间高温下，分泌消化酶的浓度和活性受到影响，处于严重应激状态，食欲下降甚至停止摄食（杨正峰等，2007）。

3.5 旱灾对生态环境的影响

3.5.1 旱灾影响生态环境的主要表现

在全球变化背景下，世界各地干旱发生频率和强度增加，加上人类掠夺性开发利用水资源和排放污染物，生态环境经受前所未有的挑战，全球淡水资源危机不断加深，生产和生活需水量不断增加，都使干旱对生态环境的威胁增大。

（1）生态系统向旱生化方向逆向演替

频繁的旱灾使生态系统退化并向旱生化方向演替，如乔木林→疏林→灌木林→无林地，沼泽→草甸草原→干草原→荒漠草原→草原化荒漠→荒漠，淡水湖→微咸水湖→咸水湖→盐湖→盐漠等。逆向演替将导致人类可利用自然资源的日益枯竭和生物多样性的锐减。

（2）加剧土地荒漠化

旱灾导致干旱、半干旱气候区的土地荒漠化（图 3-14，图 3-15）。非洲历史上萨赫勒与苏丹地区的气候干湿周期变化与撒哈拉大沙漠的扩展与退缩一致。中国西北的沙漠和戈壁也是在气候干旱期扩大。据考证，干旱缺水、河流改道和水源枯竭是导致楼兰古国毁灭的主要原因。气候干旱期也是沙尘灾害频繁发生的时期。

图 3-14　内蒙古锡林郭勒草原退化

（3）有害生物滋生蔓延

干旱有利于许多有害生物的滋生蔓延，中国古代就有“旱极而蝗”的记载，历史上蝗灾往往与旱灾同年发生，这是因为含水率 20%～30% 的干燥土壤最适宜蝗虫产卵，干旱使河湖水面缩小，裸露洼地提供了产卵适宜场所，多晴也有利于蝗虫迁飞。20 世纪 50 年代中国处于多雨期，加上政府在蝗虫越冬和产卵地组织大规模灭蝗，蝗灾曾一度消失。80

年代以后由于气候进一步干暖化，北方许多河湖水面萎缩，致使老蝗区重新成灾，新蝗区不断产生，蝗虫爆发频率上升，危害加重。如 2001 年夏季黄淮海平原有 30 个县出现高密度蝗群，蝗蝻最高密度达 3000 头/m^2（水利部水利水电规划设计总院等，2008）。

图 3-15 内蒙古浑善达克沙地

（4）使水环境更加恶化

干旱使可利用水资源减少；水体污染物浓度增大。水温升高时藻类和有害微生物过度繁殖使水体富营养化。近十多年气候干旱化和用水量大幅度增加，使中国北方许多河流的入海径流量锐减甚至枯竭，带入近海矿质养分大大减少，严重威胁着海洋生物的生存环境。

西北和华北的许多河流变成季节河甚至干涸，水生生物减少甚至绝迹。华北地区形成明显的地下水漏斗，对土壤水分的补给减少，使自然植被的生物多样性和生物量减少。水资源的枯竭使民勤等绿洲加速荒漠化。

（5）导致地质环境恶化

干旱使沿海地区地下水位下降，直接导致海水入侵和地面下沉。山区持续干旱使坡面风化物更加疏松不断堆积，发生暴雨时更易发生滑坡和泥石流。

3.5.2 人为活动加剧旱灾对生态环境的影响

自工业革命以来，人类对生态环境的破坏速度已远超过自然生态系统的恢复重建速度，人类赖以生存的自然服务功能正在下降。

（1）高强度的土地利用

陡坡开荒、滥伐森林除直接导致水土流失和加重下游洪涝灾害外，还使森林保蓄水分的功能降低，旱季径流和蓄水量锐减，不但加重了旱灾，也减少了生态用水量。过度开垦、超载过牧、滥挖发菜、采集甘草等不合理的人类活动，使草原失去植被保护，冬春风蚀加剧，土壤日益沙化，气候更加干燥。草地退化还使优质牧草被啃食殆尽，劣质、有毒、有害牧草增加。草地承载力显著下降。

(2)过量消耗水资源

世界人口在过去 100 年中增长了 2 倍，但用水量增加了 6 倍。世界水务委员会(World Commission on Water)预计，今后 30 年还将增长 50%。人类过度消耗水资源加剧了生态环境的破坏。如上游大量拦截河水用于灌溉，使得新疆塔里木河中游库尔勒—若羌绿色走廊 6.1 万 ha 胡杨林锐减至 1.6 万 ha(刘颖秋，2005)。由于沿海城市大量抽取地下水，秦皇岛市海水入侵距离已达 5～6 km，天津市地面沉降面积达 7300 km^2，郊区污水灌溉面积 11.3 万 ha，菜田灌溉用水 2.1 亿 m^3 中有 1.6 亿 m^3 是未经处理的污水(水利部水利水电规划设计总院等，2008)。

(3)引起气候变化加剧干旱

人类大量使用化石能源和改变土地利用性质，使大气中 CO_2 等温室气体浓度不断增加，全球气候变暖并导致某些极端天气、气候事件的增加，尤其是中纬度大陆东部的气候干暖化和旱灾日益频繁，在中国以华北和东北西部为最典型。

3.5.3 生态系统与干旱环境的协调

过去人们对旱灾采取简单的对抗方式，发生干旱时拼命灌溉，到处拦蓄地表水和超量开采地下水，同时还滥伐森林，滥垦草地，陡坡开荒，围湖造田，以为人类可以任意改造和征服自然，其结果是受到大自然的惩罚。频繁的旱灾迫使人们反思，认识到人类自身也是自然生态系统的组成部分，对生态环境的破坏最终将丧失人类自身的生存基础，人与自然必须和谐相处。在微观上，人们在付出一定代价后能够局部改变干旱环境以供利用，但在宏观上是不可能改变整个干旱环境的，只能适应干旱环境，努力实现生态系统和人类社会与干旱环境的协调。

(1)生态系统的种群结构要适应干旱环境

干旱环境下生态系统应以耐旱和水分利用效率高的动植物为主，并要求具有合理的种群结构。20 世纪 90 年代末，中国政府提出在生态脆弱地区退耕还林还草，但有些人在年降水量只有 300 mm 的地区盲目引种高耗水的乔木，成活率很低，造成极大浪费(郑大玮等，2002)。70 年代末和 80 年代初，华北平原有些地方盲目扩种水稻，终因水资源不足被迫改为旱作。目前河北北部山区沿河滩地大面积种植水稻，本地区虽取得较好经济效益，但却是以牺牲下游平原和京津用水为代价的，从整个区域经济效益看是不合算的。

(2)必须确保必要的生态需水

必要的生态需水是保持生态系统稳定与生态平衡的前提，包括水盐平衡、水沙平衡、水热平衡等。各类生态系统之间是相互依存的，河川径流过度开发会带来严重的生态恶果，如中下游河床淤积抬高，海洋生物缺乏矿质营养，沿海三角洲湿地萎缩甚至消失等。目前中国北方多数流域水资源开发利用度超过 50%，远高于国际公认的 40%警戒线，海河流域甚至超过90%,必须采取坚决措施,逐步改变这种状况。按流域统一管理后,黄河断流与三角洲湿地萎缩已基本解决。

(3)生态环境建设要量水而行

在黄河南岸库布其沙漠大量植树是以大量耗用黄河水为代价的。从局地看生态环境有很大改善,但对于整个流域却得不偿失。沙漠地区只应沿绿洲外围、城镇和河渠植树。扩大灌溉只能根据可利用水资源数量,在大幅度提高水分利用效率的基础上实现。人为扩大绿洲的后果将是更加严重的荒漠化。

(4)生态恢复重建要充分利用生态系统自身的修复机制

受损生态系统的恢复重建应工程措施与生物措施相结合,并以生物措施为主。要遵循生态系统的进化与演替规律,充分利用生态系统的自身修复机制。过多的灌溉往往使植物的根系变浅,抗旱能力减弱。干旱缺水地区的抗旱减灾要更多地依靠根系吸收利用深层土壤水分的能力。荒漠化土地的植被营建应选择耐旱耐瘠先锋植物和适当的后续植物。

3.6 旱灾对区域社会经济的影响

3.6.1 区域水资源供需与旱灾特点

旱灾的发生具有明显的区域性,不仅使农业受灾,还影响到工业、城市供水、经济布局和生态环境。灾害严重时不仅使作物绝收,还影响人畜饮水,致病或死亡。在社会经济不发达的国家或地区,严重的旱灾不但造成粮食大幅度减产,还可能导致饥荒、人口大量死亡和社会动乱。

中国不同地区的水资源状态和社会经济发展水平不同,旱灾的发生频率、程度、社会经济影响和减灾能力都有一定差异。表3-7和表3-8分别是各水资源一级区水资源量和供用水量。

华北地区人均水资源量少,农业需水量大,工业发达,城市密集,人均生活用水量多,表现为资源型缺水,是受旱灾影响最大的地区。

南方全年降水量较大,春夏多洪涝,但存在季节性降水偏少,特别是伏旱常造成农业受灾减产和城市短期缺水。

西北地区年降水量很少,长期处于干旱状态,西北东部农业以旱作为主,西部为依靠灌溉的绿洲农业,工业与农业、生产与生活、经济与生态、上中下游之间争水的矛盾突出。但由于地广人稀,人均水资源占有量仍高于华北。

东北地区降水较多,生长季节短,降水基本上能满足作物生长需要,但时空分布不均,春旱频繁发生,西部地区降水偏少,干旱威胁严重。

表 3-7 2013 年各水资源一级区水资源量 （单位：亿 m³）

水资源一级区	降水总量	地表水资源量	地下水资源量	地下水与地表水资源不重复量	水资源总量
全国	62674.4	26839.5	8081.1	1118.4	27957.9
北方 6 区	21944.9	5538.2	2693.3	969.8	6508.0
南方 4 区	40729.5	21301.3	5387.8	148.6	21449.9
松花江区	6300.4	2459.1	618.7	266.2	2725.2
辽河区	1807.6	539.4	222.0	93.4	632.7
海河区	1750.9	176.2	259.8	180.1	356.3
黄河区	3828.6	578.3	381.2	104.7	683.0
淮河区	2339.8	451.6	345.6	219.7	671.2
长江区	18354.0	8674.6	2336.2	122.6	8797.1
其中：太湖流域	402.4	139.9	41.5	20.6	160.5
东南诸河区	3355.0	1902.1	498.8	9.9	1912.0
珠江区	10080.7	5287.0	1257.1	16.1	5303.2
西南诸河区	8939.7	5437.6	1295.7	0.0	5437.6
西北诸河区	5917.7	1333.7	866.1	105.7	1439.4

（据 2013 年中国水资源公报）

西南年降水总量不少，但地形复杂，高山、高原、盆地、河谷平原、丘陵等多种地貌相间，干旱的分布复杂多样，也表现为季节性干旱，其中川东和重庆以夏秋旱为主，川中盆地和云南以冬春旱为主。西南地区东部为石灰岩山区，田高水低，提水难度大，表现为工程型缺水。

表 3-8 2013 年各水资源一级区供用水量 （单位：亿 m³）

水资源一级区	供水量				用水量					
	地表水	地下水	其他	总供水量	生活	工业	其中：直流火（核）电	农业	生态环境	总用水量
全国	5007.3	1126.2	49.9	6183.4	750.1	1406.4	495.2	3921.5	105.4	6183.4
北方 6 区	1784.1	1000.8	37.1	2822.0	253.9	337.7	30.9	2161.3	69.1	2822.0
南方 4 区	3223.2	125.4	12.8	3361.4	496.2	1068.7	464.3	1760.2	36.3	3361.4
松花江区	290.2	218.8	0.9	509.9	28.6	60.4	15.5	407.1	13.8	509.9
辽河区	97.3	102.7	3.9	203.9	29.3	33.6	0.0	134.9	6.0	203.9
海河区	129.9	224.6	16.4	370.9	58.1	55.5	0.7	242.3	15.0	370.9
黄河区	259.8	128.5	8.9	397.2	42.1	62.4	0.1	282.2	10.5	397.2
淮河区	458.4	176.2	5.7	640.3	80.6	104.2	14.3	445.2	10.2	640.3
长江区	1970.4	78.6	8.3	2057.3	275.0	742.7	384.6	1019.7	19.9	2057.3
其中：太湖流域	363.7	0.2	0.4	364.3	53.1	217.3	172.8	90.8	3.0	364.3
东南诸河区	329.1	8.6	1.4	339.1	62.7	117.3	17.3	152.0	7.1	339.1
珠江区	822.8	33.6	2.9	859.3	149.1	198.9	62.5	502.6	8.8	859.3
西南诸河区	100.9	4.6	0.2	105.7	9.4	9.8		86.0	0.4	105.7
西北诸河区	548.4	150.0	1.5	699.9	15.2	21.5	0.3	649.5	13.6	699.9

（据 2013 年中国水资源公报）

3.6.2 旱灾对二、三产业的影响

(1)二、三产业干旱的特点

工业与服务业与农业不同,是否缺水主要不取决于当年的降水和土壤水分,而取决于可利用水资源的数量和稳定性。有些年份降水虽然较多,但上年降水量少,水库蓄水不足,地下水位下降,上游来水减少,城市可利用水量供不应求。相反,有时当年降水量偏少,农业干旱严重,但上年水库蓄水或上游来水多,城市二、三产业并不缺水。

农业用水绝大部分消耗于作物蒸腾和土壤蒸发,无法重复利用。城市二、三产业用水则除旅游业的景观用水外,大部分最终以污水排放,蒸发损失不多,经处理后重复利用的潜力较大。

农业用水在不同产业和作物之间的差异较小,而二、三产业的不同行业之间差异极大。工业生产中采矿、发电、冶金的冷却用水,化学工业,纺织印染业,以水为原料的饮料业和酒业,以及服务业中的洗浴、洗车、游泳池等行业用水量较大,但电子工业和文化产业等用水量极少。

(2)干旱对不同工业部门的影响

不同工业部门对水的依赖程度不同,水源条件在很大程度上决定工业布局和规模。电力、造纸、冶金、化工、纺织等工业都是用水大户,其布局和正常生产受到水资源保障和供给能力的影响。如北京市 20 世纪 70 年代有 700 多万人口,正常年份可利用水资源为 47 亿 m^3,以高耗水耗能和高污染的重化工业为主导。进入 21 世纪,加上流动人口,北京市已接近 2000 万人,水资源人均只有 200 m^3,不得不将钢铁企业等高耗水产业迁移到唐山沿海,同时对现有企业采取严厉的节水措施。为确保京津供水,国家还对上游承德和张家口地区的工业实行严格的限制,撤销了一大批高耗水或对水体污染严重的造纸、电镀和化工企业。

①旱灾对电力工业的影响

水电以水能为动力,主要分布在江河径流量和落差大的地区。干旱使河流水位降低,流量减少,如 2009 年 8 月以来的干旱使西南地区水力发电机组的当年发电量下降了 40%。火电厂需要大量冷却水,占到整个工业用水量的 60%。干旱常伴随高温,农村灌溉与城市空调耗电增加,电网负荷急剧增大,常造成掉闸或限电。因此,旱灾对电力生产有着双重压力。

②旱灾对冶炼业和采矿业的影响

冶金工业需要大量冷却水,采矿选矿需要大量水淘洗粗选,一些采掘业需要用水回灌矿井,都需布局在水源丰富的地方并尽可能循环利用。虽然钢铁业是用水大户,但节水潜力很大。如宝钢设计吨钢耗水 9.9 t,远低于国内同行 15 t 的水平,2005 年吨钢耗水已降至 3.72 t。煤炭行业也是中国工业部门中用水大户之一,山西省一些小煤矿的无序开采已造成附近水资源的枯竭。

③旱灾对纺织工业的影响

纺织工业作为用水大户,需要靠近水源充足的地方,干旱会影响到纺织工业的生产过

程。2002年中国纺织行业总用水量101.85亿m^3，取水量75.01亿m^3，重复用水量26.84亿m^3，按1990年不变价，万元工业增加值取水量为283.93 m^3，2005年下降为191 m^3/万元，水重复利用率提高到35.0%。

④旱灾对造纸和化工业的影响

造纸和化工工业需要水参与生产，对水的依赖性很强，而且排放大量污水，稀释和净化处理都要消耗大量的清水。2002年全国造纸行业取水量为49.7亿m^3，水的重复利用率为39%，2005年提高到45.0%。2002年全国化学工业的主要14种产品取水总量49.9亿m^3，平均万元工业增加值取水量为256 m^3，2005年降低到159 m^3/万元。

⑤干旱对食品工业的影响

食品工业用水包括原料清洗用水、工艺用水、冷却用水、生产设备和车间洗涤用水等，2005年单位产品取水量为178 m^3/万元。对水的清洁程度要求高，生产过程需要水的参与，水还是多种食品工业的产品的一部分，干旱使供水不足对食品生产的影响非常明显。

⑥其他产业

二、三产业中所有以农林产品为原料的行业对旱灾的发生都十分敏感。河流水位下降影响原料和产品航运也是干旱影响工业生产的一个重要因素。

发生特大干旱，可利用水资源极其紧缺时，不得不对部分企业暂时停水停电以确保居民生活用水，在这种情况下工业的经济损失更大。

(3)不同产业耗水率的比较

根据2007年中国水资源公报，全国总用水量5819亿m^3，其中工业用水1404.1亿m^3，占24.1%，比2006年增加60亿m^3；而全国总用水量只增加24亿m^3，农业用水还减少了66亿m^3。预计未来工业用水量还将继续增加。由于工业用水有相当部分被重复利用，实际耗水只占11.0%，节水还有很大潜力。据统计，全国综合耗水率(消耗量占用水量的百分比)为52%，其中干旱地区耗水率普遍大于湿润地区。各类用户的耗水率高低主要取决于重复利用率，如农田灌溉为62%，工业为24%，城镇生活为30%，农村生活为84%。

3.6.3 旱灾对城市的影响

20世纪90年代末以来，中国人口城镇化呈加速态势，城镇人口比重年均增加1个多百分点。干旱缺水对城市的影响日益突出，包括工业、郊区农业、市场供应、市民生活、城市生态环境等诸多方面，其中对工农业的影响已在前文介绍，以下介绍对城市环境、经济发展与城市布局的综合影响。

(1)旱灾对城市环境的影响

干旱缺水加剧了城市水环境恶化(表3-9)。径流减少使城市水体自净能力下降，许多城市河段水质为Ⅴ类或劣Ⅴ类，如济南清河与昆明附近滇池水质常年为劣Ⅴ类，作为饮用水源的太湖多次蓝藻暴发，青岛附近海面一度浒苔大量繁殖。

北方和沿海许多城市长期超采地下水，导致地下水位连年下降，出现大范围的漏斗，引发地面下沉和沿海城市的海水入侵，地面污水下渗问题也很突出。

旱灾频发还严重影响了城市景观。济南以泉城著称，但20世纪70年代以后泉水流量不断下降，90 年代趵突泉多次断流（水利部水利水电规划设计总院等，2008）。北京玉泉山的泉水号称“天下第一泉”，80 年代后期起已干涸。旱灾还使城市清洁用水量减少，北京市不得不将洒水车改装为喷雾清扫。缺水使得城市水体难以维持原有水位和面积而大煞风景。干旱使城市绿地植被生长不良，一些古树枯死。

表 3-9　干旱缺水对六大行政区规划城市经济的影响

分区	GDP（亿元）	超采对 GDP 影响（亿元）	不超采对 GDP 影响（亿元）	超采影响占地区 GDP（%）	不超采影响占地区 GDP（%）	超采占全国 GDP（%）	不超采占全国 GDP（%）
华北	9560.8	2141.8	4021.6	22.4	42.1	5.1	9.5
东北	6140.2	575.5	968.2	9.4	15.8	1.4	2.3
华东	11970.3	510.7	540.4	4.3	4.5	1.2	1.3
中南	9937.4	442.6	442.6	4.5	4.5	1.0	1.0
西南	3234.4	286.2	286.2	8.8	8.8	0.7	0.7
西北	1551.9	166.7	247.1	10.7	15.9	0.4	0.6
合计	42395	4123.5	6506.1			9.8	15.4

（2）干旱对城市经济发展的影响

通过水资源供需平衡分析，规划城市在地下水超采情况下，城市因缺水损失的总增加值为 3612 亿元；不超采情况下损失为 5444 亿元，分别占全国 GDP 的 4.4％和 6.6％。六大行政区中以华北受干旱缺水影响的经济损失最大，占到全国干旱缺水经济损失的大半。经济损失绝对量东北居第二位，但占本地区 GDP 比例则西北居第二位。西南和中南的影响相对较小见表 3-9（水利部水利水电规划设计总院等，2008）。

（3）干旱缺水城市规划布局的影响

城市形成与发展受到区域自然资源环境、经济发展、区位和交通运输条件等多种因素的影响。世界和中国绝大多数大都市建在具有充足水源条件的沿江、沿湖与沿海地区。随着人口和经济总量的增加及周边自然环境的改变，有些城市的人口与经济发展超出了当地水资源承载力。如天津市位于海河各大支流汇集入海处，号称“九河下梢”，历来怕涝不怕旱。但 20 世纪 70 年代以来随着华北气候的干旱化，上游大量拦蓄地表径流和中下游长期超采地下水，干旱缺水日益严重，不得不从滦河、黄河引水和利用海水。近年来有些地方不顾水资源承载力盲目扩建城市，有些新建城市或城市新区甚至完全依靠超采地下水维持，是不可持续的。

3.7　旱灾对人民生活的影响

3.7.1　旱灾对城镇居民生活的影响

（1）旱灾导致居民生活水平下降

由于干旱而限时限额供水或停水给人民生活带来极大不便，尤其是高层住宅的居民，一旦停水简直无法生存。一些城市发生供水事故时,价格暴涨的瓶装矿泉水被抢购一空。2010年春,在持续干旱的云南,一些水源枯竭中小城镇的居民靠消防车运水或分发瓶装矿泉水维持生存,洗脸洗澡都成了奢望。

旱灾还通过居民消费价格指数变动与食品价格波动影响城市居民生活。旱灾造成的居民消费价格指数(CPI)上涨等因素,直接导致居民生活水平下降,尤其对低收入群体影响更大。由于2009—2010年西南地区大旱造成许多经济作物减产,花卉、蔬菜、卷烟、食糖、茶叶的价格都有上涨趋势。2006年夏秋的重庆特大干旱使当地粮食、蔬菜、畜产品、食用油等的价格普遍上涨,当年城市居民消费价格总指数高于全国同期平均,居西部12个省区市最高。

长期干旱还造成生态环境恶化。如春旱使干旱地区沙尘天气增加,夏旱加剧城市热岛效应,持续干旱还容易引发某些疾病的流行。

(2)旱灾影响社会治安稳定

1949年以后,由于党和政府积极组织救灾,使社会矛盾得以缓解。但严重旱灾仍然影响社会稳定和生活安定。如干旱期间水源纷争、哄抢、偷盗等事件增加,特别是贫困地区、下岗职工和弱势群体的生活更加困难,容易引发社会群体事件。随着水资源的日益紧缺,一些上游地区违规修建水库大规模截留河川径流,导致下游水源枯竭,由此引发地区之间的水权纷争甚至发生剧烈冲突。

(3)旱灾对城镇居民心理的影响

灾害对人的心理冲击严重,有些人难以适应环境变异,出现暂时的心理活动障碍,表现为焦虑、苦闷、灰心丧气、消极等待救助等。有些工人在干燥高温环境下作业,有些政府公职人员因参与抗旱救灾心理压力较大。教师和老年人所受影响最小,因教师文化程度高,大都能理性看待旱灾;老年人则阅历丰富。

3.7.2 旱灾对农村居民生活的影响

(1)农村人畜饮水困难

供水设施落后的农村容易受到干旱威胁,特别是中西部常发生大范围人畜饮水困难(图3-16)。据统计,2001年西南山区、黄土高原沟壑区、吕梁山区和太行山区共有1460万人和1150万头大牲畜发生临时饮水困难。2006年重庆特大干旱中有820多万人和748万头大牲畜饮水困难。截止到2010年3月23日,西南五省(市、区)有1805万人和1017万头大牲畜因旱饮水困难。

(2)饮用水水质和人群健康受到威胁

干旱造成饮用水源枯竭且污染严重。人群共用同一水源加上温度较高,病原体繁殖较快,易发生多重传染病,缺水还常引发老鼠迁移和鼠传疾病。

(3)生活水平下降

作物减产导致农民实际生活水平下降。贫困人口缺少口粮、燃料、饲料和种子,形成灾害—贫困—更大灾害—更贫困的恶性循环。2009年辽宁朝阳市遭受空前严重的夏旱,部分已脱贫农村又重新返贫。2007年对甘肃省定西市严重受旱乡镇470户农户的抽样调查显示，当年农民收入增速同比下降7.5个百分点。

图3-16 排队取水的灾民

参考文献

范宝俊，1998. 中国自然灾害与灾害管理[M]. 哈尔滨：黑龙江教育出版社.

傅伯杰，1991. 中国旱灾的地理分布特征与灾情分析[J]. 干旱区资源与环境，**5**(4)：1-7.

顾常第，1989. 试论干旱对林业生产的威胁及对策[J]. 农林科技，**61**(1)：16-18.

国家统计局，中华人民共和国民政部，1995. 中国灾情报告：1949—1995[M]. 北京：中国统计出版社.

国家统计局，中国统计年鉴[M]. 北京：中国统计出版社，1949—2005.

国务院，2008. 国家粮食安全中长期规划纲要[R].

李克让，尹思明，沙万英，1996. 中国现代干旱灾害的时空特征[J]. 地理研究，**5**(3)：6-15.

李克让，1999. 中国干旱灾害研究及减灾对策[M]. 郑州：河南科学技术出版社.

刘晓英，林而达，2004. 气候变化对华北地区主要作物需水量的影响[J]. 水利学报，**2**：77-82.

刘颖秋，宋建军，张庆杰，2005. 干旱灾害对中国社会经济影响研究[M]. 北京：中国水利水电出版社.

鲁奇，1999. 中国耕地资源开发，保护与粮食安全保障问题[J]. 资源科学，**21**(6)：5-8.

骆家烨，2009. 干旱导致蔬菜价格普涨一成[N]. 食品加工网—资讯. 城市晚报，2009-09-01.

农业部，2002. 中国畜牧业年鉴2001[M]. 北京：中国农业出版社.

潘耀忠，龚道溢，王平，1996. 中国近40年旱灾时空格局分异[J]. 北京师范大学学报(自然科学版)，**32**(1)：138-143.

裴国良，1993. 北京林业灾害及其防治对策[J]. 中国减灾，**3**(2)：33-35.

水利部，2003. 中国水资源公报(1994—2002)[M]. 北京：中国水利水电出版社.

水利部，2000—2007. 中国水资源公报(2000—2007)[M]. 北京：中国水利水电出版社.

水利部水利水电规划设计总院，2008. 中国抗旱战略研究[M]. 北京：中国水利水电出版社：105-193.

王福青，王铭伦，2000. 干旱对花生苗期花芽发育的影响[J]. 中国油料作物学报，**22**(3)：51-53.

王建林，2003. 中国西部农业气象灾害1961—2000[M]. 北京：气象出版社.

王静爱，史培军，王平，等，2006. 中国自然灾害时空格局[M]. 北京：科学出版社.

夏军，2007. 中国科学院在国家减轻旱灾风险中的科技支撑与工作建议[R]. 国际减轻旱灾风险研讨会，北京.

严红霞,2010.最大蔬菜批发市场销量减半[N].重庆晚报,2010-03-28.

杨正峰,陈永兵,2007.气候持续变暖对淡水养殖的影响及其对策措施[J].中国水产,**383**(10):9-12.

叶笃正,1992.中国的全球变化预研究[M].北京:气象出版社.

张德二,刘传志,1993.中国近五百年旱涝分布图集续补(1980—1992年)[J].气象,**19**(11):41-45.

张家团,屈艳萍,2008.近30年来中国干旱灾害演变规律及抗旱减灾对策探讨[J].中国防汛抗旱,**5**:47-51.

张钰,徐德辉,2001.关于干旱与旱灾概念的探讨[J].生态环境,**9**:14-16.

郑大玮,妥德宝,2002.表面文章做不得[N].科技日报,2002-01-10(8).

郑大玮,等,2005.农业减灾实用技术手册[M].浙江科学技术出版社:130,142,144,170,179,216-217.

中国农业科学院草原研究所,1996.中国北方草地畜牧业动态监测研究(二)——中国北方草地畜牧业动态数据监测数据集[M].呼和浩特:内蒙古大学出版社.

《中国水利年鉴》编纂委员会,1991—2003.中国水利年鉴1990—2002年[M].北京:中国水利水电出版社.

中国天气网,2010.干旱致云南部分甘蔗绝收或为糖价上涨推波助澜[EB].www.yn.xinhuanet.com.

中央气象局气象科学研究所,1981.中国近五百年旱涝分布图集[M].北京:地图出版社.

第4章　中国应对旱灾的体制、机制与法制

4.1　旱灾风险防范的管理体制

4.1.1　中国抗旱减灾组织管理的演变

(1)中国古代和近代的抗旱管理机构

中国历代王朝都很重视抗旱和救灾。秦汉时期向朝廷"奏报雨泽"已形成制度。汉代中央政府设立了众多粮仓并有官员专职管理。唐朝以后把各种行政事务划分为吏、户、礼、兵、刑和工六类,水旱灾害管理和水利工程由工部负责,灾后赈济、抚恤和恢复生产等由户部负责,对各级官员抗旱救灾工作的监督则由吏部负责。清代历朝将救灾视为国家根本大计,皇帝从批阅报灾奏章到拨款派员赴救,躬亲督办,追问查询,不遗余力。上行下效,省、府、州县各员,也把赈灾当作地方政务的主要内容。督抚、知府、知州、知县是各级救灾总管,无另设机构和置员。清代形成了户部筹划组织、地方督抚主持、知府协办、州县官具体执行的救灾组织体系,层层向上负责。在当时,这样既可保证救灾效率,又责任明确,便于督办。但清朝后期政治腐败,内忧外患不断,荒政趋于废弛。

民国时期政府减灾机构由两部分组成:一是以赈灾为主要职责并兼有备荒防灾功能的赈务机构;二是以建设与防护为职责的水利管理机构。孙中山在南京民国临时政府设立的内务部下设民政司,管理赈灾救济。北洋政府基本沿袭了临时政府的设置,1921年还在内务部设立了全国防灾委员会。1927年南京国民政府成立后,改内务部为内政部,下设民政司,管理救灾工作。1928年北方大旱灾发生后,成立了赈款委员会,后改为赈务委员会,地方也陆续成立了各级赈务组织。除赈灾外,还将灾害立法和防灾作为紧迫工作。赈务委员会的成立标志着国民政府的救灾防灾工作逐步向制度化、专业化的方向发展。在水利抗旱方面,民国初期农田水利由工商部主管,1913年成立了水利局,1915年又被撤销,但各流域的水利管理机构陆续建立起来。1933年民国政府在全国经济委员会之下又成立了水利委员会和水利处,至此基本形成民国政府的减灾体系(杨琪,2009)。

(2)新中国抗旱管理机构的沿革

1950年6月7日,经中央人民政府政务院批准,正式成立中央防汛总指挥部。1971年,国务院、中央军委决定撤销中央防汛总指挥部,成立中央防汛抗旱总指挥部。1985年重新恢复中央防汛总指挥部,1988年决定成立国家防汛总指挥部,1992年更名为国家防汛抗旱总指挥部(简称"国家防总")至今。本届国家防汛抗旱总指挥部由国务院副总经理

汪洋担任总指挥。

国家防总成员单位2003年以前主要由国务院有关部门组成。2003年成立的新一届国家防总成员单位增加了中共中央宣传部和武装警察部队。

现代中国的抗旱减灾组织管理转向以法律管理为核心,预案管理为手段,市场经济为基础,科学技术创新管理为重点。加强抗旱信息管理,建立科学和完善的预测评价系统,组织充实科学创新研究队伍,从人地相互作用、地球圈层间相互作用、抗旱规划、抗旱预案,到节水技术、市场经济衔接,多领域开展科学技术攻关将是21世纪早期中国抗旱减灾组织管理的核心任务。

4.1.2 中国抗旱减灾的组织指挥体系建设

4.1.2.1 中国抗旱应急组织指挥体系的基本要求

实施新时期的抗旱任务,需要坚强有力的组织保证。中国抗旱工作的特点对抗旱应急组织指挥体系建设提出了如下基本要求:

(1)中央政府设置国家抗旱指挥机构,统一领导和指挥全国抗旱工作。

(2)有抗旱任务的地方各级政府设置抗旱指挥机构,统一领导和指挥各地的抗旱工作。

(3)大江大河按流域设置抗旱指挥机构,负责指挥所管辖范围的抗旱工作。

(4)各级政府抗旱指挥机构实行行政首长负责制,由各级行政首长或者委任副职务担任指挥机构的指挥。

(5)各级抗旱指挥机构应由政府各有关部门、人民解放军和武装警察部队负责人组成。

(6)各级抗旱指挥机构应该建立健全以行政首长为核心的抗旱责任制。

(7)各级政府抗旱指挥机构要设立常设的办事机构,负责抗旱日常工作,并推动抗旱正规化、规范化、法制化和现代化。

20世纪80年代以来,各级党和政府认真总结新中国成立以来在指挥机构建设上正反两方面的经验教训,切实加强了抗旱应急组织指挥体系的建设。

4.1.2.2 国家抗旱指挥机构

国务院设立国家防汛抗旱总指挥部,负责领导组织全国的防汛抗旱工作,其办事机构国家防总办公室设在水利部。

国家防汛抗旱总指挥部对各组成部门的职责做了明确的规定。国家防汛抗旱总指挥部办公室是国家防汛抗旱总指挥部的常设办事机构,涉及抗旱的主要职责是:承办国家防总的日常工作,组织全国的抗旱工作;组织拟订国家有关抗旱工作的方针政策、发展战略并贯彻实施;组织、制订大江大河大湖的洪水调度方案和重点地区的抗旱预案,并监督实施;指导、推动、督促全国有抗旱任务的县级以上人民政府制定和实施抗旱预案;负责特大抗旱经费、物资的计划、储备、调配和管理;组织、指导机动抢险队和抗旱服务组织的建设和管理;组织全国抗旱指挥系统的建设与管理等;组织全国抗旱工作,承办国家防总的日常工作;按照国家防总的指示,统一调控和调度全国水利、水电设施的水量。

根据国务院批准的《水利部职能配置、内设机构和人员编制规定》,国家防汛抗旱总指挥部办公室作为国家防汛抗旱总指挥部的办事机构，设在水利部。

4.1.2.3 地方抗旱指挥机构

有防汛抗旱任务的县级以上地方人民政府设立防汛抗旱指挥部，在上级防汛抗旱指挥机构及本级人民政府领导下，组织和指挥本地区防汛抗旱工作。防汛抗旱指挥部由本级政府和有关部门、当地驻军、人民武装部负责人等组成，办事机构设在同级水行政主管部门。各级防汛抗旱指挥部都制定了各组成部门的职责。

省级防汛抗旱指挥部负责组织领导全省防汛抗旱工作，由主管省领导任指挥长。指挥部由省军区及省政府有关部门组成，日常工作由防汛抗旱指挥部办公室承担，设在省水利行政主管部门。

县级以上防汛抗旱指挥机构基本上按照中央（国家）防汛抗旱指挥机构的模式设立。各地相应设立防汛抗旱指挥部，大都挂靠在同级水行政主管部门，由主管行政领导担任指挥长。少数城市的防汛抗旱指挥办事机构设在城建部门。

建设、电力、铁路、交通、电信以及所有有防汛抗旱任务的部门和单位，都应建立相应的防汛抗旱机构，在当地政府防汛抗旱指挥部的领导下，负责好本行业的防汛抗旱工作。要按照统一领导、分级分部门负责的原则，各成员单位要根据职责分工，各司其职，各负其责，顾全大局，密切配合，共同搞好辖区内的防汛抗旱工作。防汛抗旱机构要做到正规化、规范化，在实际工作中要不断加强机构自身建设，提高人员素质，装备现代化技术设施，充分发挥防汛抗旱机构的指挥战斗作用（国家防汛抗旱总指挥部办公室，2006）。

4.1.2.4 各成员单位的职责

（1）宣传部门：正确把握抗旱宣传工作动向，及时协调、指导新闻宣传单位作好新闻宣传报道工作。

（2）发展和改革部门：指导抗旱规划和建设工作，负责抗旱设施、重点工程除险加固建设、计划的协调安排和监督管理。

（3）公安部门：维护社会治安秩序，依法打击造谣惑众和盗窃、哄抢抗旱物资及破坏抗旱设施的违法犯罪活动，协助有关部门妥善处置因抗旱引发的群体性治安事件，协助组织群众从丧失水源地区的安全撤离或转移。

（4）民政部门：组织、协调抗旱救灾工作，组织灾情核查，及时向防汛抗旱指挥部提供灾情信息；负责组织、协调灾区的救灾和受灾群众的生活救助；管理、分配救助受灾群众的款物，并监督使用；组织、指导和开展救灾捐赠等工作。

（5）财政部门：组织实施抗旱和救灾经费预算，及时下拨并监督使用。

（6）国土资源部门：组织监测、预防地质灾害，并进行勘察、监测、防治等工作。

（7）建设部门：协助做好城市抗旱规划制定工作的指导。

（8）铁道部门：组织运力运送抗旱和防疫人员、物资和设备。

（9）交通部门：协调组织地方交通部门组织运力，做好抗旱工作和防疫人员、物资和设备的运输工作。

（10）信息产业部门：做好抗旱期间的通信保障工作，根据灾情需要，协调调度应急通信设施。

(11)水利部门:负责组织、协调、监督、指导防汛抗旱的日常工作,归口管理抗旱工程;负责组织、指导抗旱工程的建设和管理,督促完成水利工程的修复;负责组织旱情监测、管理;负责防汛抗旱工程安全的监督管理。

(12)农业部门:及时收集、整理和反映农业旱情,指导农业抗旱和灾后农业救灾和生产恢复;指导灾区调整农业结构,推广应用旱作农业节水技术和动物疫病防治工作;负责救灾化肥、柴油等专项补贴资金的分配和管理,救灾备荒种子、饲草、动物防疫物资储备、调剂和管理。

(13)商务部门:加强对灾区重要商品市场运行和供求形势的监控,负责协调抗旱救灾和灾后恢复重建物资的组织、供应。

(14)卫生部门:负责灾区疾病预防控制和医疗救护工作,及时向防汛抗旱指挥部提供灾区疫情和防治信息,组织卫生部门和医疗人员赶赴灾区,开展防病治病,预防和控制疫情的发生和流行。

(15)民航部门:负责协调运力,保障抗旱和防疫人员、物资及设备的运输工作。

(16)广播电影电视部门:负责组织指导各级电台、电视台开展抗旱宣传工作,及时准确报道经防汛抗旱指挥部办公室审定的旱情、灾情和抗旱动态。

(17)安全生产监督管理部门:负责监督、指导汛期或旱期的安全生产工作。

(18)气象部门:负责天气气候监测和预测预报工作;从气象角度对旱情形势作出分析和预测;及时向防汛抗旱指挥部及有关成员单位提供气象信息。

(19)部队、武警、人武部门:负责组织部队、武警、人武部门实施抗旱救灾,参与重要工程和重大险情的抢险救灾,协助当地公安部门维护抢险救灾秩序和灾区社会治安,协助当地政府转移危险地区的群众。

4.1.3 建立健全各级抗旱责任制

抗旱工作责任重大,必须建立健全各项责任制度,包括地方行政首长负责制、分级负责制、分包责任制、岗位责任制、技术责任制等。

(1)行政首长负责制

行政首长责任制是抗旱责任制的核心。发生严重旱灾时,政府要发挥领导核心作用,发生干旱紧急事态时,要当机立断做出牺牲局部、保护全局的重大决策。因此,抗旱工作必须由各级政府的主要负责人亲自主持,全面领导和指挥抗旱救灾工作。《中华人民共和国抗旱条例》第五条明确规定:“抗旱工作实行各级人民政府行政首长负责制,统一指挥、部门协作、分级负责。”国家防汛抗旱总指挥部于2003年印发的《各级地方人民政府行政首长防汛抗旱工作职责》(国汛〔2003〕1号),具体规定了行政首长的主要抗旱职责。

(2)分级负责制

根据河系及水利工程所处行政区域、工具等级和重要程度及抗旱防洪标准,确定各级管理运用、指挥、调度的权限责任,在统一领导下实行分级管理,分级调度,分级负责,落实分级负责制。

(3)分包责任制

各级政府行政负责人和指挥部领导成员对所辖水利工程和受旱区域实行分包责任制，检查、督促责任区贯彻落实上级抗旱救灾工作的各项决策，组织灾区恢复生产，妥善安置灾民，修复损毁水利工程。及时协调处理抗旱工作中出现的问题，帮助责任区地方政府总结交流抗旱经验教训。

(4)岗位责任制

对抗旱防汛的不同单位和人员制定岗位责任制，明确任务和要求，定岗定责，落实到人。对岗位责任制的范围、项目、责任时间等要做出明确的条文规定。制定评比、检查制度，发现问题及时纠正。同时要加强思想教育，调动职工的积极性，强调严格遵守纪律。

(5)技术责任制

在抗旱救灾中要充分发挥技术人员的专长。有关干旱预报、灾情评价、调度方案、工程抢险等技术问题，应由相关专业技术人员负责，并建立技术责任制。重大的技术决策，要组织相当级别的专业技术人员进行咨询。

4.1.4 抗旱应急组织指挥体系的能力建设

由于抗旱决策关系重大、难度很大，实时性强，风险性较大，各级抗旱指挥机构作为防汛抗旱的决策者，必须具备决策科学、指挥果断和在复杂情况下的应变能力。为此，各级抗旱指挥决策者必须做到以下四点。

(1)树立正确的指导思想

决策是一种选择，选择要建立在判断的基础上。判断则以正确的判断标准和判断目的为前提，判断的标准和目的与价值观、世界观、认识论、责任心、进取精神等密切相关。抗旱要处理好局部和全局，眼前利益和长远利益的关系。在决策中一定要认真贯彻落实以人为本，全面、协调、可持续发展的科学发展观，以保障人们生命财产安全，促进社会经济全面、协调和可持续发展为出发点。

(2)认识决策具体对象的客观规律

中国的旱灾具有长期性、周期性、季节性、区域性、持续性等规律。各种抗旱工程设施和非工程措施也具有其自身的特点和运行规律。只有深刻认识这些规律，才能在进行抗旱决策时，审时度势，做出符合这些规律的科学决策。各级抗旱指挥人员只有了解掌握了这些知识才能上岗，才算取得了行使抗旱决策的资格。

(3)把握决策所需要的充足信息

科学决策最重要的依据是可靠的统计数据和对其所包含的信息的科学分析和正确判断。不掌握资料、数据和情报，是无法做决策的。从某种意义上说，决策过程本身就是信息的搜集、整理和加工的过程。因此，必须全面了解和掌握与决策有关的实际情况，特别是尽可能获得可靠的统计数据。

(4)遵循合理的决策程序，采用科学的决策方法

合理的决策程序和科学的决策方法是决策科学化的一个重要保证。抗旱决策由于关系重大，涉及面广，受自然地理、气候、工程、人类活动等诸多因素影响和制约，具有一定的

复杂性；实时性很强，常常需要当机立断，才不至于贻误有利时机，具有较强的紧迫性；新时期要全面、熟练掌握水旱灾害风险管理的各种手段，获取最佳防洪抗旱减灾效益。

4.2 应对旱灾的政策与法制

4.2.1 中国古代和近代抗旱政策与法制

(1)古代与抗旱有关的明文法律

中国自古以来灾害频繁，尤其旱灾是造成农业减产、饥荒和社会动乱的主要灾害。中国是历史悠久的文明大国，儒家与法家思想在国家治理中根深蒂固。历朝历代，但凡开国，修订法律乃第一要务，赈灾安民乃头等大事。历代统治者采取了一些减灾和救助措施，制定了一系列法令和政策并逐步制度化，形成具有特色的荒政体系(卜风贤，2006)。

《周礼·地官·司徒》中有："以荒政十有二。聚万民。一曰散利。二曰薄征。三曰缓刑。四曰弛力。五曰舍禁。六曰去几。七曰眚礼。八曰杀哀。九曰蕃乐。十曰多昏。十有一曰索鬼神。十有二曰除盗贼。"

秦代和唐代法律中都有对地方官员有旱、涝、霜、雹、虫等灾害不报或谎报及救灾不力者予以杖责处罚的条文。

清代与抗旱有关的法律更加明确详细。如《大清律例》卷九·户律·田宅律九十一规定，凡有水旱霜雹及蝗蝻为害都应减免粮税，报灾不及时核查受理的官员要杖责处罚。

(2)古代与抗旱有关的政策

工程防旱政策是古代统治者最早采取的抗旱政策。历代王朝组织实施了一系列拦蓄和引水工程，比较著名的有公元前237年修建引泾水灌溉的郑国渠，至今仍养育着陕西关中的18.7万ha农田；公元前227年李冰父子主持修建的都江堰，引岷江水灌溉近70万ha土地，使成都平原以"天府之国"著称。在地下水开发利用上，早在秦汉时期，黄河中下游凿井灌田已很普遍。公元533—534年《齐民要术·种葵》记载了田间井群布置的指导方案(梅松龄，1982)。

在推行工程防旱政策的同时，推行抗旱用水管理政策。据《汉书·召信臣传》载：召信臣在任的几年中建设水渠达数十处，灌溉面积近百多万亩，与此同时，他还为民作"均水约束"，刻石立于田畔，以阻纷争。这是较早见于文字的管水保灌制度。《晋书·杜预传》载：灭吴以后，杜预主持恢复灌区，建立了一些用水管理制度和农田分配制度并刻石为记。

推行农田建设防旱政策。西汉推行区田法，作区深耕，等距点播，耕耱结合。魏晋形成耕、耙、耱三位一体，比较完整的旱地耕作保墒技术。唐代云南部分地区开始推行梯田防旱政策。宋代以后采取修筑陂塘蓄水和高转筒车接力引水上山。明朝甘肃和宁夏推广了砂田。

推行抗旱作物优选政策。宋真宗推广高产的占城稻来解决长江下游的干旱歉收。1593年明代福建巡抚金学曾从菲律宾引进甘薯，下令各县大量种植，度过了当年的大旱，百姓为纪念他的功绩称为"金薯"，清代乾隆皇帝两次下令在旱区推广(梅松龄，1982)。康熙皇帝还亲自培育出耐旱高产水稻品种在各地推广。

推行救灾政策方面，战国时期李悝创设了平籴法，根据灾情轻重从非灾区征调粮食供应灾民。轻灾年免除当年赋税，重灾年连续数年免除。古代赈济灾民政策包括工赈、粥赈、赈粮、赈钱等。政府还采取稳定物价、严惩盗贼等措施稳定灾区社会秩序（卜风贤，2006）。清代各地建设大批常平仓，春夏出粜，秋冬籴还。如遇凶荒，按数赈给灾民，还规定了严格的盘查追赔制度（李向军，1995）。

总的看来，中国荒政从政府独揽向政府统揽、市场化、社会化方向发展。转型期发生在宋代。清代更发展到古代荒政的顶峰。但中国古代的法规制度萌芽仍为突破宗法经济的束缚。晚清由于政治腐败和外敌入侵，荒政更是无力执行。

(3)民国时期的抗旱政策与法规

民国时期（1912—1949年）水旱灾害频繁严重。1921年北洋政府成立的全国防灾委员会下设六股，其中农林股职掌农田水利、森林及农业改良，工程股职掌河流工程与道路工程，粮食股职掌粮食的积储调节，移植股职掌移民和开垦，劳工股职掌工业、职业劳动者之赈务推行，救助或保护，此外还有总务股初步形成了综合减灾的机制。在救灾方面采取常设机构与特大灾害发生时成立的临时性机构相结合，形成了赈务委员会与内政部协同配合的灾害保障机制。在水利工程与灾害救助方面，政府操办与民间自筹相结合。

民国时期已开始将减灾纳入法制管理轨道，20世纪20年代末到30年代初出台了80多项减灾立法，包括组织管理、赈款出纳、赈灾、备荒防灾、防疫、资源环境保护、救援、奖惩等，有些省还制定了配套法规，初步形成减灾法律体系。但总的看，民国时期的减灾法律体系还很不完备，缺少综合性的减灾基本法，也没有专门针对抗旱的法律或法规，减灾法律的实施也很不得力（杨琪，2009）。

4.2.2 现代中国应对旱灾的政策与法制建设

新中国历届政府都十分重视抗旱减灾，中央级抗灾领导小组或指挥机构一直由主管副总理负责，在1978年以前组织实施了大规模水利工程和农田基本建设，但长期以来对抗旱法制建设重视不够，起步较晚。20世纪50到70年代只有一些与抗旱有关的行政指令和文件。改革开放以来逐步建立全国性法律法规与区域性抗旱条例、抗旱预案相结合的抗旱法律制度体系，但由于其复杂性，抗旱法制建设要比其他重大自然灾害偏晚且不如发达国家完善（何少斌，2008；冀萌新，2001）。

现代中国与减轻旱灾风险直接相关的法制体系包括法律，行政法规，地方性法规（条例、规章），实施细则与预案等四个层次。

(1)立法思想

现代中国抗旱立法已形成了以科学发展观为指导，以人为本，以创新科学技术和全球化的市场经济为依托，构建和谐社会，重规划预案预警的防灾思想。

(2)立法体系

传承两千多年，以儒家和谐观为灵魂的中华法系目前仅存于香港。中国内陆立法开始依托内陆法系。改革开放以来，适逢人类对自然界的认识从征服观到和谐观转变，中华法系有复兴、发展之可能。

(3)立法进程

先基础,后框架,再细化健全,先点后面,再与时俱进,不断修订完善。

1954年第一部宪法颁布,后经多次修订。现行《中华人民共和国宪法》第二十六条规定:国家保护生活环境和生态环境,防止污染和其他公害。在此基础上,1979—2007年先后制订了森林法、水污染防治法、草原法、土地管理法、水法、环境保护法、水土保持法、农业法、气象法、防沙治沙法、突发事件应对法等一系列与抗旱有关的自然资源与环境保护及减灾法律。在《中华人民共和国水法》的基础上,2009年2月26日国务院公布了《中华人民共和国抗旱条例》。

(4)减轻旱灾风险的配套政策及其执行

国务院有关主管部门和地方政府为抗旱减灾相关法律制订了配套实施条例、实施办法、实施细则、通知等,并相应调整金融和财政政策,推行相关科技创新政策、产业鼓励或限制政策等。

民政部制定的《国家自然灾害救助应急预案》、《灾情统计、核定、报告暂行办法》、《自然灾害救助条例》、《关于切实做好旱灾区群众生活安排的紧急通知》等,都把救助灾民和安排好民生放在首位。各级政府在执行上述法律、法规中要求做到责任分明,逐级落实。如2007年国务院办公厅发出《关于加强抗旱工作的通知》、2007年广东省《转发国务院办公厅关于加强抗旱工作的通知》。

在水资源缺乏地区用立法来管理水量调度。如2006年国务院的《黄河水量调度条例》、2007年甘肃省的《石羊河流域水资源管理条例》、2008年陕西省的《陕西省渭河水量调度办法》、2009年水利部的《黑河水量调度管理办法》。

重视水质控制和保护水源。如1989年国务院的《中华人民共和国水污染防治法实施细则》、1995年国务院的《淮河流域水污染防治暂行条例》、2008年环保部的《污染源限期治理管理办法》(征求意见稿)。

推行新的财政政策,发挥市场机制。如1995年国务院办公厅的《关于征收水资源费有关问题的通知》、2004年国务院办公厅的《关于推进水价改革促进节约用水保护水资源的通知》、2006年国务院的《取水许可和水资源费征收管理条例》、2008年财政部发改委水利部联合制订的《水资源费征收使用管理办法》。

增强风险意识,编制抗旱规划、应急预案、预警标准等。如2006年民政部的《国家自然灾害救助应急预案》、水利部的《国家防汛抗旱应急预案》、2007年国务院办公厅的《关于加强抗旱工作的通知》、2008年8月水利部的《抗旱规划工作大纲》、2009年水利部启动的《抗旱规划编制》等。

(5)存在问题

现已公布的国家级和省级的抗旱条例与抗旱预案,虽然明确规定了各级政府和相关机构的抗旱职责与行动原则,但许多规定还不够具体,例如对于干旱等级和应急响应行动等级的划分标准,不同地区、不同部门的认识往往差别很大。虽然原则上提出了不得抢水、非法引水和截水,但对于如何划分上、中、下游和左右岸的水权,以及相邻地区同时实施人工增雨作业是否存在无序争夺空中水资源等问题缺乏具体的规定。有些地方仍存在"多龙管水"，职责不清的现象，需要结合抗旱条例的实施，编制一系列配套法规、实施细则和技术标准，以增强抗旱条例和抗旱预案的可操作性和实效性。现有抗旱条例和预案也还是法规层面上的，旱灾作为中国影响范围最大和最深远，发生最为频繁和损失极大的自然灾害，应逐步创造条件制定国家级的抗旱法。

4.2.3　抗旱法律法规

减轻旱灾风险的法制体系是一系列有关抗旱减灾的法规及政策的组合，包括法律、行政法规、部门规范性文件等三个层次。在减轻旱灾风险方面迄今最完整的法规是2009年2月26日国务院公布的《中华人民共和国抗旱条例》。

(1)有关法律和法规

《水法》是中国水资源方面的基本法，对水源保护地方针和基本原则、保护对象和范围、保护水资源防治污染等的主要对策和措施、水资源管理机构及职责、水的管理机构以及违反水法的法律责任等重大问题做出了规定(国家防汛抗旱总指挥部办公室，2006)。

国家防汛抗旱总指挥部还在2003年4月24日印发了《各级地方人民政府行政首长防汛抗旱工作职责》。规定地方各级行政首长的主要职责包括负责组织制定本地区有关法规、政策，做好宣传和思想动员，增强各级干部和广大群众的忧患意识；根据流域总体规划，动员全社会力量加快抗旱工程建设，提高抗旱能力，督促加强水资源管理，厉行节水；组建常设防汛抗旱办事机构，协调解决抗旱经费和物资；组织制定抗旱预案和旱情紧急情况下的水量调度预案，并督促各项措施的落实；根据本地区旱情及时部署，组织指挥群众参加抗旱减灾，坚决贯彻上级的水量调度指令，尽最大努力减轻旱灾对人民生活、工农业生产和生态环境的影响；组织各方面力量开展救灾工作，安排好群众生活，尽快恢复生产，修复水毁抗旱工程，保持社会稳定。文件还提出对于思想麻痹、工作疏忽或处置不当造成重大灾害后果的，要追究领导责任，情节严重的要绳之以法。

(2)抗旱条例

2000—2001年，中国不少省份发生历史上罕见的连年大旱，各省注重灾后反思，安徽省率先编制和发布了《安徽省抗旱条例》(安徽省人大常委会，2002)，其他省市也先后制定了类似法规。为有效应对旱灾，有关部门在调研总结多年抗旱工作经验的基础上，起草并经反复论证修改，2009年2月11日国务院常务会议讨论并原则通过《中华人民共和国抗旱条例》(以下简称《条例》)。2月26日，温家宝总理签署了国务院令公布实施该条例。《条例》的公布，使中国减轻旱灾风险的工作逐步走上依法和科学抗旱的轨道。

《条例》共分6章65条。第一章"总则"提出了旱灾的定义，明确了编制宗旨、抗旱工作原则、各级政府和有关部门的抗旱职责以及各单位的抗旱义务。第二章"旱灾预防"规定了抗旱规划的编制原则、程序及实施内容，对于抗旱物资储备、全社会节水、旱情监测预报、抗旱信息系统、抗旱预案编制、抗旱服务组织、抗旱责任制、抗旱设施建设维护等也做出了原则规定。第三章"抗旱减灾"规定了不同干旱等级下启动相应预案，各级政府、有关部门和媒体应采取的具体行动与措施。第四章"灾后恢复"对旱情缓解后的生产恢复、设施修复、灾情评估、抗旱工作善后事宜及鼓励旱灾保险等做出了原则规定，第五章“法律责任”对抗旱期间应追究的刑事责任、民事责任或行政责任的各种违法或违规做出了明确规定。第六章为附则。

(3)抗旱预案

自2003年以来，国务院组织编制了一系列应对突发公共事件的预案。2006年1月11日公布的《国家防汛抗旱应急预案》是迄今唯一的国家级抗旱预案。在此之前，各级抗旱机构为编制抗旱预案做了大量调研和准备，国家防汛抗旱总指挥部组织开展了《抗旱预案导则》和《农业旱情评价标准》的编制及抗旱战略研究，一些省市先后进行了地方抗旱预案编制(鄂竟平，2003)。

抗旱预案的总则包括编制目的、依据、适用范围和工作原则，第二部分对抗旱工作组织指挥体系及职责作出了明确规定。第三部分“预防和预警机制”对各类抗旱预防预警信息和行动进行了具体的分类和说明。第四部分“应急响应”按照灾情轻重把旱灾划分为四个等级，分别确定了应急响应行动的内容，规定了应急响应的启动与结束程序及信息发布渠道与办法。第五部分“应急保障”对抗旱期间的通信与信息、应急支援与装备、技术等保障及宣传、培训、演习等做出了明确规定。第六部分“善后工作”规定了灾后的救灾、修复、补偿、重建、评估等项工作的内容。第七部分“附则”对预案中的专有名词作出解释，并对预案管理、实施的相关事宜作出了说明。

(4)水资源保护与管理的法律和法规

根据现有水法律体系和已形成国务院水行政主管部门—流域机构—地方水行政主管部门为主的水管理体制，中国依法确立了水资源权属统一管理与开发利用产业管理相分开的原则，逐步建立了水资源统一管理与分级管理相结合，流域管理与行政区域管理相结合的水资源管理制度，水资源统一管理的格局已在全国范围内基本形成(王冠军等，2001)。

①水资源管理

《水法》确定了规划的重要性及其法律地位，确立了水资源论证制度和流域水量分配方案制度，强化了水资源的统一管理和流域管理，加强了执法监督(王冠军等，2001；杨海芳，2005；蒲锐，2003)。

②水源保护与开发

新修订的《水法》把发展节水型产业和建立节水型社会作为发展目标写入总则，实行从“开源与节流并重”到“开源与节流相结合，节流优先，大力建设节水型社会”的战略调整(杨海芳，2005)。制定了“总量控制和定额管理相结合”的制度以及取水许可制度和水资源有偿使用制度(王冠军等，2001；杨海芳，2005)。实行计划用水，超额用水累进加价，促进水资源的合理和有效利用(胡惠英，2004；蒲锐，2003)。强调水质管理，确立了江河、湖泊的水功能区划制度。以河流生态健康为目标，合理调整了流域内大中型水利水电工程的调度方式，加强流域统一调度力度，以满足流域生态与环境要求(胡惠英，2004)。

4.2.4 抗旱技术标准与规范

技术标准是重复性的技术事项在一定范围内的统一规定，具有生产属性和贸易属性。中国技术标准分为国家和行业两个层次。在抗旱领域，水利、气象部门都制定了干旱等级与抗旱工程技术的有关标准，农业、民政部门也制定了关于旱情报告与灾情核定的有关标准。

4.2.4.1 抗旱相关水利技术标准

1996 年发布的《水库工程管理设计规范》的制定对于水库保护和延长寿命、灌溉功能的正常发挥都具有重要意义。

2001 年发布的《雨水集蓄利用工程技术规范》的编制，对于严重缺乏地表水和地下水资源地区的抗旱具有重要意义。该规范估算了干旱缺水地区的人畜供水标准和集雨节水补灌需水量，提出了根据不同性质集流面在不同年均降水量条件下的集流效率确定工程规模的方法，提出了不同类型水窖的设计和施工标准，既要争取多蓄水和延长寿命，又要避免当地居民难以承受的过高成本。规范还对雨水集蓄工程的工程、水质和用水管理做出了规定（见表 4-1，表 4-2，表 4-3）。

表 4-1 不同作物集雨灌溉次数和定额

作物	灌溉方式	不同降雨量的灌溉次数		定额（m^3/ha）
		250～500 mm	500 mm 以上	
玉米等旱田作物	坐水种	1	1	4575
	点灌	2～3	2～3	75～90
	地膜穴灌	1～2	1～2	45～90
	注水灌	2～3	1～2	30～60
	滴灌、地膜沟灌	1～2	2～3	150～225
一季蔬菜	滴灌	5～8	6～10	120～180
	微喷灌	5～8	6～10	150～180
	点灌	5～8	8～12	75～90
果树	滴灌	2～5	3～6	120～150
	小管出流灌	2～5	3～6	150～225
	微喷灌	2～5	3～6	150～180
	点灌	2～5	3～6	150～180
一季水稻	薄、浅、湿、晒控制灌溉		6～9	300～400

表 4-2 雨水集蓄利用地区的人畜供水标准 （单位：L/日）

种类	半干旱区每人	半湿润和湿润区每人	大牲畜（头）	猪（头）	羊（只）	禽（只）
定额	10～30	30～50	30～50	15～20	5～10	0.5～1.0

表 4-3 不同材料集流面在不同降雨量地区的年集流效率 (单位:%)

集流面材料	年降水量(mm)		
	250~500	500~1000	1000~1500
混凝土	75~85	75~90	80~90
水泥瓦	65~80	70~85	80~90
机瓦	40~55	45~60	50~65
手工制瓦	30~40	35~45	45~60
浆砌石	70~80	70~85	75~80
良好的沥青路面	70~80	70~85	75~80
乡村常用土路、土碾场和庭院地面	15~30	25~40	35~55
水泥土	40~55	45~60	50~65
化学固结土	75~85	75~90	80~90
完整裸露塑料膜	85~92	85~92	85~92
塑料膜覆中粗砂或草泥	30~50	35~55	40~60
自然土壤(植被稀少)	8~15	15~30	30~50
自然土壤(林草地)	6~15	15~25	25~45

1998 年发布的《节水灌溉技术规范》适用于新建、改建或扩建的各类节水灌溉工程的规划、设计、施工、验收、管理和评估,目的在于使节水灌溉有一个合理、可行、统一的衡量尺度,以促进节水灌溉事业的健康发展。规范明确规定"节水灌溉工程必须注重效益,保证质量,加强管理,做到因地制宜、经济合理、技术先进、运行可靠"。规范对于节水灌溉的工程规划、灌溉用水量、应达到的灌溉水利用系数,以及各类节水灌溉方式的工程与措施的具体技术要求都做出了明确规定,并对节水灌溉工程实施应达到的经济效益提出了具体指标,包括粮棉总产应增加 15%以上,水分生产率提高 20%以上且不应低于 1.2 kg/m^3。

4.2.4.2 气象干旱等级国家标准

《气象干旱等级》(GB/T 20481—2006)于 2006 年 11 月 1 日开始实施,是中国首次发布用于监测旱灾的国家标准,规定了全国范围气象干旱指数的计算方法、等级划分标准、等级命名、使用方法等,界定了气象干旱发展不同进程的术语。标准规定了监测干旱的单项指标和气象干旱综合指数 CI。其中单项指标为:降水量和降水量距平百分率、标准化降水指数、相对湿润度指数、土壤湿度干旱指数和帕默尔干旱指数(张强,2006)。标准将干旱划分为五个等级,评定了不同等级干旱对农业和生态环境的影响:

(1)正常或湿涝:降水正常或较常年偏多,地表湿润,无旱象;

(2)轻旱:降水较常年偏少,地表空气干燥,土壤出现水分轻度不足,对农作物有轻微影响;

(3)中旱:降水持续较常年偏少,土壤表面干燥,土壤出现水分不足,地表植物叶片白天有萎蔫现象,对农作物和生态环境造成一定影响;

(4)重旱:土壤出现水分持续严重不足,土壤出现较厚的干土层,植物萎蔫、叶片干枯,果实脱落,对农作物和生态环境造成较严重影响,对工业生产、人畜饮水产生一定影响;

(5)特旱:土壤出现水分长时间严重不足,地表植物干枯、死亡,对农作物和生态环境造成严重影响,工业生产、人畜饮水产生较大影响。

干旱预警信号分两级,分别以橙色、红色表示。干旱指标等级划分以国家标准《气象干旱等级》(GB/T 20481—2006)中的综合气象干旱指数为标准,并提出了不同预警等级的相应干旱防御措施要点。

干旱橙色预警信号,预计未来一周综合气象干旱指数达到重旱(气象干旱为25~50年一遇),或者某一县(区)有40%以上的农作物受旱。防御要点为:

(1)有关部门和单位按照职责做好防御干旱的应急工作;

(2)有关部门启用应急备用水源,调度辖区内一切可用水源,优先保障城乡居民生活用水和牲畜饮水;

(3)压减城镇供水指标,优先经济作物灌溉用水,限制大量农业灌溉用水;

(4)限制非生产性高耗水及服务业用水,限制排放工业污水;

(5)气象部门适时进行人工增雨作业。

干旱红色预警信号,预计未来一周综合气象干旱指数达到特旱(气象干旱为50年以上一遇),或者某一县(区)有60%以上的农作物受旱。防御要点为:

(1)有关部门和单位按照职责做好防御干旱的应急和救灾工作;

(2)各级政府和有关部门启动远距离调水等应急供水方案,采取提外水、打深井、车载送水等多种手段,确保城乡居民生活和牲畜饮水;

(3)限时或限量供应城镇居民生活用水,缩小或阶段性停止农业灌溉供水;

(4)严禁非生产性高耗水及服务业用水,暂停排放工业污水;

(5)气象部门适时加大人工增雨作业力度。

4.2.5 旱灾救助法规

中国政府历来重视旱灾救助工作,民政部建立了一系列有关旱灾救助的法规、规程与制度。2008年4月27日成立的“全国减灾救灾标准化技术委员会”,也已经编制了多项减灾救灾国家标准和行业标准。

4.2.5.1 民政部自然灾害救助应急工作规程

根据2005年5月14日国务院颁布的《国家自然灾害救助应急预案》,为进一步明确民政部应急响应的工作职责,确保紧急救援工作高效、有序地进行。结合近些年自然灾害损失及救助情况,于2011年10月16日对《国家自然灾害救助应急预案》进行了修订,明确了四个国家自然灾害救助应急响应等级的启动标准:

Ⅳ级响应:干旱灾害造成缺粮或缺水等生活困难,需政府救助人数占农牧业人口15%以上,或100万人以上。

Ⅲ级响应:干旱灾害造成缺粮或缺水等生活困难,需政府救助人数占农牧业人口20%以上,或150万人以上。

Ⅱ级响应:干旱灾害造成缺粮或缺水等生活困难,需政府救助人数占农牧业人口25%以上,或200万人以上。

Ⅰ级响应：干旱灾害造成缺粮或缺水等生活困难，需政府救助人数占农牧业人口30%以上，或250万人以上。

2007—2014年，国家减灾委、民政部分别针对22个省（自治区、直辖市）旱灾给受灾群众生活造成的严重影响，启动了50余次国家Ⅳ级以上（含Ⅳ级）救灾应急响应（表4-4），受旱灾影响的严重地区需要救助人口占总人口比例达25%以上（图4-1）。

表4-4　2007—2014年国家Ⅳ级以上（含Ⅳ级）救灾应急响应

年份	省份	响应等级
2007	河北、陕西、内蒙古、辽宁、吉林、海南、陕西、甘肃、青海、宁夏	Ⅳ级
2008	宁夏、甘肃、新疆	Ⅳ级
2009	陕西、黑龙江、湖南、广西、贵州、甘肃、宁夏、新疆	Ⅳ级
	陕西、内蒙古、辽宁、吉林、甘肃、宁夏、新疆	Ⅱ级
2010	四川、甘肃	Ⅳ级
	广西、云南、贵州	Ⅱ级
2011	内蒙古、江苏、安徽、江西、湖北、湖南、四川、云南、贵州、甘肃、宁夏	Ⅳ级
2012	湖北、云南	Ⅳ级
2013	江西、湖北、湖南、四川、云南、贵州、甘肃	Ⅳ级
2014	内蒙古、河南、湖北、宁夏	Ⅳ级

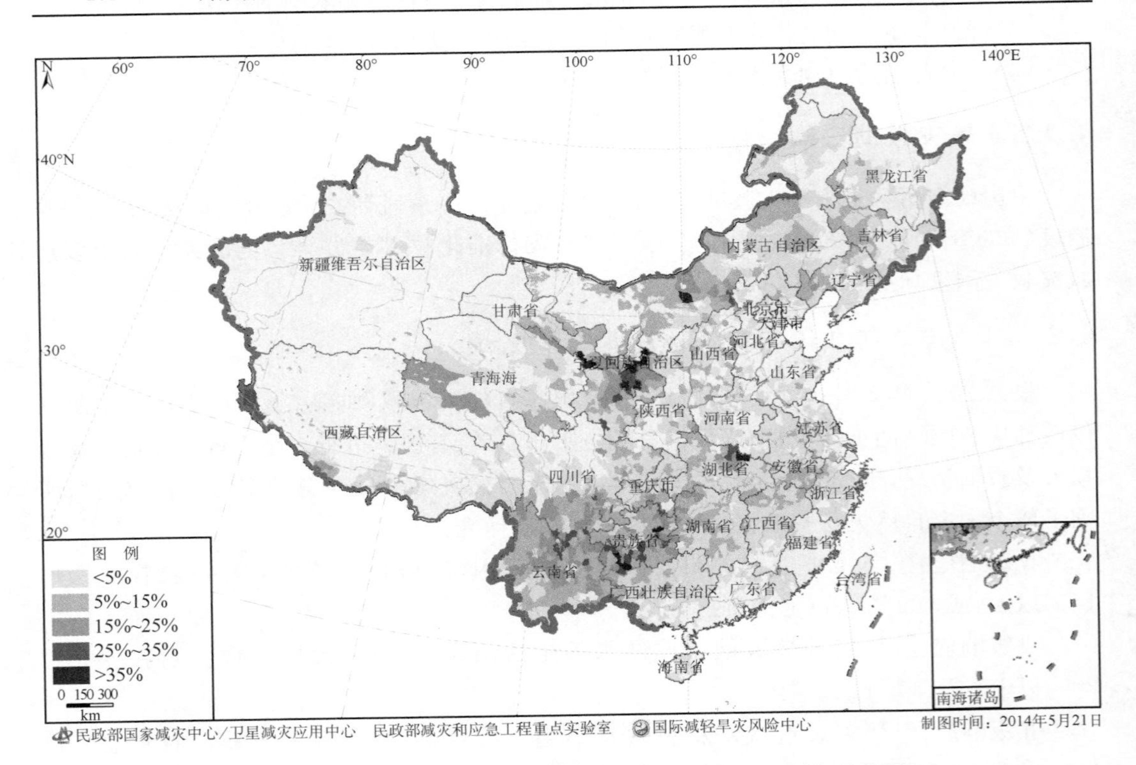

图4-1　2009—2013年年均因旱需救助人口占总人口比例（见彩图）

为有效开展自然灾害救助工作，民政部于2008年3月10日制定和发布了《民政部救助应急工作规程》，并于2015年5月6日对《民政部救助应急工作规程》（以下简称“规程”）进行了修订，明确规定了各级响应的启动与终止程序。以旱情最严重的一级响应为例，启动流程如图4-2所示。

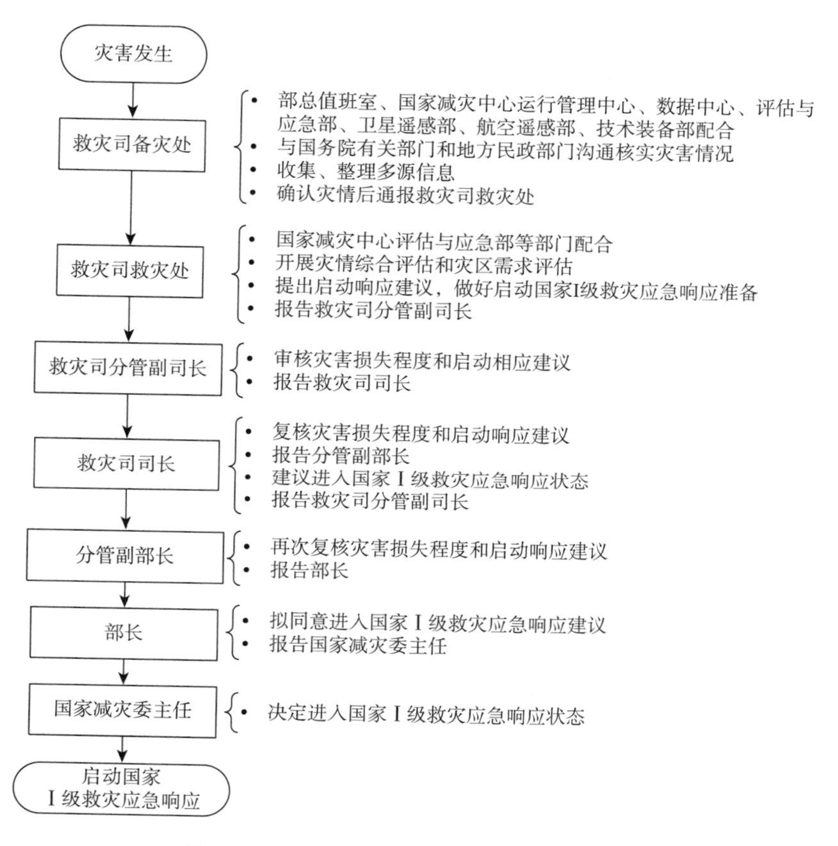

图4-2　国家Ⅰ级救灾应急响应的启动流程

其他各级响应根据旱情由轻到重分别由司长、主管副部长和部长决定启动进入相应级别的响应行动。

《规程》规定Ⅰ级响应措施包括：

（1）Ⅰ级响应启动后，迅速向中央和国务院报告，向国家减灾委主任、副主任报告，定时续报有关情况；以国家减灾委办公室名义向受灾省份下发《关于启动国家Ⅰ级救灾应急响应的通知》，抄送其他各省（自治区、直辖市）、国家减灾委各成员单位、部有关司局。

（2）适时成立部救灾应急指挥部，统一组织开展救灾工作。

（3）建议国务院派出由国家减灾委主任带队的国务院救灾工作组迅速赶赴灾区，指导开展抗灾救灾工作。

（4）在部领导的统一指挥下，对灾情评估、应急响应和受灾人员救助等工作进行快速处置；协调安排与国家Ⅰ级救灾应急响应有关的部领导活动；部内各有关部门做好与中办、国办以及国务院有关部门的联络；督办落实中办、国办及部党组有关救灾工作的决定事项；协调落实中央和国务院领导同志的批示、指示和部领导有关批示、指示；办理各类文电。

(5)适时召开由国家减灾委主任主持，国家减灾委相关成员单位参加的专题会议，对灾区抗灾救灾重大事项作出决定。

(6)灾害发生后24小时内商财政部下拨中央自然灾害生活救助补助资金，协调交通运输、铁路、民航等部门紧急调运救灾物资。必要时，商总参谋部作战部空运救灾物资。

(7)及时收集、评估及更新灾情，汇总国家减灾委成员单位的信息和救灾工作动态，定时向国务院报告，重大情况随时报告。

(8)视灾情组织开展跨省(自治区、直辖市)或者全国性救灾捐赠活动，呼吁国际救灾援助，统一接收、管理、分配国际救灾捐赠款物，引导专业社会工作组织、慈善组织及社会工作者、志愿者等人员参与应急救灾和受灾人员生活救助、心理疏导、情绪抚慰等工作。

(9)协调发展改革、财政、金融等部门确保抗灾救灾资金及时到位；协调交通运输、铁路、民航、总参谋部等部门做好运输保障工作；协调公安部门做好灾区社会治安、组织灾区群众紧急转移工作；协调军队、武警、民兵、预备役部队参与救灾；协调发展改革、农业、商务、粮食等部门保障市场供应和价格稳定；协调工业和信息化部门做好应急通信保障等工作；协调住房城乡建设部门做好灾后房屋和市政公用基础设施的质量安全鉴定工作；协调卫生部门做好医疗救治、卫生防病和心理援助等工作；协调外交部门做好救灾涉外工作；协调中国红十字会依法开展救灾募捐活动、参与救灾和伤员救治工作。

(10)适时编发《灾情与救灾工作通报》，统一向社会通报灾情和救灾工作信息；适时组织召开新闻发布会，发布有关灾情和救灾工作进展情况；通过部网站和国家减灾网发布相关信息。

(11)适时编发《中国灾情信息》，统一向其他国家和国际组织通知灾情信息，在部网站和国家减灾网发布。

(12)适时提出举行哀悼活动建议。

(13)灾情基本稳定后，根据灾区省级人民政府或民政、财政过渡期生活救助和倒损住房恢复重建补助资金申请报告，结合灾情评估报告，拟定中央过渡期生活救助和倒损住房恢复重建资金补助方案，商财政部，按程序下拨。

(14)灾情稳定后，组织评估、核定并按有关规定统一发布自然灾害损失情况，开展灾害社会心理影响评估，并根据需要组织开展灾后救助和心理援助。

(15)监督指导基层救灾应急措施的落实和救灾款物的发放。

4.2.5.2 受灾人员冬春生活救助工作规程

2009年10月中国民政部制定了《受灾人员冬春生活救助工作规程》，重点是解决受灾人员冬春期间口粮、饮水、衣被、取暖、医疗等基本生活困难。春荒救助时段为当年的3—5月(一季作物区为3—7月)，冬令救助时段为当年12月至次年2月。主要包括需救助情况调查、核定和上报，冬春救助方案制定，救灾资金申请、安排和发放，冬春救助工作监督、检查、绩效评估等。

4.2.5.3 全国减灾救灾标准制定

为推进减灾救灾工作科学化规范化，2007年11月16日，中国国家标准化管理委员会批复成立了全国减灾救灾标准化技术委员会(SAC/TC 307，以下简称标委会)。标委会由来自综合防灾减灾、灾害监测与预警、减灾救灾物资与装备、灾害风险管理、灾害应急救助、质量检验、标准化等领域的33名委员组成。

标委会自成立以来，组织起草并完成了15项减灾救灾领域国家标准和29项减灾救灾领域民政行业标准。这些标准在减灾救灾基础(术语、符号、分类、代码等)、减灾救灾物资与装备(救灾帐篷、救灾被服、救灾装具、减灾救灾装备等通用标准)、灾害监测与预警(致灾因子遥感监测、承灾体遥感监测、灾害预警等)、灾害风险管理(灾害风险识别、风险估计、风险评价、风险处理、风险管理评价等)、灾害损失评估(灾情统计、灾害现场调查、损失综合评估等)、灾后救助(临时生活救助、灾后恢复重建、冬春生活救助、救助款物管理等)、农业减灾救灾(农业自然灾害灾情监测预警、评估，农业减灾、救灾与灾后恢复生产技术与产品的实验方法、检验方法等)领域发挥着重要作用。

4.3 旱灾风险防范的应急机制

中国减轻旱灾风险的应急机制由应急响应机制、应急组织指挥机制、应急保障机制与应急善后机制等组成。

4.3.1 旱灾风险防范的应急响应机制

国家建立四级抗旱应急响应机制，明确不同等级应急响应下各级抗旱指挥机构与相关部门的责任，标志着中国抗旱应急管理机制规范化建设迈上了新台阶。

4.3.1.1 中国干旱灾害应急响应的特点与总体要求

(1)特定时期实行24小时值班制度

任何旱灾事件都存在孕育、诱发、扩展、衰减、平息的过程，灾害事件可能达到的严重程度与危害范围是动态变化的。何时启动何级应急响应行动需要根据旱情、灾情的实时变化加以判断。因此，进入易旱期之后各级抗旱指挥机构应实行24小时值班，全程跟踪，密切监视，以便做出及时准确的判断，保证适时启动相应的应急程序。

(2)水利工程视重要性分级负责调度

发生严重旱灾时，水利与防洪工程的科学调度是抗旱的重要手段。但旱情紧急情况下的水量调度不仅关系到不同行政区域间的利益分配，而且涉及供水、灌溉、发电、航运、水产等多部门的协调和与生态用水的矛盾。因此，重大的水利与防洪工程必须由国务院和国家防总或流域指挥机构统一调度；其他水利与防洪工程的调度需由所属地方政府和抗旱指挥机构负责，调度涉及区域和部门之间的利益冲突时，需要由上一级抗旱指挥机构直接调度。防总各成员单位都要按照指挥部的统一部署和职责分工开展工作，并及时报告有关的工作情况。

(3)统一领导、分级管理，条块结合、以块为主的原则

《水法》第四十五条规定："水量分配方案和旱情紧急情况下的水量调度预案经批准后，有关地方人民政府必须执行。"由于干旱等灾害发生后需要迅速动员全社会的力量，统一组织协调各行各业的应急响应行动，《国家防汛抗旱应急预案》明确规定"地方人民政府和抗旱指挥机构"为负责组织实施"抗洪抢险、排涝、抗旱减灾和抗灾救灾等方面的工作"的主体。

(4)明确灾情、险情的上报要求

严重的旱灾威胁广大人民群众生产和生活，受灾地区的抗旱机构必须及时向同级人民政府和上级抗旱指挥机构报告灾情，以便启动相应应急程序，迅速做出防御部署。对于干旱造成的饮用水源中断等紧急事态可越级上报，并同时报上级抗旱指挥机构，以便迅速组织强有力的救援。

(5)明确灾情、险情通报的要求

旱灾有一个蔓延扩展过程，对于所引发的紧急事态要尽可能提早预警，以利及时启动应急响应预案，减轻灾害损失。跨地区灾情在报告同级政府和上级抗旱指挥机构的同时，还应及时通报影响波及的邻近行政区抗旱指挥机构。

(6)避免旱灾可能造成的次生、衍生灾害

旱灾发生后，由于生存环境恶化，社会秩序紊乱，或交通、通讯、供电、供水、供气等生命线系统的故障，易发生环境污染、传染病流行等各类次生和衍生灾害。各地抗旱指挥机构应组织有关部门全力抢救和处置，并及时向同级人民政府和上级抗旱指挥机构报告。

4.3.1.2 旱灾应急响应的分级管理

(1)应急响应的分级管理

国家抗旱应急预案根据旱灾事件的可控性、严重程度和影响范围，按照特大、重大、中度和轻度四级启动预案并确定不同力度的响应行动。

(2)分级标准

针对不同情况，等级划分标准见表4-5和表4-6。

表4-5 干旱等级划分标准

干旱等级	受旱区域作物受旱面积占作物播种面积的比例	因旱造成农(牧)区临时性饮水困难人口占所在地区人口的比例
轻度干旱	小于30%	小于20%
中度干旱	31%～50%	21%～40%
严重干旱	51%～80%	41%～60%
特大干旱	大于80%	大于60%

表 4-6 城市干旱等级划分标准

干旱等级	城市供水低于正常需求量	缺水现象	居民生活生产用水受影响程度
轻度干旱	5%～10%	出现	一定程度影响
中度干旱	11%～20%	明显	较大影响
重度干旱	21%～30%	明显	严重影响
特大干旱	大于 30%	供水危机	极大影响

应急预案的启动不仅要考虑严重程度，还要考虑影响范围，因此，旱灾四级响应的启动标准是多种条件的组合与综合判断的结果，如表 4-7 所示。

表 4-7 应急响应分级

等级	Ⅰ级应急响应	Ⅱ级应急响应	Ⅲ级应急响应	Ⅳ级应急响应
标准	多个省（市、区）发生特大干旱	数省（市、区）多个市（地）发生严重干旱或一省（市、区）发生特大干旱	数省（市、区）同时发生中度以上干旱灾害	数省（市、区）同时发生轻度干旱
	多座大型以上城市发生极度干旱	多个大城市发生严重干旱，或大中城市发生极度干旱	多座大型以上城市同时发生中度干旱；一座大型城市发生严重干旱	多座大型以上城市同时因旱影响正常供水

4.3.2 旱灾风险防范的应急保障机制

为确保抗旱预案的顺利实施和各种程序的严格运作，必须制定完善的应急保障措施，主要包括通信与信息保障、应急支援、抗旱设备和技术保障等。

4.3.2.1 通信与信息保障

抗旱工作的成效很大程度上取决于旱情的掌握。抗旱信息种类多，数量大，需要逐日甚至逐时地监测采集。全国现有水文站 3000 多处，测雨站点一万多处，抗旱监测站上千处，气象站 3000 多个。

通信是抗旱的生命线，大量信息的传输和指挥命令的下达上报都离不开通信，通信中断将导致难以决策，指挥失灵，工作盲目被动。为此，要应用现代化通信手段，建立起快速、可靠的通信系统，保障防汛抗旱工作的需要。

当前抗旱通信是依托公用通信网，合理组建抗旱专用通信网。通信部门要随时排除故障，必要时启动应急通信预案，使用备用无线通信系统。

4.3.2.2 应急支援与装备保障

严重旱灾引发紧急事态时工程设施的抗御能力有限，平时要做好应急支援和装备的保障，同时还要充分发挥电力、交通运输、医疗卫生、公安等业务部门及社会公众的力量。

(1)应急队伍保障

根据旱情的发展，地方各级政府和抗旱指挥机构在必要时应动员社会力量投入引水、开渠、打井、运水等抗旱行动。

在发生严重旱情时，水利、农业和气象等部门都要紧急组织专家组深入一线指导抗旱，卫生和环保部门也要及时组织人员深入灾区防控疫病和治理水环境。

（2）物资保障

《中华人民共和国抗旱条例》规定，“县级以上人民政府农业主管部门应当做好农用抗旱物资的储备和管理工作”，“在紧急抗旱期，有关地方人民政府防汛抗旱指挥机构根据抗旱工作的需要，有权在其管辖范围内征用物资、设备、交通运输工具”。

（3）资金保障

为保障抗旱工作顺利进行，补偿人力、物资消耗及水毁工程的修复，中央财政安排的特大防汛抗旱补助费，当防汛抗旱急需时应按规定使用范围和审批程序及时下拨。根据分级负责和事权财权统一的原则，《条例》规定，“各级人民政府应当建立和完善与经济社会发展水平以及抗旱减灾要求相适应的资金投入机制，在本级财政预算中安排必要的资金，保障抗旱减灾投入。”

（4）社会动员保障

抗旱减灾不仅是政府的职责，也是全体公民应尽的义务。《条例》规定，“各级人民政府、有关部门应当开展抗旱宣传教育活动，增强全社会抗旱减灾意识”，“国家鼓励、引导、扶持社会组织和个人建设、经营抗旱设施，并保护其合法权益”，“干旱灾害发生地区的单位和个人应当自觉节约用水，服从当地人民政府发布的决定，配合落实人民政府采取的抗旱措施，积极参加抗旱减灾活动”。

4.3.2.3 技术保障

随着科学技术的发展，抗旱工作要引进现代化技术装备，积极推进应用新的科研成果，提高抗旱管理人员和从业人员的科技素质，实现科学、高效的抗旱。

（1）建成高效的现代化国家抗旱指挥系统

引进微波、卫星、多用途数字网等先进通信手段，实现抗旱通信的快速传输和数据、图像、视频、异地会商等通信功能。采用传感技术实现水情信息监测采集的自动化，提高报汛速度。建立多功能计算机网络系统，实现抗旱信息自动交换和共享，建立工程数据库及社会经济数据库，提高预报精度和延长预报期，建立全国旱情监测和宏观分析系统，为抗旱决策提供支持。

（2）抗旱宣传、培训和演习

抗旱是社会公益事业，要加强宣传教育，普及抗旱知识，提高人民群众的抗旱意识。有关旱情、灾情信息必要时按审批规定及时发布。为提高抗旱人员的业务能力，各级防汛抗旱指挥机构要统一编制教材，分期分批培训。抗旱演习是模拟实战演练抗旱的操作步骤，可总结提高实战经验及验证抢险效果。

（3）科技创新保障

建立健全抗旱科研机构，培养一支高素质、多学科、多层次的科技队伍，加强相关基础研究和应用技术研发，建立抗旱科技创新体系，不断提供更加有效、成本低廉、环境友好的抗旱增产实用技术与设备。

4.3.3 旱灾风险防范的应急善后机制

旱灾破坏性大，影响深远，灾后往往群众生活困难，生态环境破坏，必须立即开展救灾，保障灾民的基本生活，做好卫生防疫和救灾物资供应，加强治安管理，尽快恢复生产。善后任务繁重，要加强领导，全力以赴。

(1)救灾

旱灾发生后要立即对受灾地区进行救助，解决灾民吃穿、住房和防病，特别是向因旱饮水困难地区开辟应急水源，紧急输水或临时安置。为灾区生产自救提供合适的种子、化肥、农膜等生产资料并提供贷款。

(2)水利工程的修复

抗旱中因水源干涸或过度提水而受损的水利工程及设备要及时修复。

(3)灾情与抗旱工作的评价

灾后应根据实际灾情、媒体与社会公众反应、应急预案实施效果、工程运行情况、技术措施合理性以及抗旱管理等进行全面评估，肯定成绩，总结经验教训，对成绩突出的单位或个人表彰奖励，对工作不力或有渎职行为的进行批评和处分，有违法行为的移送司法部门依法惩处。

4.4 旱灾风险防范的协调管理

旱灾风险管理首先是一种公共危机管理，是有组织、有计划、持续动态的管理过程，是政府及其他公共组织在干旱发展的不同阶段采取的一系列控制行为，有效预防、处理和消弭干旱带来的危机，从旱灾系统研究出发，通过监测、预报、评估、预警、预防、应急处理、恢复、评价等一系列工作，防止和减轻旱灾危害。

旱灾风险管理体系包括防、控、治三个方面。防是指建立风险管理预防体系，包括工程和非工程措施。前者如修建水库、修复水毁工程和改造灌区等；后者如编制预案、旱情监测、预报预警、节水措施、抗旱演习、取水许可审批等。控是指建立调控体系，旱灾一旦发生能有效控制危机影响范围和程度，最大限度地降低损失，尽快恢复社会稳定，包括决策指挥、统一调配、统计报告、信息发布、社会参与、舆论宣传等。治是指旱灾发生后能迅速有效地进行危机救治的应急体系，包括快速反应、指挥调度、紧急救助、预案执行等。

协调是旱灾风险管理的关键。旱灾发生后必须有一个强有力的机构来统一协调和调度有关部门和社会各方面力量和抗旱资源共同应对危机。抗旱资源包括资金、人力、物力、交通、通信、技术等等。保障在旱灾风险管理中贯穿于防、控、治三个阶段，必须建立一整套科学的、行之有效的保障体系，包括组织领导体系、法律法规体系、信息采集与发布体系、财力物力筹集与调度系统、技术储备与应用系统，专业队伍培训系统与公众沟通对话系统等。

4.4.1 中国旱灾风险管理的现状

1989年，国家科委、计委、经贸委等三委的办公厅共同批准成立了自然灾害综合研究组，于 1990 年初步提出了全国减灾系统工程的框架(图 4-3)：这是可用于国家、省、区域三个层次的减灾领导层统一规划模式，以三个子系统为基本框架构成的全社会减灾系统工程设计，基本目标在于推进综合减灾的行动。

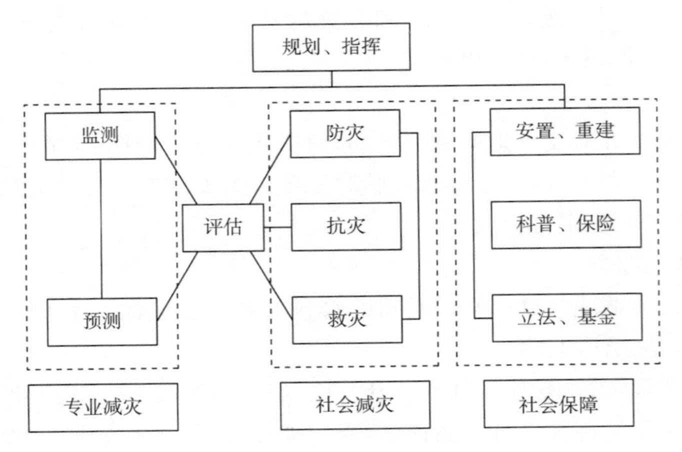

图 4-3 减灾系统工程

4.4.2 中国旱灾风险协调管理机制的构建

4.4.2.1 构建集权应急与分责管理相结合的协调管理机制

合理的旱灾管理体制应是集权应急与分责管理相结合，从临灾应急机制走向常态化，权责配置是灾害管理体制的核心，统筹协调则是灾害管理的基本任务。

(1)完善抗旱相关法制，将灾时应急问责制转变到常态化制度问责制

进一步修订完善抗旱相关法律，规范有关机构与领导干部的灾害管理职责、任务，将灾时应急问责制转变为常态化的制度问责制。

(2)建立常设灾害应急管理机构

建议将国家减灾委由部际协调机构转变为中央政府处理灾害紧急事务的常设机构，直属国务院总理领导。鉴于历次抗旱工作存在一定的盲目性，现有国家防灾减灾顾问组应适当增加抗旱专家以利实现科学、高效的减灾。

(3)进一步明确政府职能部门在抗旱减灾管理中的职责分工

修订《中华人民共和国抗旱条例》和《国家防汛抗旱应急预案》时要进一步明确相关职能部门的任务与责任，避免重叠和扯皮。

(4)加强部门间的协调与联动

部门分割、资源分散是计划经济体制下形成的不良积习，在职责法定、统一指挥的条件下，需要建立灾害信息共享平台、便捷的沟通渠道和对各职能部门相互配合的责任要求。还应进一步明确中央与地方旱灾管理的职责划分，健全分级负责制度，强化基层、强化企业、强化地方政府管理职责。

4.4.2.2 构建相互协调的多维旱灾管理运行机制

减灾是全民的事业，有效的灾害管理运行机制需要政府机制、社会机制、市场机制与国际合作机制等多维运行机制的有机结合，以充分调动政府、社会、市场与个人的抗旱资源与力量，是法律强制与利益引导相结合的机制。

在多维运行机制中，政府调控机制居主导地位，体现在推动立法，调整财税政策，切实承担政府的公共管理职责，合理利用公共资源与整合社会资源、市场资源，有效协调灾害管理中的军政关系、官民关系、受灾区与非受灾区关系、受灾群体与非受灾群体的关系，确保灾民生活及灾区社会秩序等六个方面。

目前中国灾害管理中社会机制与市场机制的作用还没有很好发挥，家庭与个人主动避防灾害意识仍较淡薄。就社会机制而言，需要大力扶持各类减灾社团组织，只有调动全社会的力量，才能实现减灾资源的优化配置与高效减灾。

要充分发挥市场机制配置抗旱资源的基础作用，大力发展灾害保险产业，调动社会力量分散转移灾害风险，将不确定的灾害损失转化成为确定可控的成本支出。虽然商业保险模式不适用于农业，旱灾保险尤其困难，仍应借鉴国外政策性农业保险的做法，积极探索适合中国国情的旱灾保险模式与制度。

家庭与个人应树立灾害避防与风险意识，学习掌握安全避防灾害知识与技能，积极参与社区的减灾宣传与管理。

此外，抗旱减灾还需要有效的国际合作机制，20 世纪 80 年代非洲撒哈拉沙漠以南地区发生的大范围干旱与饥荒，国际社会的救援在很大程度上减少了当地人口的死亡数，促进了灾后生产与生态环境的恢复。

4.4.2.3 构建区域社会经济发展与减灾相协调的管理机制

首先，要建立社会经济发展与旱灾相协调的模式，使发展速度与控制旱灾风险的能力相一致。其次，要建立协调发展与减灾的管理体制，为此需要建立发展规划的综合灾害风险评价制度和减灾投融资制度，建立辖区综合减灾绩效评估制度并纳入政绩考核体系。第三，要建立协调发展与减灾的运行机制，要求编制灾害风险区划，明确不同灾害风险区域协调发展与减灾对策，推动巨灾保险与再保险，在整个灾害风险管理过程中要落实“纵向到底”和“横向到边”的管理机制。

4.5 中国的抗旱战略

4.5.1 指导思想与基本原则

4.5.1.1 抗旱战略的指导思想

以邓小平理论和“三个代表”重要思想为指导，贯彻以人为本，全面、协调、可持续的科学发展观，坚持“以防为主、防重于治、抗重于救”的抗旱工作方针，注重社会、经济和生态效益的统一，综合运用行政、工程、经济、法律、科技等手段，最大限度地减少干旱造成的损失和影响，实现水资源的可持续利用和经济社会的可持续发展，为国家粮食安全、城市供水安全、生态环境安全提供有力的支撑和保障。

4.5.1.2 抗旱战略的基本原则

(1)坚持以人为本

制定抗旱战略要把人民群众的根本利益作为出发点和立足点，着力解决与人民切身利益密切相关的问题，努力满足人民群众对供水安全、经济发展用水、农业生产用水和生态环境用水等需求，促进人的全面发展和经济社会的可持续发展。

(2)坚持可持续发展

要尊重自然规律和经济规律，充分考虑水资源承载能力和水环境容量，科学有效地抗御旱灾，减少或消除影响水资源可持续利用的生产行为和消费方式，妥善处理开发与保护的关系，保护生态环境，综合兼顾各类抗旱工程的经济效益、社会效益和环境效益，保障水资源的可持续利用。

(3)坚持因地制宜

统筹考虑不同流域、区域和城乡经济社会发展的需求，区别情况，突出重点流域、重要区域和城乡重点抗旱基础设施建设，通过采取切实可行的抗旱对策措施，有针对性地解决城乡干旱缺水问题。

(4)坚持量力而行

要立足当前，着眼长远，根据当地社会经济发展水平和管理水平制定抗旱发展战略，根据水利、城乡基础设施与农田基本建设的实际及国家财力状况，优化配置资金，突出重点，优先安排节水和续建配套工程，重点开工建设一批事关全局、效益显著的抗旱水源工程、农业基础设施建设工程与生态环境建设工程。

(5)坚持科学性

与国民经济发展要紧密结合，宏观上要在考虑水资源承载能力的基础上合理规划一、二、三产业布局，开源节流，优化配置，高效利用，有效保护。以提高天然降水利用率为前提，以提高水资源利用率为核心，工程措施、非工程措施有机结合，水利措施与其他措施相结合，现代技术与传统经验相结合，最大限度地减轻旱灾损失，实现人与自然的和谐相处，实现社会效益、经济效益和生态效益的统一。

(6)坚持依法抗旱

要依法进行水资源的开发、利用、治理、配置、节约和保护，妥善处理上下游、干支流、左右岸、部门间、城乡间、区域或流域间，以及开发与保护、建设与管理、近期与远期等关系，协调工业、农业、服务业及生活、生产、生态用水。

(7)坚持效益优先

要依靠科技创新，努力降低抗旱成本，减轻农民负担，发展农村经济，兼顾国家整体利益与农民的现实利益，调动农村集体和农民参与抗旱节水工作的积极性，处理好经济效益、社会效益、生态效益之间的关系。

4.5.2 抗旱战略的目标

4.5.2.1 总体目标

通过行政、法律、经济、工程、科技、管理等手段的整合与运用，在全国建成健全的抗旱组织管理体系、抗旱工程保障体系、抗旱法制体系、抗旱投入体系、抗旱新技术推广体系及社会化抗旱服务体系，建立适应市场经济体制的抗旱服务价格形成机制，使全民抗旱减灾意识普遍加强，全国总体抗旱减灾能力显著提高。

4.5.2.2 具体目标

(1)建设节水型社会

通过兴建必要的水利工程、调整产业结构、建设节水型社会、建立水资源战略储备和制定应急供水预案等综合抗旱减灾措施，在遭受一般干旱的情况下，能为城市生产和生活较稳定供水，保障经济社会快速、持续、健康发展。在发生严重干旱缺水的情况下，通过动用后备水源和采取水资源优化调度等应急措施，保证城市生活、重要行业和重要设施的基本用水需求，尽可能降低干旱造成的影响。

(2)完善农业抗旱减灾体系

建成较为完善的农业抗旱减灾体系，使一般干旱缺水不成灾，遇到较严重干旱缺水情况时，因地制宜采取打井、开渠、修塘坝、截潜流等应急措施，重点保证农村人畜饮水。在可能条件下，为口粮田、粮食主产区和高效经济作物生产提供关键期用水，同时综合运用抗旱耕作、农艺及化学抗旱技术，利用有利时机与有利地形实施人工增雨作业，尽可能减少干旱造成的农业损失。加强农田基本建设和农业基础设施建设，实施沃土工程，调整农业的产业结构与种植结构，建立应对旱灾的抗旱作物种子与生产资料储备制度，推广保护性耕作技术，增强农业系统的抗旱减灾能力。

(3)改善水环境

高度重视生态环境用水需求，确保河流、湖泊、湿地的生态径流，促进流域水环境的改善。在遭受特大干旱情况下，适时组织跨地区、跨流域应急调水，以保证河流、湖泊、湿地生态系统不会遭受毁灭性破坏，缓解水污染严重地区的水环境状况。

4.5.3 抗旱战略的总体思路

未来抗旱的总体思路是：以科学发展观为指导，从全面、协调、可持续发展的战略高度，认真贯彻以防为主、防抗救结合的方针，在促进水资源节约、保护和高效利用的基础上，采取各种综合措施，最大限度地减轻旱灾对整个经济社会以及生态环境造成的损失和影响。具体概括为努力实现以下两个转变。

4.5.3.1 从单一抗旱向全面抗旱转变

长期以来中国传统的抗旱集中在农村和农业生产领域，这是因为当时绝大多数人口居住在农村，以务农为主。经过60多年的发展，中国已建成比较完整的现代经济体系，社会主义市场经济体制基本确立，城市化进程加速。为实现全面建设小康社会的战略目标，必须由原来的单一抗旱向全面抗旱转变，具体包括以下内容：

(1)从单一的农业抗旱向覆盖所有领域和产业的全面抗旱转变；

(2)从单一的农村抗旱向城乡一体化的全面抗旱转变；

(3)从单一的生产抗旱向生产、生活、生态的全方位抗旱转变；

(4)从单一依靠专业部门抗旱向部门间协调联动和发动全社会节水抗旱转变；

(5)从单一的水资源统筹分配计划体制向按流域统一管理水资源与水权交易、水价调节、生态补偿等市场机制相结合转变。

4.5.3.2 从被动抗旱向主动抗旱转变

传统的抗旱思路以危机管理为主，重工程措施，轻非工程措施；重应急，轻预防；重开发和配置水资源，轻高效利用与保护；重水利工程，轻农艺抗旱和风险管理；从而导致抗旱工作的被动，部分地区甚至陷入严重的水资源枯竭危机。从被动抗旱向主动抗旱转变应包括以下内容：

(1)从以应急抗旱为主向以风险防范为主转变；

(2)从掠夺性开发与无序争夺水资源向水资源优化配置高效利用和保持水生态平衡转变；

(3)从以改善外界环境的灌溉措施为主向以增强承灾体适应与抗御能力措施为主转变；

(4)从以工程抗旱为主向工程措施与非工程措施并重转变；

(5)从对抗自然、人定胜天向顺应自然规律、人与自然和谐相处的理念转变。

参考文献

安徽省人大常委会，2002. 安徽省抗旱条例[EB]. http://law.lawtime.cn/d392252397346.html.

卜风贤，2006. 农业灾荒论[M]. 北京：中国农业出版社：180-182.

鄂竟平，2003. 2003年全国防办主任会议上的讲话[EB]. http://www.chinawater.net.cn/minister-new/bzzs.asp? id=12366.

国家防汛抗旱总指挥部办公室，2006. 防汛抗旱行政首长培训教材[M]. 北京：中国水利水电出版社：155-158.

何少斌，2008. 美、日防洪抗旱法制透视[J]. 中国防汛抗旱(1)：12-13.

胡惠英，2004. 新水法与水资源的可持续利用[J]. 经济论坛，**2**：126.

冀萌新，2001. 各国灾害管理立法概况[J]. 中国民政(1)：29.

李向军，1995. 清代荒政研究[M]. 北京：中国农业出版社：28-47.

梅松龄，1982. 抗旱农经[M]. 银川：宁夏人民出版社：112-113.

民政部救灾救济司，2008. 自然灾害救助应急工作规程[Z]. 民发〔2008〕35号，2008-3-11.

蒲锐，2003. 新水法新在哪里[J]. 陕西水利，**1**：35-36.

全国人大常委会，2002. 中华人民共和国水法[EB]，2002-8-29.

水利部水利水电规划设计总院，1998. 中国抗旱战略研究[M]. 北京：中国水利水电出版社：228-231.
王冠军，王春元，2001. 中国水资源管理和投资政策[J]. 水利发展研究，**5**：5-7.
杨海芳，2005. 我国现行《水法》的新发展[J]. 江西社会科学，**4**：139-141.
杨琪，2009. 民国时期的减灾研究(1912—1937)[M]. 济南：齐鲁书社：69-111
张强，2006. 气象干旱等级[M]. 北京：中国标准出版社.
中华人民共和国财政部，水利部，1999. 特大防汛抗旱补助费使用管理办法[EB].
中华人民共和国国家监督质量检验检疫总局，中国国家标准化管理委员会，2006. 气象干旱等级(GB/T 20481—2006)[M]. 北京：中国标准出版社.

第5章　中国旱灾风险防范的能力建设

5.1　旱灾风险防范的监测和预警

5.1.1　气象干旱的监测和预测

(1)天、地、空一体化气象干旱观测系统

气象干旱由降水、土壤水分、土壤蒸发和植被蒸腾等多种因素造成。卫星和航空遥感观测可获取区域范围各种空间分辨率与水循环要素密切相关的地表信息，方便、快捷、范围广，能动态监测。地表站点实测获取地表参数种类更多也更准确，对于遥感观测结果定标和检验不可缺少，但范围很小。二者相辅相成，相互支撑。当务之急是建立从天基、空基对地观测到地基观测数据和产品的4维同化方法，开发高效反演方法和建立地表要素的真实性检验场，建立地基-空基-天基一体化的旱灾监测系统。

(2)气象干旱的预测

目前气象部门能够进行短期干旱趋势预测。由于干旱是一种累积型灾害，更需要长期天气预报或短期气候预测。但目前的天气预报只在一到三天内比较准确，对未来7～10的天气变化趋势只能给出一个大概估计，对更长时间的预报准确率还不高。在气候干旱预测取得重大突破之前，进行较长期较准确的农业干旱、水文干旱和经济干旱预测是很困难的。但由于干旱涉及气象、水文、下垫面状况、承灾体的暴露性与脆弱性、抗旱能力等多种因素，综合降水短期预报和水文预报，对于旱情发展演变趋势进行监测和分析，并在此基础上提出预警，对于采取正确的抗旱决策仍具有重要参考价值。

5.1.2　旱灾监测预警系统及服务

5.1.2.1　国家级气象旱灾监测预警系统

国家气候中心研制开发了旱涝气候监测业务系统，从1995年6月起不定期发布中国旱涝气候公报，并从2004年2月起每周通过中央电视台向全社会发布干旱监测信息和预警信号(张强等，2004)。

(1)旱灾监测预警系统

主要功能包括实时资料接收、质量检查、干旱信息统计、数据库管理、图形分析、干旱动态监测和预警分析等。利用全国600个基本气象站点的降水量、气温、湿度等观测资料和未来7天降水预报统计分析，确定气象干旱监测和预警指标，结合农业气象站的土壤湿度监测资料和卫星AVHRR干旱监测数据，预测干旱发生、发展、持续和缓解情况，制作发布有关信息和确定干旱的预警级别。

(2)数据库及其管理系统

主要由基本气候资料数据库、指标参数数据库和旱涝灾情数据库组成。

(3)旱灾监测、预警分析

旱灾监测、预警分析以指数方法为主要依据，参考农业气象站每旬10 cm和20 cm土壤相对湿度、卫星AVHRR资料干旱监测和近30天降水量距平百分率等数据。全国出现较大范围(一般两个省以上)干旱，或干旱持续发展，或大范围干旱缓解时，发布《中国旱涝气候公报》产品，及时向政府有关部门提供干旱监测实况。

(4)应用服务效果

监测业务系统进行全国范围的实时干旱监测(图5-1)，为《中国旱涝气候公报》提供所需资料、图表和信息，为干旱预测和评价提供依据。公报上报中央政府各决策机构并发至各有关业务和科研部门，用户250多个。1997年7月以来通过网络向农业部门提供实时旱涝信息。2004年2月起每周在中央电视台发布干旱监测和预警信息，在十年多的重大旱灾事件监测中发挥了重要作用。

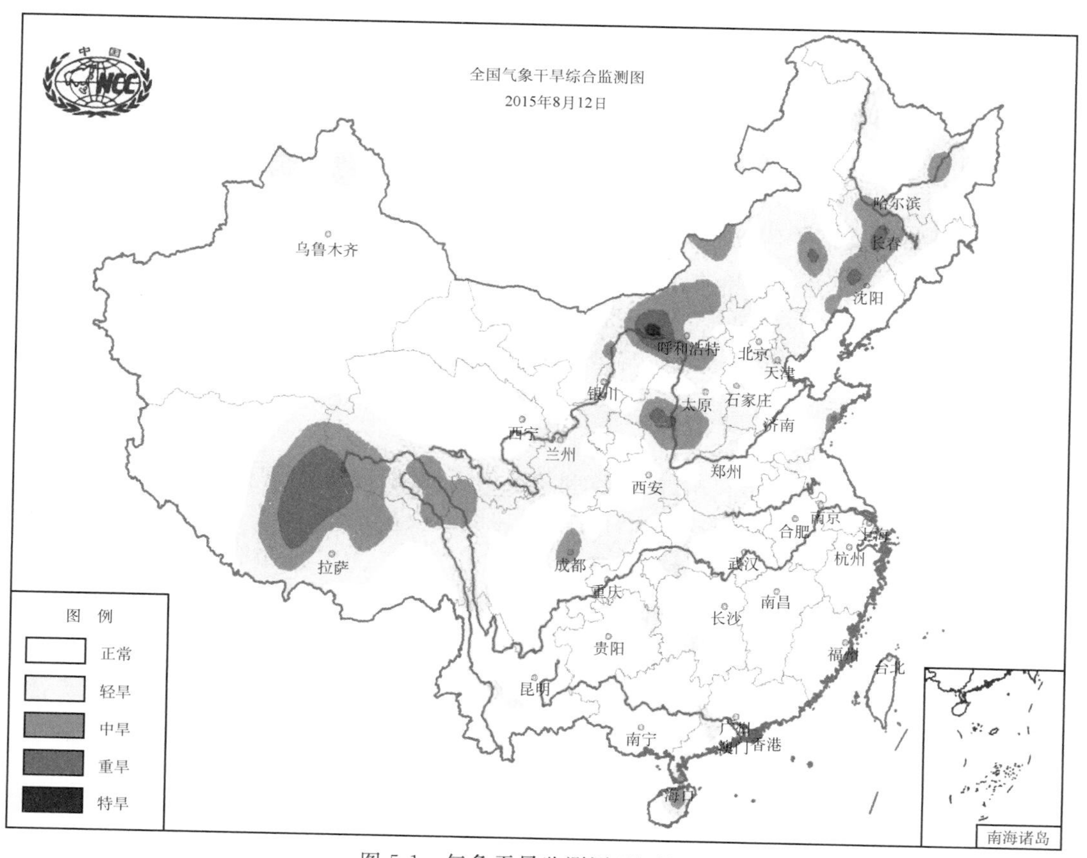

图5-1 气象干旱监测图(见彩图)

此外，气象部门还建立了几个大区的干旱灾害监测和预测系统，其中应用效果突出的有西北干旱灾害监测预测系统和黄淮平原农业干旱预警系统。

5.1.2.2 民政部门的旱情报告制度

为及时、客观、全面反映自然灾害损失及救灾工作开展情况，为救灾工作提供决策依据，根据《国家自然灾害救助应急预案》的有关规定，民政部对原《自然灾害情况统计制度》（简称《制度》）进行修订并于 2008 年 5 月 7 日公布。

《制度》明确干旱灾害是“指在较长时间内降水异常偏少，河川径流及其他水资源短缺，致使土壤水分严重不足，对人类生产、生活（尤其是农业生产、人畜饮水和吃粮）造成损失和影响的灾害”。

关于旱灾情况报告，《制度》规定应“反映旱情的发生、发展情况，填报程序分为初报、续报和核报，填报表式使用《自然灾害情况统计快报表》（填报相关内容），同时上报相关灾情文字说明。在旱情初露，群众生产、生活受到一定影响时，县级民政部门进行初次填报，并逐级上报至民政部。在旱情发展过程中，每 10 日上报一次，直至灾情解除，上报核报”。

《制度》还规定各地民政部门应按时提交灾情的半年报和年报，填报《冬春灾民生活救济情况报告》。在各项灾情指标中，除农作物受灾、成灾和绝收面积统计外，饮水困难人口和饮水困难大牲畜两项是专门针对旱灾设立的。

5.1.2.3 水利部门的旱情监测预警报系统与旱情会商制度

（1）旱情监测系统

水利部和各地水利部门都有比较完善的旱情监测和预警系统，由以流域为单位的水文观测系统和各地水行政主管部门的信息系统共同组成。结合遍布各大流域的上万个雨量站和 3000 多水文站观测的雨量，根据不同地形和下垫面性质估计径流系数，预测进入江河、湖泊、水库等水体及渗入地下水的水量，根据现有工程可供水资源量与社会经济活动需水量的盈亏来预测评估可能发生的旱灾或洪涝的程度。水利部门的农田水利工作者也进行了大量土壤水分、作物灌溉量与需水量的试验与观测，为农业节水与采取抗旱措施提供依据。

（2）旱情监测内容

①降雨量监测。利用水文站、雨量点和气象资料，分析降水量低于某个数值或连续无雨日数，计算降水距平或距平百分率，计算某时段降水保证率等。

②土壤墒情监测。使用取土钻、便携式测墒仪、负压计、中子仪等。

③作物苗情监测。根据农业部门制定的有关国家规范执行。

④地下水埋深监测。依据水利部门制定的有关国家规范执行。

⑤蓄水监测。对区域内所有蓄水工程的蓄水量进行统计分析和监测。

（3）墒情预报

分为单站预报和区域预报两类。适墒的表达方法如下：

①水分平衡指标法。以生长期内实际供给作物的总水量与保证作物正常生长的总需水量的比值作为评价指标。

②雨量指标法。按照农时划分季节，以超过或少于某一量级的雨量多少反映旱情程度。

③土壤含水量指标法。根据当地土壤、作物、气候条件通过实验求得。以土壤含水率小于田间持水量的程度反映旱情，小于凋萎湿度表示严重缺水。

(4)抗旱会商与上报

各级防汛抗旱指挥部每年在抗旱关键时期召开由指挥部各成员单位负责人和专家参加的旱情会商，根据各类监测信息和预报意见分析旱灾发展形势，全面部署抗旱救灾工作。各级水行政主管部门负有向上级水行政部门和同级地方行政领导机关上报旱情的责任，《预案》规定："旱情信息主要包括：干旱发生的时间、地点、程度、受旱范围、影响人口，以及对工农业生产、城乡生活、生态环境等方面造成的影响。"旱情会商主要内容是：

①旱情及抗旱措施，旱情发展过程，当前地表水与地下水资源数量，供需矛盾，已采取抗旱节水措施及其效果，拟进一步采取的措施及存在问题。

②水文、气象和农作物要素，降水偏少程度、未来降雨趋势、河流径流偏枯程度、未来径流预测、作物长势、土壤墒情下降程度、苗情变化等，并对未来发展趋势做出预测。

③干旱缺水对经济和环境的影响，已采取抗旱措施及效果，拟进一步采取的措施，存在问题和对策。

④各地旱情、抗旱措施及效果，拟进一步采取的措施，解决人畜饮水问题和研究抗旱对策。

⑤城镇供水状况、节水措施和需采取应急供水措施的区域和办法。制定进一步的抗旱节水和向饮水困难地区应急供水的措施，并提出备选方案。

5.1.2.4 农业部门的旱情监测与报告制度

中国农业部门建立了比较完整的农情收集和报告制度，旱情是其中一项重要内容。全国农情调度与信息预警平台是面向农业部种植业系统全面掌握县级农情的信息化系统，能够直接获取县级农情信息的渠道，全面、准确地掌握县级农情信息及其动态变化，为有效地参与宏观农情调度提供支持。各级农情机构按照统一的标准，选择有代表性的农田，调查受旱地区的作物长势，预测对产量的可能影响，提出抗旱和补救措施。近年来还开始使用远程视频监控与地面调查相结合的方法，极大提高了旱情监测和评估的准确性。

全国农情调度与信息预警平台的应用系统包括以下内容：

(1)农情调度信息采集系统：包括县级基本情况采集、农业综合信息采集、农作物专项信息采集等。

(2)农情综合统计分析与预警系统：包括农情与上年和常年对比分析、全国作物面积、重要生产资料、农业灾害、生产技术、苗情、作物产量、效益的统计、估测、预警和示警。

(3)信息服务系统：包括信息发布、信息查询等方面的建设内容。

平台建设还包括数据中心、数据库、网络系统、安全系统和标准化建设等。目前整个系统已初步建成并试运行。

5.1.3 高分卫星遥感技术在旱灾监测和防灾中的应用

(1)卫星遥感技术监测旱灾的优点及产品分类

干旱具有发生范围广、持续时间长、周期性强的特点，卫星遥感技术具有宏观、快捷、可重复观测的优点，在大范围旱灾实时动态监测中具有重要作用。干旱遥感监测研究始于20世纪60年代，随着地面、雷达、卫星和微波等多种遥感手段的增加，综合利用中分辨率高分一号16 mCCD、环境减灾卫星、Landsat TM/ETM+及低分辨率FY、NOAA/AVHRR、MODIS等遥感数据，通过热惯量方法、作物缺水指数法、植被指数法等干旱监测方法日益完善。

按照旱灾成因分类，旱灾遥感监测产品可分为灾害背景参数、气象干旱产品、农业干旱产品、水文干旱产品和社会经济干旱产品。

灾害背景参数主要是指与干旱发生和发展有关，用以刻画干旱的参数，包括气候背景(太阳辐射、净辐射、降水量等)、植被生长状态背景(植被指数、叶面积指数、生物量、NEP、NPP等)、地表热量和水分背景(地表温度、热惯量、地表蒸散发等)。

气象干旱产品指与气象干旱相关的旱灾产品，目前使用最为广泛，分为降水量干旱指数和综合气象干旱指数。前者包括降水距平、累计降水距平、降水成数、标准降水指数等；后者包括Palmer干旱指数、干燥度、Z指数、I指数等。

农业干旱产品的监测指标充分考虑了降水、作物需水、供水量、亏盈量和水分指数，可有效描述根部土壤水分含量的短期变化。

水文干旱产品采用指标包括土壤水分、总缺水量、累计流量距平、Palmer水文干旱强度指数、地表水供给指数等。

社会经济干旱产品采用的指标与水资源的社会供需量有关，通常包括工业、农业和服务业等不同产业，有人提出以社会缺水指数SWSI来反映。

从产品形式看，干旱产品可分为地面测量数据、统计报表数据和空间技术干旱产品。地面测量数据指通过实地测量与干旱有关的地面数据，包括气象数据、土壤水分、土壤墒情等。统计报表数据主要指地方旱灾管理机构的上报数据，主要是受灾人口、受灾范围、灾害损失，包括文字、统计、图表等。空间技术干旱产品是指利用空间技术获取的旱灾产品，具有空间分布的特点。

遥感旱灾产品可分为两类：遥感干旱背景参数产品和遥感综合旱灾产品。前者指利用遥感数据反演的与干旱有关的植被生长和土壤热量与水分等背景参数，如净辐射、NDVI、NPP、NEP、生物量、地表温度、地表蒸散、土壤湿度、土壤热惯量等。遥感综合旱灾产品指利用多种遥感反演参数构建与干旱有关的产品，以及遥感数据结合社会经济与人口数据的综合干旱指数，如遥感干旱风险产品、遥感干旱监测产品。

(2)高分灾害监测与评估信息服务应用示范系统在旱灾监测中的作用

高分灾害监测与评估信息服务应用示范系统面向减灾救灾业务需求，紧密围绕高分专项总体目标，充分利用高分系列卫星数据，通过总体方案设计、关键技术攻关、技术方法集成固化、减灾应用系统建设，开展减灾应用示范，形成天地一体化、高性能协同的灾害监测、损失预评估、灾情评估和信息服务能力，将高分减灾应用能力融入国家综合减灾业务与服务体系之中，更有效地服务于国家防灾减灾全局。高分灾害监测与评估信息服务应用示范系统主要包括灾害监测预评估子系统、灾情评估子系统、灾情研判子系统、灾害多维可视化子系统、产品检验与评价子系统、信息共享与服务子系统、数据资源管理子系统和高分减灾运行管理平台。其中灾害监测预评估子系统、灾情评估子系统、灾情研判子系统、灾害多维可视化子系统为核心业务子系统。

灾害监测预评估子系统主要根据不同灾害时空分异规律，在实时高分辨率对地观测数据动态驱动机制下，以高分减灾运行管理平台和灾害多维可视化等为基础，开发功能完备、灵活多用的灾害监测、预评估工具，建立适应灾害管理和灾害系统模拟仿真模型，实现对灾害系统时和多维多尺度可视化，对不同灾害、灾害链进行模拟仿真，具备以高分数据为主的主要自然灾害监测、灾情预评估能力，为灾情评估、灾情研判等提供输入。灾情评估子系统基于国产高分卫星数据，结合灾害目标分级分类体系，重点突破灾害目标分类体系和目标特征库构建技术、高分灾害目标只能识别与变化检测信息提取技术、基于全极化SAR数据的灾害目标损毁信息提取等关键技术，研制灾害目标特征数据库以及一系列灾害目标识别与信息提取的算法工具集，并整合多源空间信息产品发展灾情信息评估与服务的技术体系，通过与其他子系统的信息与功能的对接，高效地为各类用户提供精准的灾情评估信息服务。灾情研判子系统通过支持异地协同的专家研判平台进行多用户任务分割、信息调度和冲突解决，利用计算方法对研判区域的受灾情况进行定量的综合评估，通过协同标绘与专家决策方法对研判区域受灾程度进行定性的专家研判，对多用户实时异步地图标绘、地图编辑和文件传输，无缝的交换、协调和同步研判意见，实现标绘信息交流和感知，使模型运行、协调和同步研判意见，实现标绘信息交流和感知，使模型运行、数据调用和知识推理达到有机统一，最终通过“看、标、判、评”一体化的多源数据一体化展示平台，实现研判和会商工作的交互和同步，为灾害应急决策与救援提供支撑。灾害多维可视化子系统基于基础地理数据及高分遥感数据，并结合各种灾害的孕灾环境、致灾因子、承灾体以及灾情数据向各级用户提供灾情信息可视化服务以及会商决策环境、数据智能管理、高级产品生成、灾害三维环境重构、不同层级用户产品定制等功能，为灾害应急指挥、救助以及评估决策提供直观、高效的可视化服务支持。

结合多种数据源和高分系列卫星数据，高分灾害监测与评估信息服务应用示范系统可在旱灾监测中发挥重要作用。长时间序列干旱异常检测需要针对若干反映干旱现象的指标如：温度、降雨、土壤湿度或植被指数等来进行监测、分析，找到同期时空分布与变化规律，再进行异常信息的提取与检测(图 5-2)。遥感技术在农业干旱监测当中的应用，具有重要的社会经济价值与现实意义，尤其是高分系列卫星的发射，进一步提高了卫星遥感数据的获取能力，提升了国产卫星数据在灾害监测中的使用率。

根据干旱的发生发展规律，在干旱发生过程中，干旱异常主要表现为土壤含水量下降、土壤热惯量减小，植被蒸腾作用减弱，冠层光谱特征改变，冠层温度升高等。对于这些方面的异常表征，我们基于干旱指数和孕灾环境指数正常状态的长时间序列统计特征，采用像元级异常检测技术和前述研发的面向对象变化检测技术，在数值、趋势、光谱空间、空间分布四个方面开展异常检测，提取出干旱异常的范围、程度。

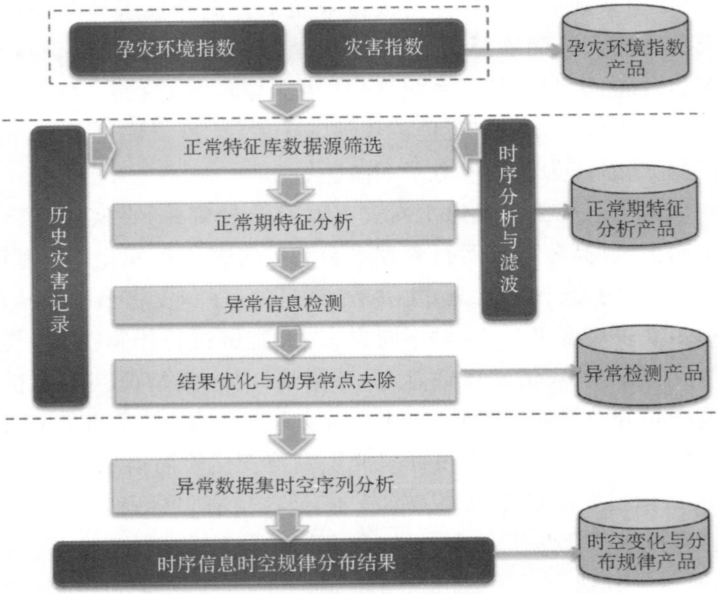

图 5-2　异常检测总体技术路线

数值异常根据待检测影像计算出的孕灾环境参数，结合其绝对数值或与正常期数值的差异程度(距平)，识别异常像元。参考已有国家标准或行业标准，部分孕灾环境指数，可以根据其数值直接进行干旱分级，确定正常与异常区分阈值。如：土壤含水量，可参考国家相关标准判定异常等级。对于其他能够表征干旱的孕灾环境参数和干旱指数，分析其与历史多年平均水平的差值，根据设定的差别阈值，确定异常像元(按旬、月、年分别统计)。异常信息的存在，不仅表现为数量的差异，还表现在参数时序变化趋势的异常。对于部分异常信息，单从数量上可能难以检测，需要结合邻近时相的相关数据，从变化趋势上发现异常。通常采用的异常识别算法有：时间序列流趋势变化检测；趋势系数法、时间移动平均模型。趋势异常的表现方式上通常有两种类型，一是孕灾环境参数指数变化趋势背离多年均值变化趋势；二是孕灾环境参数指数年内变化趋势超出多年值域范围。干旱胁迫对植物叶片的光谱特征有较大的影响。针对高光谱数据源，设立典型试验区，持续跟踪主要农作物在不同生育期受旱前后光谱特征变化，建立主要农作物异常光谱模型库。通过光谱域的相似性比对，识别光谱异常像元。

在区域对象级别上，以市、县、乡镇等行政区划对象为单位，进行异常检测。由于对象内部的异质性，通过逐像元加权平均得到的区域均值进行异常检测，无论是数值法还是趋势分析法，都容易掩盖区域内部的异常状况。某区域 7 月干旱重心多年轨迹集中在区域北部，湿润重心轨迹集中在区域南部。对于待检测时相，数值和趋势变化可能都在正常值范围，但区域内部干旱和湿润重心的区域分布与多年重心轨迹有明显差别，需要作为异常检出。

(3)基于高分系列卫星和其他大尺度卫星数据的遥感监测主要业务产品

①全国干旱风险预警

民政部国家减灾中心利用高分一号卫星 16 mCCD 数据、环境减灾卫星、风云气象卫星、MODIS 等遥感数据,结合全国降水量、气温分布、土壤水分和墒情数据、行政区划等数据,每旬发布一次全国干旱风险预警产品,如图 5-3 所示。

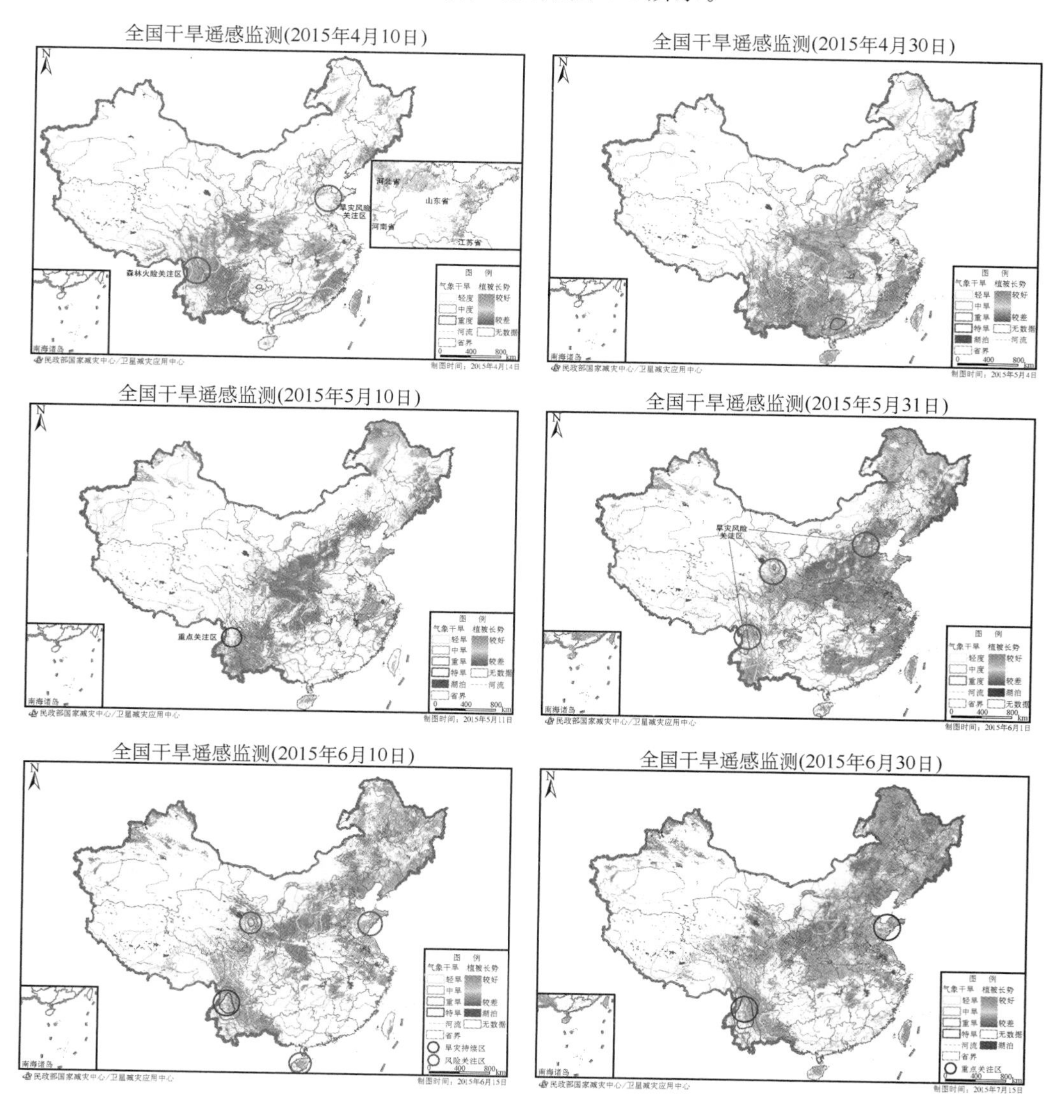

图 5-3　2015 年第二季度全国干旱风险预警(见彩图)

②基于高分系列卫星的区域旱灾遥感监测

在全国干旱风险预警基础上,对旱灾高风险区或重旱区,以高分一号 16 m CCD 数据、环境减灾卫星数据为主,结合 MODIS 系列遥感数据开展重大干旱事件的遥感监测。2015 年 5—7 月,云南西北部地区持续出现高温少雨天气,部分地区水源干枯,部分地区人畜饮水出现困难，农作物受灾严重。利用高分一号 16 m CCD 数据、环境减灾卫星多时相 CCD 影像反演的植被指数，结合现场工作组在部分乡镇的调查数据，对云南部分地区植被长势开展监测（图 5-4），并通过与 2009、2011 年同期旱情对比，分析研判灾情。

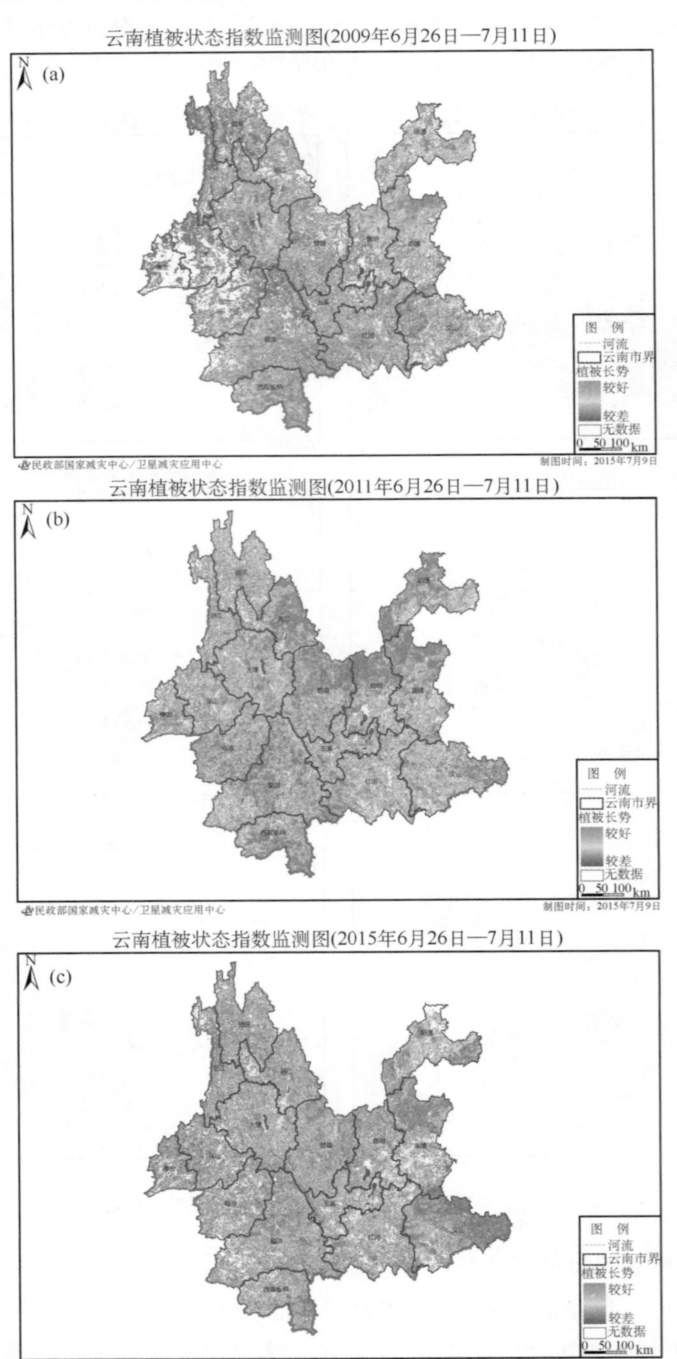

图 5-4　2015 年 7 月上旬及历史同期云南旱灾遥感监测（(a)：2015 年 7 月；(b)：2009 年；(c)：2011 年，见彩图）

此外，利用环境减灾卫星、GF 系列等中高分辨率卫星遥感数据，通过监测水体面积变化，对干旱影响做监测分析。图 5-5 为利用 GF-1 卫星对 2015 年山东东部干旱造成的水库水体面积较少情况进行的遥感监测。

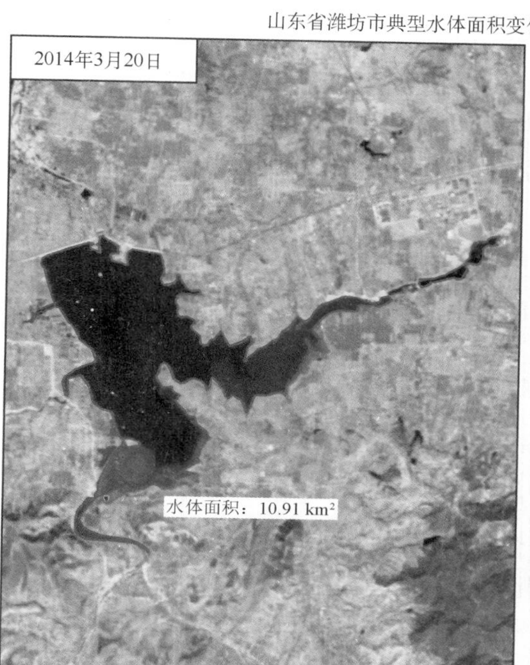

民政部国家减灾中心/卫星减灾应用中心 0 1 2 4 km 数据来源:GF-1卫星 制图时间:2015年03月20日

图 5-5 2015 年山东东部干旱引起水库干涸遥感监测(见彩图)

超光谱成像仪是中国第一个星载超光谱传感器。国家减灾委组织相关单位开展关键技术研究并在减灾领域广泛应用示范。2009 年 6 月下旬以来，辽宁省降水少、气温高、蒸发大、失墒快，造成辽西北出现明显旱情。8 月上旬以来，受持续高温少雨天气影响，辽宁省西北部地区的旱情迅速发展，部分地区出现严重旱灾。图 5-6 分别为利用环境减灾卫星超光谱数据对辽西朝阳市附近开展干旱遥感监测。在西藏拉萨附近也采用相同方法对干旱监测评估开展应用(图 5-7)。

5.2 应对旱灾风险的水利工程与措施

5.2.1 抗旱水利工程建设

新中国成立 60 多年来先后投资 10034.6 亿元，水利工程的规模和数量跃居世界前列并形成比较完整的体系，先后战胜较大的严重干旱 17 次。年实际供水量 5000 多亿 m³，基本满足了城乡经济社会和生态环境的用水需求。新中国成立之初，全国农田灌溉面积只有标准很低的1600万ha。60年来扩大到5847万ha，占世界1/5，居世界首位。60年来中国累计解决了2.72亿农村人口的饮水困难，到2004年年底基本结束了农村严重缺乏饮用水的历史。

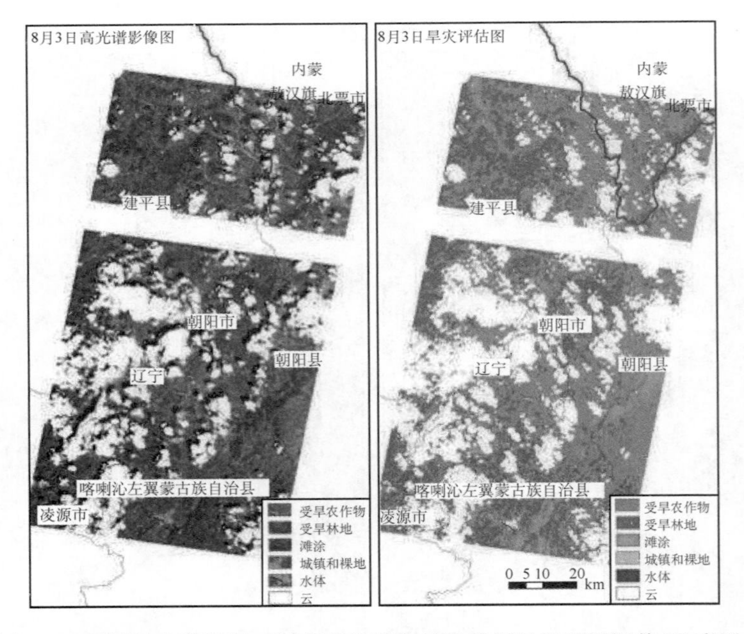

图 5-6　利用超光谱数据对辽宁西部部分地区进行旱灾监测评估(见彩图)

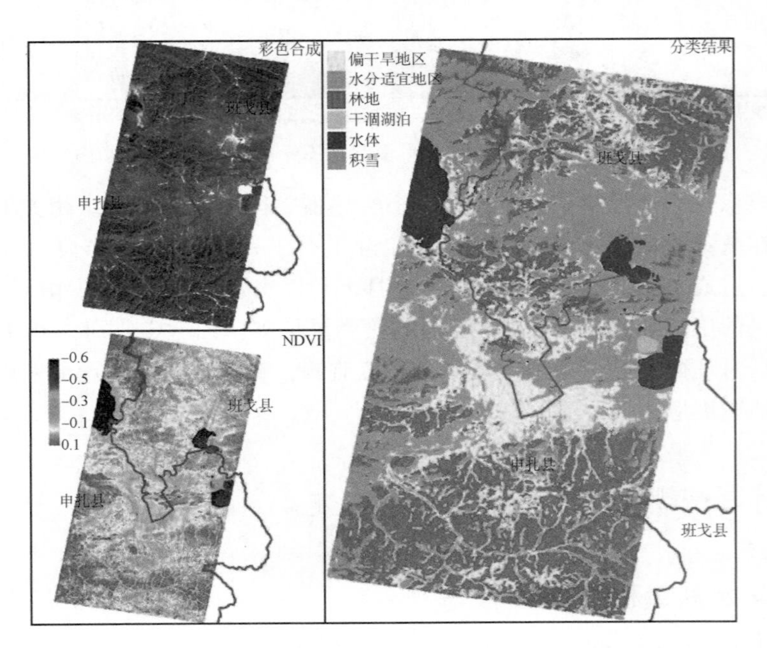

图 5-7　利用超光谱数据对西藏拉萨进行干旱灾害监测(见彩图)

1999—2002 年连续四年大旱，其中 2001 年特大干旱累计投入抗旱资金 146 亿元，浇地 0.775 亿公顷次，挽回粮食损失 6820 万 t，临时解决 3366 万人饮水困难，确保了灾区社会安定，保障了经济社会健康发展。2006 年川渝遭受百年不遇大旱，无一人因灾死亡，保障了生活用水。60 年来基本保证了城乡供水安全，中等干旱年份工农业生产和生态不会受到大的影响。1991 年以来平均每年抗旱浇地 3050 万 ha，挽回粮食损失 4059 万 t(人民日报，2009)。

抗旱水利工程包括水源工程、水资源调配工程、灌区工程和节水工程四大类。

(1)水源工程

新中国成立以前中国只有 23 座大中型水库，加上约 1000 座小型水库，总库容 200 亿 m^3。到 2008 年大、中、小型水库分别增加到 529、3181 和 82643 座，总库容 5386 亿 m^3，为 1949 年前的 27 倍(表 5-1)。其中三峡水库为世界规模最大水利工程之一。无数小塘坝在抗旱中也发挥了重要作用(水利部，2009)。北京密云水库是最重要的京城水源地(图 5-8)。

表 5-1 不同时期的已建成水库数量

时间	大型	中型	小型	合计
1949 年前	23		1000	1023
1957	25	77	2000	2102
1965	235	1277	46000	47512
1976	308	2127	83200	85635
2008	529	3181	82643	86353

图 5-8 北京密云水库

全国已建成各类水闸 43829 座，其中大型水闸 504 座。建成各类固定机电抽水泵站 51.8 万处，装机容量 4437 万 kW，发生干旱时能利用河湖蓄水灌溉农田。

全国累计建成各类机电井522.6万眼，其中配套机电井474.1万眼，装机容量4657万kW。形成雨季利用天然降水回灌地下水，旱季利用地下水弥补降水不足的格局。但目前各地雨季回灌地下水的设施尚不健全，急需加强技术改造。

在地表水源和地下水源都很缺乏的黄土高原坡梁地、华北土石山区、西南石灰岩山区等地，大力推广雨水集蓄利用小型水源工程。据不完全统计，到1999年年底全国共修建各类水窖、水池等微型雨水集蓄工程464万个，总蓄水量13.5亿m^3，发展灌溉面积151万ha以上。2000年以后各地又修建了数百万眼水窖，估计可新增集雨灌溉面积(400～666.7)万ha(吴普特等，2002)。

截至2008年年底，全国农田有效灌溉面积达到5847.2万ha，占全国耕地面积的48.0%，为1949年灌溉面积的3.65倍。

(2)水资源调配工程

为缓解不同地区之间水资源分布与供需失衡的问题，20世纪60年代以来先后修建了引江济淮、引滦济津、引黄济青等跨流域调水工程。为解决黄淮海流域的严重干旱缺水，从长江流域引水补给的南水北调工程正在分步实施。其中东线工程主要解决天津市、山东省与河北省东部的缺水，中线工程主要解决河南省、河北省中南部和北京市的缺水，西线工程主要解决黄河上中游及邻近地区的缺水。目前东线工程进入扫尾并已发挥显著效益。中线工程正在紧张施工，数年后可全线贯通。西线工程在论证中。该项宏伟工程全面完成后将极大地缓解北方水资源紧缺对经济发展的严重制约，提高抗旱减灾能力，改善北方生态环境。

(3)灌区工程

中国古代就已形成了成都平原、银川平原、内蒙古河套平原、陕西关中平原、山西潇河等许多传统灌区。新中国成立以来对老灌区进行了改造，提高了灌溉保证率，兴建了一大批新灌区，形成具有区域特色的灌溉系统(图5-9)。如南方丘陵地区按流域合理规划，“长藤结瓜”的灌溉系统；南方平原区和水网区的圩垸灌溉系统；北方平原井渠结合灌溉系统；黄土高原的淤地坝灌溉系统和坡梁地雨水集蓄补灌系统；黄河下游引黄撤沙引水灌溉系统；西北干旱地区的绿洲灌溉系统等。

截至2008年，全国设计667 ha以上灌区有6414处，有效灌溉面积2944万ha。其中设计灌溉3.33万ha以上中型灌区149处，有效灌溉1120.7万ha；2万～3.33万ha大型灌区298处，有效灌溉551.7万ha。

随着经济迅速发展，全社会用水总量不断增加并日益挤占农业用水，由过去的不断扩大灌溉面积，增加灌溉水量转变为“以内涵为主，适当外延”的方针，把重点放在现有灌溉工程修复改造上，努力提高现有灌区和现有设备的效益。

(4)节水工程

节水是中国的一项基本国策，也是一项抗旱工程措施。农业是用水大户，国家鼓励农民投资节水，主要节水灌溉方式有渠道衬砌、管道输水、喷灌、滴灌、膜下灌、微灌等。2008年当年完成投资90.8亿元，新增节水灌溉面积165.1万ha。目前，全国已确立国家和省级节水型社会建设试点100多个。2003—2006年全国万元GDP用水量从448 m^3下降到 272 m^3，灌溉水有效利用系数从 0.44 左右提高到 0.46。

图 5-9 橡胶坝

5.2.2 应急抗旱水源工程与供水

应急抗旱措施包括区域内应急水源工程、区域外应急调水工程、灌溉设施和供水设施的应急抢修、饮水困难地区的应急供水输水、应急分区限时限量供水，以及旱灾严重地区的灾民应急救济、医疗、心理救援和抗旱应急技术服务等(图 5-10)。

图 5-10 抗旱救灾送水车

(1)城市后备水源地的建设、保护和应急启用

为应对特大干旱，大中城市都对应急水源地进行了规划、建设和保护。地表水资源较丰富地区一般选择附近污染较轻的河湖，如千岛湖作为长三角城市群后备饮用水源；地表水资源缺乏地区一般寻找地下水资源相对丰富地区作为后备水源地。对应急水源地环境

要严加保护，一切危害水环境质量的工程项目均不能建设。北京市对所有水源地划出三级保护区，一级保护区严禁一切有可能污染水源的生产活动，二、三级保护区也对畜牧养殖业和化肥、农药使用量有严格的规定。

应急后备水源平时不得动用。发生干旱紧急事态或常规水源严重污染事件时，根据旱情或污染程度决定是否启动。事态缓解后应停止使用并尽量回补。

(2)应急人工增雨作业

据估算全球云水资源有 28 万亿 t，循环周期 8.7 天，全年循环 42 次的空中水量 1176 万亿 t，为地表水总量的 8.4 倍。但在中国西北地区只有 15%的水汽形成降水，西南地区也只有 20%。在一定条件下利用碘化银等催化剂可增加冷云降水量 10%～25%。中国已逐步建立以省级飞机人工增雨，地、县级高炮、火箭等地面增雨、防雹的作业体系，“十五”期间增雨、防雹作业面积 300 万 km^2，估算累计增加降水量 2100 亿 m^3。

人工增雨要把握有利作业时机，选择适宜的目标云体和催化部位，掌握适当的催化剂用量。但人工增雨效果检验至今仍是世界难题，国内外对其可行性与利弊尚有争议，国内也存在受旱期间相邻县市同时作业的无序云水争夺。但在旱情严重又存在有利天气，或水库库容较大又蓄水不多时，在确保水库安全度汛的前提下，在上游有计划地实施连续性人工增雨作业是可行的。

(3)农村应急抗旱水源工程

①简易应急抗旱井

简易应急抗旱井指成井快、投资少，能起到应急灌水作用的大口井(图 5-11)、手压井、小口真空井和小口无砂混凝土管井等。

图 5-11　大口井

大口井由人工开挖或沉井法施工，设置井筒以截取浅层地下水，工程规模小，投资少，效益高。适宜在地下水埋藏不超过 10 m，含水层厚度 5～15 m 地区临时挖掘。手压井原供农村饮水，现用于大田应急灌溉。每眼投资 70～80 元，成井仅需 2～3 小时，单井出水量 5 m^3/h,适于地下水位较浅和作物种植分散地段。小口真空井直径小于 80 mm,深 10～18 m,投资 200～350 元,成井仅一天,单井出水量 20 m^3/h,适于浅层水丰富、地下水位浅、含水层为中粗砂地区。小口无砂混凝土管井的井径 110～250 mm,浅者 8～12 m,深者 70～100 m,适于地下水位较深地区抗旱应急灌水,成井时间 1.5 天,单井投资 1000 元,出水量 22～25 m^3/h。

②抗旱应急机电井

旱情严重发展时新打的抗旱应急机电井应尽可能在维持地下水采补平衡的前提下开发利用,旱期过后停止使用。

(4)应急抗旱灌溉机具与方法

①应急抗旱节水型播种机

土壤干旱难以保证出苗时,在原有播种机上临时增挂灌水装置,一次完成开沟、灌水、播种、施肥、覆土等作业。

②抗旱保苗灌水机具

在拖拉机上加装水泵、贮水箱、水管和淋洒器对苗期根部或茎叶局部淋洒。

③人工洞灌

出苗后遇较长时间干旱,在根部附近用尖头木棒斜插 20～30 cm 深,灌水 1～2L,渗入后用干土封闭洞口。

5.2.3 农田抗旱水利工程

农田水利是以农业增产为目的的水利工程措施,包括灌溉与排涝,广义的农田水利工程还包括农田基本建设、农村饮用水源工程和节水灌溉设施。

(1)灌溉分区

中国各地按照对灌溉和排水的要求不同可分为三个灌溉区(中国灌溉排水发展中心,2008):

①常年灌溉地带

年平均降水量少于 400 mm,包括西北大部,需常年灌溉和一定水量压碱。

②不稳定灌溉地带

年降水量 400～1000 mm,包括黄淮海平原、东北和西南部分山区,旱季和干旱年需要灌溉。其中黄河以北和东北西部灌溉水量可达作物需水量的 50%多,黄河以南和东北东部常年旱作可不灌溉,但水稻需灌溉量约占需水量的 50%。

③水稻灌溉地带

年降水量 1000 mm 以上的长江流域及以南地区,灌溉量一般占到需水量的 30%～60%。旱作物常年无须灌溉,干旱年需补充灌溉。

(2)新中国初期的农田水利工程建设

新中国成立初期农田水利工程以兴建水库和灌渠为主,1952—1980 年国家水利资金投入近 800 亿元,其中地方及农村自筹近百亿元。建成大中小型水库 5.6 万座,塘坝 640 万处,总库容 4000 亿 m^3;建设 667 ha 以上灌区 5000 多处;机电排灌动力由解放初的 9 万多马力发展到7000多万马力。灌溉面积由1586.7万ha发展到4733万ha。20世纪70年代初期北方地区连年大旱,北方17省区1973—1980年共打井220万眼,使长期缺粮的黄淮海平原成为重要的商品粮基地。

(3)改革开放以来的农田水利工程建设

1978年以后加强了农田水利工程的科学管理,1981年7月国家农委批转了水利部《关于在全国加强农田水利工作责任制的报告》并取得显著效果:

①落实了管理责任制,固定了人员,明确了责任,不再吃“大锅饭”。

②管理人员的责权结合,调动了积极性,实现工程管养经费自给有余。

③加强了设备检修保养,减少能源消耗,降低了提水成本。

④按劳取酬,加快了工程进度,保证了工程质量。

有的地方还成立了灌溉服务公司或水利工作服务中心,把水利管理责任制和技术服务结合起来,使水利管理逐步专业化、企业化、社会化、科学化。

1991年江淮洪涝之后国家进一步加大了农田水利工程的支持力度。1998—2004年累计安排专项资金136亿元,对大型灌区续建配套与节水改造,新增、恢复和改善灌溉面积5800万亩,新增粮食生产能力58亿kg;灌溉水利用系数从0.42提高到0.48。到2004年年底,农村饮水“十五”工作目标提前一年完成,工作重点从解决饮水困难问题转向解决饮水安全问题。90年代以来北方水资源紧缺更加严峻,农田水利工程重点转到节水。到2008年年底,全国工程节水灌溉面积达到2443.6万ha,占全国有效灌溉面积的41.8%(水利部,2009)。

5.2.4 水资源的抗旱应急调度

(1)水资源的合理分配与调度

合理分配和调度水资源是关系抗旱成效的关键,做好农用水分配调度要注意以下几点:

①掌握本地区水文气象和供水工程情况,了解区域水资源变化规律,各业和城镇用水现状,水资源利用程度和存在问题。

②掌握本地区工农业和社会经济发展规划,农业结构和种植结构,城镇企业发展现状和趋势。

③做好区域水资源综合利用规划,提出不同经济部门不同水文年型的供需平衡分析,预测近期和远期需水量。

④提出本地区水工程建设措施和意见,包括现有工程加固、挖潜、配套、改造,设备更新和拟建工程,人畜饮水困难地区供水工程等。

⑤分析工业和城镇生活用水增长趋势,安排好农业、工业和城镇生活用水分配调度,提高区域水资源利用效率,协调各方用水矛盾。

⑥为实现合理调度,应逐步实现水务一体化管理,扭转多龙治水的局面。

⑦要进一步完善按流域和区域的水量调度方案,兼顾生活、生产、生态用水,兼顾上、中、下游用水,兼顾城镇和乡村用水。

(2)城市水资源的应急调度

在可利用水资源十分紧缺的情况下要遵循“先生活,后生产”的原则,确定供水优先顺序。对高耗水产业和企业要采取限制措施。发生干旱紧急事态时可采取必要的分区限时限量供水和对某些企业暂时停水并给予适当经济补偿。对于出现饮水困难的居民,一方面迅速抢修供水设施或启用备用水源,另一方面组织人工输水。

(3)应急外流域调水

本地区可利用水资源难以维持时,要果断决策实行跨流域调水。20 世纪 70 年代以来中国已多次实施跨流域抗旱应急调水。每年汛期后期,水文部门都要对主要水源地的可能来水量及可利用水量做出预测以推算所需调用水量。如 2002 年黄河上游干旱,小浪底水库蓄水严重不足,黄河水利委员会协调流域各省区,加大刘家峡水库出库流量,压缩上游灌区用水,调集了 20 多亿立方米在封冻前向天津输送。输水线路尽可能避开重污染河道,并临时关闭所有引排水口。应急调水费用本着“谁用水,谁花钱”的原则,主要由天津市承担,中央适当补助。

5.3 非常规水资源的开发利用

解决中国淡水资源短缺问题必须坚持“节水为先、治污为本、多渠道开源”的原则,除有计划蓄水调水外,还应加快非常规水源的开发利用。

5.3.1 污水资源化利用

工业和城市生活用水与农业耗水不同,绝大部分以废污水形式排放,蒸发与渗漏损失不大。目前中国年废污水排放 620 亿 m^3,具有很大开发潜力。

生活污水回用中洗浴、洗衣废水污染较轻,可用于冲厕或绿地灌溉,也可初步处理净化后回用。工业污水大多需经多级处理净化后再回用。

(1)污水处理方法

生活污水以有机污染为主,含有害物质较少,处理工艺相对简单,经过滤、沉淀和净化基本可用,流量也比较稳定,储存用于旱季。

工业污水含有害物质较多,处理工艺较复杂。其中冷却废水污染较轻,食品和餐饮业污水含大量有机质,化工、电镀等行业的废水含有毒物质和重金属较多。处理方法有物理法、化学及物理化学法、生物法三类,往往交叉使用多级处理。

(2)处理后污水的回用途径

初步处理后可灌溉城市绿地,清洁路面,冲刷厕所和作喷泉。洗车水和工业冷却用水均可回收利用。城市生活污水含有机质和氮、磷、钾较丰富,可节约肥料和劳动力。但含有毒物质和重金属的工业废水及含病菌的医院废污水不可用于蔬菜、水果灌溉和养鱼,用于其他作物灌溉也要经过严格检测。

北京市从 1989 起建设污水处理厂,城区污水处理率从 1990 年的 0.94%提高到 2008 年的 90%,污水再生利用率达到 50%。为鼓励使用再生水,北京市 2003 年规定居民用水价格 2.9 元/m^3，而再生水价格只有 1 元/m^3。

5.3.2 以中水作为湿地水源

中水是介于上水（自来水）与下水（污水）之间的水体，包括污水处理后达到四级标准及自然状态下未经人工处理的河流、湖泊、水库等水流和集水。中水虽不能饮用，但可用于湿地。目前北京多个公园以中水为景观用水。江苏盐城纸业有限公司利用造纸废水灌溉在沿海滩涂种植 2267 ha 芦苇，成为鸟类栖息的乐园，鸟类数量倍增，而且芦苇还是造纸的好原料。

5.3.3 微咸水利用

微咸水指矿化度 2.5 g/L 以下的地下水，主要集中在北方的浅层地下水。过去顾虑土壤次生盐碱化不敢利用。每眼深机井旁增打一眼微咸水浅井，将深井淡水与浅井微咸水按一定比例混合，通过地下防渗管道输至田间灌溉。混合后矿化度控制在 2 g/L 以内即可满足灌溉水质要求，部分矿物质还可被作物吸收利用。这一技术使微咸水转化为可利用水资源，减少了深层地下水开采量及输水损耗，降低了提水成本，节水、节能、节成本、增产、增效一举多得。

5.3.4 雨水集流利用

集水是指通过人为的处理措施，收集各种形式的径流用于农业生产、人畜饮水或其他用途，包括降雨径流、融雪径流和季节性溪流。雨水集流方式取决于地理环境和气候条件，如集流梯田、微型集水区、人工集流面等，以小型工程为主，适于干旱和半干旱地区。由于径流产生的间歇性，需要一定的储存设施。

适宜开展人工集雨的地区包括中国西北、华北半干旱山区、西南石灰岩地区和海岛。这些地区虽然干旱频繁且缺乏常规水资源，但大多地广人稀，人均雨水总量不少且集中在夏季的阵性降水，地形起伏有利于集雨。

早在 2700 年以前，黄土高原就有引洪漫地和集雨储存用于旱季和来年的记载。但传统的土窖制作粗糙，寿命不长，容易被杂物污染。20 世纪 90 年代以来，雨水集流系统研究推广取得很大进展，许多干旱半干旱地区有效解决了人畜饮水困难和部分农田的补灌，大多是利用庭院、屋顶、公路和田间道路为集水面，修建水窖，在满足人畜饮水和生活用水的基础上，结合节水灌溉和地膜覆盖技术发展果园、蔬菜和经济作物，大田作物一般用于坐水播种和需水关键期补灌。

为解决西部地区饮水难和饮水安全问题，中央和地方各级政府及社会各界都投入或募捐了大量资金建设各种水利工程。20 世纪 80 年代末甘肃开始实施的“121”工程，1996 年起陕西省实施的“甘露工程”，内蒙古同时实施的“112 集雨节水灌溉工程”，山西实施的“旱井集雨微灌工程”，都解决了数以百万计农村人口的饮水困难，并促进了庭院经济的发展，使干旱缺水贫困地区的面貌有了很大改变，很少再发生因灾逃荒乞讨的现象。

5.3.5 海水利用

中国拥有1.8万km的大陆海岸线和1.4万km的海岛海岸线，利用海水能极大地缓解沿海地区的水资源紧缺。

海水利用有直接利用和淡化利用两种方式。直接利用是将未淡化处理的海水直接用于工业冷却、冲厕、城市景观、海水制盐、化工原料和滩涂养殖等，或与淡水混合或交替用于城市清洁。海水淡化则需要通过物理和化学的方法脱盐，以替代十分紧缺的陆地淡水资源。

中国海水淡化始于1958年，目前日产淡水不足30万t，不到世界日产量的百分之一。但近年来沿海地区的海水淡化呈加速发展趋势，海水利用技术基本成熟，具备了产业化发展的条件。海水淡化成本逐步下降到接近5元/m^3，已低于南水北调每立方米水7元的工程折旧与运行成本。中国政府积极支持海水淡化产业，自2008年起企业海水淡化工程所得免征所得税。全国海水利用专项规划预计，2020年将增长至日产250万至300万m^3（南方日报，2008；阮国岭，2002）。

5.3.6 雨洪利用

雨洪利用在黄土高原主要是在沟壑和沟谷修建淤地坝，在华北山区为在沟谷修建谷坊闸沟垫地。平原地区在河道上筑橡胶坝拦蓄雨洪，水量大时可漫溢下泄；利用废旧河床修筑地下暗坝拦蓄雨洪回补地下水，雨季在机井附近加压回灌地下水等。一些缺水城市还利用下垫面透水性差，径流形成快的特点，除利用城市水体充分拦蓄雨洪外，还在楼房下修筑贮水池，在楼顶接纳雨水用于绿地灌溉、街道冲洗或冲厕。如北京市2006—2008年发展农村雨洪利用工程500处，蓄水能力2020万m^3；2009年计划再增加150处，蓄水能力1000万m^3。城市雨洪利用到2006年已推广超过70 km^2。

5.4 应对旱灾风险的农业措施

5.4.1 农业抗旱对策与技术概论

农业是受旱灾危害最为严重的产业，应对旱灾风险的农业对策主要包括农业抗旱组织体系建设、应急水源建设、应急设施建设、物资储备、抗旱服务组织建设、农业旱情监测网络建设以及相关保障措施等。

中国农业抗旱技术从古到今不断发展，从宏观布局到微观管理，从战略性措施到战术性技术无所不包，主要包括以下内容：

（1）结构调整技术：包括农业的产业结构、种植结构、作物布局和品种结构的调整等，在牧区还有一个适应干旱的畜群结构调整问题。

（2）农田基本建设抗旱技术：包括土地平整、等高耕种、农田防护林营建、生物篱技术、培肥地力的沃土工程等。

（3）抗旱育种技术：包括利用常规方法和现代生物技术培育和繁殖抗旱节水优良品

种，以及耐旱良种的筛选、鉴定、推广等。

（4）耕作保墒技术：包括雨季前深耕蓄墒、雨季后耙耱收墒、旱季中耕保墒和镇压提墒、保护性耕作等。

（5）抗旱播种技术：按照旱情轻重分别采取抢墒播种、提墒播种、找墒播种、补墒播种、造墒播种、等雨播种等方式。

（6）节水栽培技术：包括水肥耦合技术、抗旱锻炼技术、覆盖技术、群体调控技术、微生物抗旱技术、化学调控技术等。

5.4.2 节水灌溉技术

节水灌溉可以提高水的利用率，但进一步提高水分利用效率还需要与抗旱栽培技术相结合（图 5-12）。

图 5-12 麦田喷灌

中国目前采用的农业节水技术主要有三大类。第一类是传统型节水技术，包括：畦灌、沟灌和平整土地，成本较低且每个农户可以独立操作。第二类是农户型节水技术，包括地面管道、地膜覆盖、留茬免耕、间歇灌溉和抗旱品种，大多是现代研发的新技术，可以由单个农户采用且成本也较低。第三类是社区型节水技术，包括地下管道、喷灌、滴灌和渠道防渗，往往是被社区或农户群体而不是单个农户所采用，所需设备大多固定且成本较高，与前两种技术相比形成和应用更晚（刘宇等，2009）。

节水灌溉的实质是降低输水与灌溉过程中水资源的无效损耗，主要包括喷灌、微灌、渠道防渗、低压管道输水、膜上灌、水稻浅湿灌溉、改进沟畦灌、波涌灌、关键时期灌水、集雨灌溉等技术（山仑等，2004）。

（1）喷灌技术

喷灌又称人工降雨，通过管道将压力水输送到田间，由喷头将水流压力势能转化为动能喷射到空中，水舌在空气阻力下碎裂为小水滴，降落到作物表面或地面。优点是避免了输水过程渗漏和蒸发损失，可控性强，少占耕地，节省人力，对地形的适应性强；缺点是受风影响大，设备投资高。喷灌使水分利用率达到 80%。由于取消了田埂、畦埂及农毛渠，可节地 10%～20%，增产 20%～30%。还可将化肥和部分农药溶于水中直接施用，省工省力。喷灌在中国北方特别在井灌区发展较快，到 2000 年已达到 126.67 万 ha。但喷灌在西北干旱多风地区蒸发损耗率较高，在华北平原喷灌水量不足时，水分集中在土壤表层不利于根系下扎。

(2)微灌技术

微灌是指利用低压管系统和灌水器，将水分直接送到作物附近土壤或喷洒在枝叶上，比喷灌更加省水省肥。中国 1974 年首次引进，“九五”期间共发展 14 万 ha。微灌方式从滴灌发展为包括滴灌、微喷灌、涌流灌和渗灌等多种方式，主要用于温室大棚、果园和经济作物。

滴灌：通过布设地面或埋在地表下的微小管道系统和装设在毛管端部的滴头、滴灌带等灌水器，缓慢将水滴入根部附近土壤，是目前发展面积最大的微喷方式，尤其以膜下滴灌的水分利用效率最高，增产效果显著(图 5-13)。2006 年全国累计推广超过 66.7 万 ha，2008 年仅新疆生产建设兵团就已推广到 20 多万 ha。

图 5-13 新疆地膜滴灌棉花

微喷灌：在低压管道上装设微型喷头，只将水喷洒在一棵果树或小范围作物的枝叶或地面上，既增加土壤水分，又可调节田间小气候。

涌流灌：通过安装在微水管道上的涌流器形成小股水流，以涌泉方式进入土壤，在北方果树生产上已普遍推广。

渗灌：将特别的渗水毛管埋入地表以下 30～40 cm，压力水通过管壁毛细孔以渗流形式湿润周围土壤，流量 2～3 L/h。是用水量最省的微灌技术，但成本很高且易堵塞，在北方还存在冬季冻结易损坏的问题。

(3)渠道防渗技术

渠道防渗，是指减少输水损失，控制地下水位，提高渠道水利用系数的工程措施。防渗衬砌材料有灰土、砌石、水泥土、沥青混凝土、混凝土、复合土工膜料等，采用黏土夯实能减少渗漏损失45%，混凝土衬砌减少70%～75%，塑料薄膜衬砌能减少80%；大型灌区渠道防渗可使渠系水利用系数提高0.2～0.4，减少渗漏损失50%～90%。虽然未衬砌渠道渗漏水分大部进入土壤或回归地下水仍可利用，但增加了提水耗能，而且还是西北干旱地区次生盐碱化的重要成因。

(4)低压管道输水技术

以低压管道代替明渠输送灌溉水，近年来在北方井灌区推广很快，可用于大田作物及果树、蔬菜。由于田间只需筑小埂，占地可节省2%，便于机耕和田间管理；灌溉水比渠灌分布均匀，成本较低，软管可移动使用。灌溉水利用率提高30%，加上灌水定额降低，共比土渠节水45%。到2008年年底，低压管道输水技术占到所有节水灌溉面积的1/4，主要分布在华北平原。

(5)膜上灌技术

畦、沟全部被平铺地膜覆盖，利用地膜输水，通过作物放苗孔和专设灌水孔渗入，实际是一种局部灌溉(图5-14)。地膜栽培和膜上灌结合具有节水、保肥、提高地温、抑制杂草生长和促进高产、优质、早熟及灌水质量高等特点。与常规沟灌相比，棉花节水40.8%，增产皮棉5.12%，霜前花增加15%；玉米节水58%，增产51.8%；瓜菜节水25%以上。目前以新疆推广面积最大，为23.33万ha。

图5-14　机械铺设地膜和滴灌带

(6)改进沟畦灌溉技术

目前多数农民仍为地面沟渠灌溉，投资少，运行费用低，使用管理简便，但管理粗放，沟渠规格不一，浪费水严重。采用小渠灌溉、长渠短灌、细流沟灌和较小的畦、沟可大大提高灌溉均匀度和灌水效率。传统灌溉人工从配水渠开口放水，采用虹吸管或闸门孔管放水可提高田间水利用率5%～10%，采用尾水收集系统能进一步降低田间损耗。目前细流沟灌已在新疆大面积推广。

(7)波涌灌溉

又称间歇灌，放几分钟或几十分钟水，然后停放几分钟或几十分钟，如此反复，可使沿沟畦方向水量分布更加均匀。田间水利用系数可达80%～90%。

(8)关键期灌水技术

指根据不同作物的需水规律，在作物对缺水最敏感、产量最容易受到影响的时期适当灌溉，大多数作物为生殖器官形成与发育期。能否适时播种往往关系到有无收成，干旱严重时也需要灌溉底墒水或坐水播种。

(9)集雨补灌技术

指修建集雨面，将雨水汇集到小水窖或小水池，再利用滴灌、膜下滴灌等高效节水灌溉方式。目前已在西北半干旱地区和西南地区大面积推广。

5.4.3　抗旱农田基本建设

农田基本建设包括农田水利设施、农田水土保持、农田防护林网等。

农田水利设施关系到干旱年的灌溉水源保障。国务院要求县级以上人民政府加强农田水利基础设施和农村饮水工程建设，做好抗旱应急工程及配套设施建设和节水改造，提高抗旱供水能力和水资源利用效率(中共中央，国务院，2005)。

中国雨养农田占50%以上，其中60%是坡耕地，水土流失严重，对于干旱十分脆弱。1949—2008年，中国累计治理101.6万km^2，占全部水土流失面积的28.5%。建设基本农田1300万ha，营造水土保持林4633万ha，建成淤地坝、塘坝、蓄水池、谷坊等小型水利水保工程680多万座。全国植被覆盖率提高了11.46个百分点，全国年均减少土壤侵蚀15亿t。水土流失地区建设基本农田的主要方式，在坡耕地上是修筑梯田，在沟谷是修建淤坝地。

60多年来，中国在东北、华北和西北沿沙漠外围兴建了延伸数千公里的三北防护林带，在华北平原大面积营建农田防护林网，有效地减轻了干旱和干热风的危害。在华北平原进行了大规模的土地平整，有效地提高了灌溉效益和抗旱能力。

农田基本建设是农艺抗旱的基本措施，目的在于充分利用土壤水库蓄墒作用和对于干旱的缓冲作用。平原地区以改土治水为中心，山区则以水土保持为中心。

5.4.3.1　黄淮海平原以改土治水为中心的中低产田综合治理

黄淮海平原是中国历史上旱灾最严重的地区，面积约35万km^2，耕地约2000万ha，位于中国东部季风区。多年平均降水量500～900 mm，但季节分布极不均匀，年际变化也很大，经常是春旱、夏涝的旱涝交错。地势低平但有一定伏度，浅层地下水矿化度一般在1～3 g/L，滨海地区高达10～20 g/L。深层地下水矿化度很低，多呈微碱性。遇旱易使表土积盐，大水漫灌、平原蓄水及有灌无排都会加重内涝并导致土壤次生盐碱化。在总结20世纪60年代初期治水改土经验教训的基础上，经过20多年的科学研究和生产实践，逐步形成了治理旱涝灾害和改良低产土壤的技术体系，认为旱、涝、碱三大灾害必须全面考虑，统筹兼顾，统一规划，综合治理，关键在于控制地面径流与地下水位，调节土壤水盐状况，创造良好的生态环境。需要水利与农、林、牧业措施密切结合，既改良又利用，既治标又治本。同时要适当调整作物布局，改进耕作栽培技术，因水种植、因土种植，合理利用水、土、气候及生物资源。

主要措施：①统一规划，分区治理。以市、县为单位制定综合治理规划，确定治理分区和分期，分别确定治理目标与具体措施。②加强水管理，治水与用水并重，灌溉与排水并重，有条件的地区适当蓄水。开源节流，推广节水型农业。引黄灌区推广井渠结合灌溉。③改土培肥，防止土壤盐碱化。

经过20多年的综合治理，昔日低产贫困多灾缺粮的黄淮海平原得到了有效治理，从1983年起每年能提供100亿kg以上的商品粮。

5.4.3.2 黄土高原以水土保持为中心的农田基本建设

黄土高原面积约64.2万km^2，其中水土流失面积45.4万km^2。海拔1500～2000 m。除少数石质山地外，黄土厚度在50～80 m之间，最厚达150～180 m。盆地和河谷农垦历史悠久，是中国古代文化的摇篮。冬春干旱，降水集中在夏季。由于长期开垦破坏植被，土壤侵蚀严重，地面分割破碎，形成沟壑交错其间的塬、墚、峁。黄土高原是世界水土流失最严重的地区之一，平均侵蚀模数3720 t/(km^2·a)，河流泥沙含量高达37.6 kg/m^3，是长江的14倍、密西西比河的38倍和尼罗河的49倍。最大侵蚀模数超过2万t/(km^2·a)。水土流失是黄土高原和黄河中下游地区水旱灾害日益严重和贫困的根本原因。

黄土高原综合治理的方针是以水土保持为中心，改土与治水相结合，治坡与治沟相结合，工程措施与生物措施相结合，实行农林牧综合发展。60多年来，中国政府投入了大量的人力和资金。20世纪50年代建立了中国最早的水土保持试验站，80年代起建立了11个小流域综合治理试验示范区，探索出一条以小流域为单元综合治理水土流失的成功之路(图5-15，图5-16)。主要治理措施包括：

图5-15 旱地梯田

图 5-16 水稻梯田

(1)农业措施:植树造林种草,将坡耕地改为水平梯田,节水增产技术。

(2)水利工程措施:修建水库、打坝淤地。

(3)生物技术措施:增加植被覆盖,压缩农业用地。

(4)小流域综合治理:以小流域为单元,统筹规划,综合运用工程技术、农业技术和生物技术,改进经营管理。

(5)淤地坝工程。黄土高原沟道产沙占总产沙量60%以上。大型淤地坝每淤1 ha坝地平均可拦泥沙12万t,中小型分别可拦泥沙9万t和4.5万t。到2020年,黄土高原淤地坝系基本建成后平均每年可减少入黄泥沙4亿t。

5.4.4 适应干旱的农业结构调整

在可利用水资源有限的情况下,一方面要努力提高水分利用率与水分利用效率,另一方面也要调整农村经济结构和农业结构,使农业系统适应干旱缺水的环境。农村经济结构指农村一、二、三各次产业的比例和劳动力分配。农业系统结构调整分为产业结构调整、种植结构调整、作物布局调整、品种结构调整等不同层次。对于畜牧业还有草畜结构调整、畜群结构调整和饲草结构调整等。

(1)农业的产业结构调整

农业系统的产业包括种植业、养殖业、林业、渔业和加工业等,种植业又可分为大田作物和园艺业两大类。产业结构调整的主要约束条件是不同产业的发展规模和比例不能超出区域水资源承载能力和水环境容量,目标函数是追求大农业的经济效益最大化和适应市场需求。这就需要压缩高耗水、高污染和低产出的产业,发展适应市场需求、水分利用效率和经济效益高的产业。

(2)适应干旱的种植结构调整

种植结构调整的原则应遵循整体最大效益、比较优势、市场导向、科技先行、可持续发展与农民自主自愿等原则。坚持大稳定、小调整，围绕种植结构调整开展产前、产中、产后配套服务，确保增产、增值、增效、增收。

西部生态脆弱地区的农村经济结构调整应遵循生态优先和因地制宜原则，积极采用先进适用技术，解决生态改良、环境整治、资源利用、提高生产效率和降低成本等一系列技术问题，增强农产品及加工品的市场竞争力。通过建立良性循环的生态系统和节约高效的生产系统，力争生态与经济的双赢，以农民收入快速增长促进西部生态环境建设与大开发，加速西部农村全面实现小康的进程。

(3)适应干旱的作物布局调整

作物布局是指农作物在一定地区内及不同地区间的地域分布，包括一个生产单位种植作物的种类、面积与田块配置。各种作物都有其生态适应性和技术加工特性，对自然生态条件和技术经济条件有不同要求。作物布局必须综合考虑热量、水分、光照、土质、地貌等自然因素和人口与劳动力、交通运输、技术加工、市场需要等社会经济因素以及技术进步因素对作物布局的影响，讲求经济实效，争取增产增收。注意合理轮作，坚持用地与养地相结合，趋利避害。合理的作物布局可充分发挥各地区自然资源和经济条件的优势，提高农作物的产量和质量，取得较好的经济效益、生态效益和社会效益。作物布局调整的原则是：

①以社会需求为目标：综合考虑农民的自给性需求、市场需求和国家或地方政府的要求。

②以生态适应性为基础：作物的生态适应性具有季节性和地区性，并具有一定的限度和最适范围。

③注重经济效益的可行性：将生态适应性和经济可行性结合起来，遵循比较效益和最低风险原则，选择最优作物搭配。

(4)适应干旱的品种结构调整

应注意掌握以下原则：

①适区种植，按生态条件选择品种，保证安全成熟率达到90%以上。做到“三不”，育种单位不推越区品种，种子企业不卖越区品种，农民不种越区品种。

②严禁未审先推。品种审定是新品种推广的先决条件，盲目推广未经审定的品种风险很大，未经审定的品种决不允许宣传、销售和推广。

③控制品种数量，优化品种结构。粮食主产区每个县(市)的主要作物应分别确定4～5个主推品种和3～4个搭配品种。避免品种的多、乱、杂。

④选择优质品种，逐步实现品种专用化。

5.4.5 选育节水抗旱作物品种

不同作物与品种的水分利用效率差异较大，如玉米等C4植物要比小麦等C3植物的水分利用效率高，而小麦中的强冬性品种又要比春性品种耐旱和耐冻。应根据区域生态条件调整优化品种结构以提高水分利用效率。旱作区要特别注重选用抗旱节水作物和品种，北方山岭薄地退耕还林也要选择耐旱节水的板栗、柿子、核桃、枣、花椒等林果，近年来种植耐旱中草药也取得了很好效果。粮油作物中比较耐旱省水的有甘薯、花生、谷子、高粱等。山东省根据不同地区的水分状况与品种特性，分别确定了主要作物的重点推广品种，形成以冬小麦—夏播作物为主，适应本地区水分和温度条件的复种模式。内蒙古阴山北麓半干旱地区大幅度减少了耗水较多的春小麦，扩大了耐旱的马铃薯、莜麦等作物与牧草的种植面积。

无法保持水层，但仍具一定灌溉条件的地区可种植旱稻。选择相对耐旱的水稻品种可以实行"薄、浅、湿、晒"节水栽培技术。

利用现代生物技术可以加快培育节水抗旱高产品种的进程。

利用生育期长短不同的品种并调整播期能起到躲避旱灾的作用。如北京市农科院在20世纪70年代调查了主要夏播作物与品种全生育期所需积温，排出一张"旱到什么时候可以种什么品种"的时间表，可以避免在下透雨旱情解除后盲目改种补种而不能在霜前成熟。

5.4.6 抗旱播种技术

中国农民在长期的抗旱斗争中总结出一系列抗旱播种技术。根据土壤水分的不同亏缺程度，分别采取抢墒播种、提墒播种、找墒播种、借墒播种、造墒播种、等雨播种、育苗移栽等方法争取全苗（中国农业科学院农业气象研究室，1980）。

（1）抢墒播种

中国北方在早春化冻时的土壤墒情一般较好，抓住有利时机及时播种可以获得全苗。春小麦、油菜等耐寒作物需要顶凌播种，返浆化冻后土壤过于松软无法播种，但过早播种土温太低，以日平均气温回升到接近0℃迅速完成播种为好。谷子、玉米等喜温作物可采取垄作或抗冻剂拌种适当早播。如东北过去习惯在日平均气温稳定通过10℃后开始播种，由于迅速升温土壤失墒很快不易全苗。现在普遍提早到稳定通过7℃开始播种。

（2）提墒播种

表层干土厚达5～6 cm时，如底墒尚好可采用石滚子镇压并浸种催芽，可提早播种获得全苗。承德农科所试验播前镇压可提高表层土壤含水率3%，谷子出苗率提高21.9%。表墒不足底墒尚好时，沟播或穴播在点籽后踩实播种沟或穴可提高出苗率，但盐碱地、黏土地和地湿时不宜镇压。

（3）找墒播种

表层干土加厚到7～10 cm时，可采取深开沟，浅覆土。种深度看作物、墒情而定。沙土、阳坡、岗地、梁地春季温度上升快，要适当深播，黏土、背阴地、沟凹地土温低，要适当浅播。硬粒型玉米品种顶土能力强，可适当深播；马齿型玉米品种则适当浅播。把播种行表层干土豁开分到两边，在沟内适当深播到湿土上，压实沟底后浅覆土。干旱严重年可比常规播种出苗率提高55%～75%。

（4）借墒播种

表层干土厚达10～13 cm时，玉米、高粱、棉花等穴播作物可按株距挖坑直到湿土，播后取部分坑内湿土覆盖在种子上以确保出苗。施入含水较多的有机肥也能提高出苗率，但马粪等热性肥不宜直接撒在种子周围。

(5)造墒播种

干旱十分严重,单靠土壤水分已不能保证出苗时要人工补水造墒。水量不足时尽量浇到种子周围的播种沟或穴,而不必湿润整个土层。人工用水桶和碗瓢穴浇效率太低,现已研制出注水播种机(图 5-17)或带水播种机并大面积推广。前者用于玉米等穴播作物,每公顷只需 15 m^3,只有地面灌溉的 0.8%。后者对于在一般旱年的春小麦,每公顷施水 6 m^3 于播种沟内即可保证 80%以上的出苗率。

图 5-17　玉米注水播种机

(6)育苗移栽法

旱情严重,土壤水分低于 10%以下时,劳动力充足地区可采取育苗移栽。在墒情好的地块增大播量建立育苗圃。密度要考虑幼苗在苗圃中的生长期和天气,过大不利于培育壮苗。持续干旱时要及时分苗以防相互影响。育苗可用营养钵或纸袋,移栽时在定植穴内浇足水或选择雨后移栽,操作时要防止碰伤根系,有条件的带土坨移植。选择阴天或下午可提高成活率,出现缺苗断垄时要及时移苗补栽。在长江流域棉花和油菜生产已普遍推广,北方主要用于蔬菜生产。

5.4.7　覆盖与耕作抗旱技术

5.4.7.1　覆盖抗旱技术与效果

减少承灾体的暴露性是降低旱害风险的重要途径,地面覆盖的作用就是避免将土壤或作物幼苗直接暴露于空气中以减少土壤水分蒸发和植物蒸腾,同时还可减轻低温和风雹、沙尘等灾害。遮阳则可防御高温或强光灼伤。

覆盖的类型按照高度分为地面覆盖与空间覆盖;按照时空覆盖程度分为完全覆盖与不完全覆盖、全程覆盖和阶段性覆盖。覆盖材料有塑料薄膜、网、土石、秸秆等(信乃诠,

2002)。

(1)地膜覆盖

日本1955年最早用于草莓生产,20世纪70年代大面积应用于旱作和温室内地面覆盖。欧美60年代开始应用,中国70年代初引进,80年代大面积示范,2007年全国地膜用量达105.6万t,覆盖面积1493.8万ha(国家统计局,2009)。机械铺设地膜与整地、播种一次完成,比人工铺设工效提高37.5~60倍且质量好,已大面积推广。北方春季地膜覆盖能有效地保蓄化冻返浆水分,土壤含水率增加30%以上,可确保全苗,增产20%~80%。黄土高原冬小麦实行沟种垄盖,在抑制土壤蒸发的同时,垄上覆盖薄膜还可集雨。为应对地膜残留的"白色污染",中国政府鼓励农民收集回购并正在研制性能价格比高的可降解薄膜以替代普通薄膜。

(2)遮阳网

中国南方夏季高温干旱与烈日是蔬菜生产的主要障碍。1983年起试验示范遮阳网,目前已大面积推广。遮阳网以聚烯烃为主要原料拉丝纺织成,每平方米重45 g,使用寿命3~5年。黑色网平均可降低4℃,银灰色网降低3.3℃。中午提高相对湿度13%~17%,同时也提高了土壤湿度,可大大减轻伏旱威胁。

(3)秸秆覆盖

秸秆还田是20世纪30年代美国兴起的保护性耕作技术。在中国,秸秆一向是农村传统的生活燃料。目前多数农民改烧煤,秸秆被大量废弃或焚烧。90年代以来推广秸秆覆盖技术,目前面积已达3733万ha,取得了显著保墒增产效果。

覆盖方式,北方平原大多将玉米或小麦秸秆机械粉碎还田,可增加土壤有机质,但在两茬复种地区,玉米秸秆全部还田常影响秋耕与播种质量,加重小麦越冬冻害或干旱。小麦秸秆全部还田也使玉米出苗延迟,虫害加重。有的农村采取高留茬,将可饲用养分较多的玉米秸秆上部收获青贮,将下部粉碎或就地压倒覆盖地面。如陕西省合阳县覆盖后自然降水保蓄率从25%提高到50%,并减轻了水土流失和风蚀,土壤含水率提高3个百分点,冬小麦和春玉米单产增加70%以上。

(4)盖土防冻防旱

中国北方的冬季干燥寒冷,旱冻交加是小麦越冬死苗的主要原因之一。在劳动力比较多的农村,破埂盖土是廉价和有效的防冻抗旱措施,一般在停止生长前后盖土1~2 cm,就能保证小麦分蘖节安全越冬。

(5)砂田西瓜

黄土高原西北部年降水200多毫米,如无灌溉任何作物都不能生长。当地农民发明用片石覆盖的砂田法,由于温度日较差大,种植西瓜品质好畅销各地。如铺设厚10 cm砂石再覆盖地膜,可最大限度地减少土壤水分蒸发并可提高地温和集雨,30~50 cm土壤湿度比压砂种植提高2.0~3.5个百分点,增产20%~30%。

存在问题是耕翻后砾石进入下层严重影响土壤性质。如因防病不得不耕翻时应尽可能不打乱土层。已使用几十年以上,耕层土壤明显恶化的可改种主要吸收深层土壤水分的枣树。

5.4.7.2 中国传统的精耕细作保墒技术

耕作保墒的目的是通过一系列机械和物理的作用，为作物创造一个水、肥、气、热协调的土壤环境，能够有效地抵御干旱胁迫，实现稳产高产(中国农业科学院农业气象研究室，1980)。

中国目前实行和推广的，既有中国几千年积累的精耕细作保墒技术，也有从发达国家引进的现代保护性耕作技术，二者有机结合，将形成具有中国特色和适合国情的耕作保墒抗旱技术体系。

中国北方传统的耕作保墒技术是在对土壤水分周年运动和作物生长发育需水规律观察和研究的基础上建立起来的，由深耕蓄墒、耙耱收墒、镇压提墒和中耕保墒四项技术组成一个有机的整体。根据各地气候特点、土壤性质和种植制度还形成了具有区域特色的耕作保墒技术。

(1)深耕蓄墒

深耕一般在农闲季节进行，北方夏季休闲的小麦产区形成了伏耕蓄墒为中心的土壤耕作制，冬季休闲为主地区形成了以秋耕为中心的土壤耕作制。作物收获后浅耕灭茬，深耕 20～30 cm。夏季休闲地区深翻后经暴晒风化，可接纳大量雨水，为秋播小麦创造良好底墒。陕西关中旱塬农民有"麦收隔年墒"之说。深耕可使土壤容重减低 0.1～0.2 g/cm^3，孔隙率增加 3%～5%，土壤持水量增加 2%～7%。冬季休闲地区在秋收后深耕，可使土壤疏松，增加耕层厚度，有利蓄水透气。早耕翻可以多蓄秋雨，但秋收延迟天气干燥不宜深耕，可到来年早春根据墒情决定是否春耕，水分充足的可以在春播前适当深耕，墒情差的不可深耕。山区土层薄的不可深翻以免打乱土层。深耕会加快有机质分解，因此不宜年年深翻。如能配合增施有机肥，保墒增产效果更好。

(2)耙耱收墒

耙耱一般在耕后进行。耙地的作用是使土块破碎，地面平整，使耕层上虚下实，以利保墒和幼苗生长。耕翻方向有顺耙、横耙和斜耙，横耙的碎土作用大于顺耙(图 5-18)。耕后第一次宜顺耙，播前宜横耙与斜耙。耱地是用耐磨坚韧树枝编成耢(又称树枝盖)，可上加重物。耙耱往往同时进行，应掌握适宜时机。深耕土地在雨季过后应及时耙耱以减少土壤水分蒸发损失。早春冻土融化时应"顶凌耙耱"，可有效地保蓄返浆水分以利春播；过早土壤仍封冻耙不动，过迟土壤返浆过于松软也不能耙耱，以表土刚化冻效果最好。黏土地耕性差适耕期很短，要利用雨后稍干时耙耱，过早泥泞，过晚板结，都不能耕耙。不同土壤的耙耱方法也有所区别，一般土壤耙实耙细达到地面平整；黏土地要随耕随耙，早耙重耙多耙，避免形成坷垃；盐碱地为防止返盐要晚耙晒垡，轻耙养坷垃。

(3)镇压提墒

土壤水分较少，空气干燥多风时，水分散失主要方式由毛管水上升蒸发变为薄膜水或气态水散失，这时采取镇压可以保墒。春播如表土干旱不能发芽出苗，但下层水分尚较充足时，通过镇压可形成毛细管，使下层土壤水分升到表层，以利种子发芽出苗。北方旱地春播经常遇到干旱，播前镇压是抗旱保苗的主要手段。拖拉机牵引的有 V 型或网型镇压器，畜力或人力工具是石滚，俗称碌碡。

图 5-18 拖拉机耙地

(4)中耕保墒

中耕主要用于苗期疏松表土,切断毛细管,破除板结,可减少土壤水分蒸发,提高地温,促进养分分解和微生物活动;除草,减少水分养分无效消耗,促进根系下扎。中耕有利于保持深层土壤水分,雨后地表稍干时中耕使表土散墒,可改善表土通透性,所以农民说“锄头底下有水有火”。中耕深度苗期宜浅,拔节期深中耕能起到蹲苗作用,抑制无效分蘖,促进根系发育和基部节间粗壮。

5.4.7.3 现代保护性耕作技术

现代保护性耕作技术是美国旱地农业适应水土保持需要形成的,由秸秆残茬覆盖、免耕与深松耕、化学除草等项技术集成(图 5-19、图 5-20)。秸秆残茬覆盖可增加土壤有机质,抑制土壤水分蒸发;免耕与深松耕结合可以消除犁底层,有利根系发育。化学除草可

图 5-19 深松犁已在黑龙江大面积推广

解决不耕翻的草害与害虫越冬问题。保护性耕作在美国推广多年，增产与保持水土综合效益显著，已在世界其他地区的旱地农业广泛应用。

保护性耕作技术引进中国后还存在不少问题。国外机具以大型重型为主，不适合小地块，价格昂贵，特别是深松机。国外一般不复种，秸秆还田后有充分时间风化腐熟，中国大部地区实行复种，上茬秸秆还田后对下茬出苗与苗期生长不利，病虫害也较重。需要针对中国各地情况研制适合的保护性耕作机具并与传统耕作保墒技术的合理成分相结合，形成具有中国特色的保护性耕作技术体系。

图 5-20　留茬地的聚雪保墒效应

5.4.7.4　垄作与覆膜相结合

垄作是中国北方常用的抗旱种植形式，有大垄和小垄两种。垄作的耕作程序少，人为造成土壤的微地形差异，降低播种部位便于有效利用耕层贮水，垄上的干燥表土又可抑制土壤水分的蒸发；垄作创造出虚实相间的耕层构造，可解决耕层土壤蓄水与供水之间的矛盾；提高出苗率，培育壮苗(图 5-21)。

图 5-21　2010 年冬春大旱中广西地膜玉米长势良好

5.4.8 水肥耦合与化学抗旱技术

水分和肥料都是作物不可缺少和替代的生态因子，二者协调是发挥耦合效应，提高水分、养分利用效率和抗旱增产的关键之一。水肥耦合包括数量、时间、空间和结构上的耦合等具体内容。

5.4.8.1 水肥的结构与数量耦合

增施有机肥增加了土壤有机质含量，能促进土壤团粒结构的形成，使土壤容重变小，孔隙度变大，有利雨水和地表水渗入并以毛管水形式贮存，使蒸发量减小。土壤培肥促进了根系发育，增强吸收深层土壤水分的能力，能实现以肥调水，提高作物的水分利用效率的抗旱效果(图 5-22)。

鲁西北旱地降水少，含磷低，以每公顷施磷肥(P_2O_5)210 kg 左右产量最高，比不施增产近 3 倍。试验证明在一定量氮肥基础上(如每公顷纯氮 120 kg)，磷肥用量随土壤速效磷丰缺和降水多少而异。含磷中等(速效磷 10 ppm)和雨水较多年份以每公顷 90～135 kg 效益较好；严重缺磷(速效磷 5 ppm 以下)和干旱年份以每公顷 210 kg 为佳。一般旱地氮磷比以 1∶(0.7～1)为宜，严重缺磷地块以 1∶(1.5～2)为宜。高产旱地钾肥施氯化钾每公顷 150～225 kg，配合施锌、硼等微肥，抗旱增产效果更明显。

图 5-22 长效碳铵抗旱增产效果显著

土壤水分较少时增施化肥可能加剧干旱甚至发生化肥“烧苗”。内蒙古农科院提出看墒施肥法，春播墒情如好可增施底化肥以促进早发快长；墒情较差时要控制底化肥数量，适当留出部分化肥在作物需肥高峰前利用雨后有利时机追施。

5.4.8.2 水肥的时空耦合

化肥底施要与种子隔开几厘米以防烧苗。深度要到达湿润和根系集中分布土层，过浅易挥发损失，过深根系难以利用且易淋失。

农作物需水需肥高峰一般在生长盛期，但为提高效率和便于操作大多数肥料以底化肥施入，这是中国目前化肥利用率不高的主要原因。推广缓释化肥可使养分释放高峰延迟，与作物需肥需水高峰接近或一致。缓释的机制是添加硝化抑制剂或涂层防止过快溶解，丸粒化及与有机肥配合使用也可减少养分的损失。

5.4.8.3 化学调控抗旱技术

利用人工合成的各类化学制剂以减少土壤水分蒸发或植物蒸腾；或提高作物的水分转化效率，提高耐旱能力；或调节营养生长与生殖生长、地上部与地下部的关系，以达到增强作物抗旱能力，保障正常生长发育，获得较高产量与效益。生长调节剂通过控制植物无效生长而间接提高水分利用效率。直接提高作物水分利用效率的化学制剂有抗蒸腾剂与保水剂两大类（山仑等，2004）。

(1)抗蒸腾剂

是能够降低植物蒸腾的化学物质的总称，一般可分为三类：

①气孔关闭或抑制剂。能引起气孔关闭，如一些除草剂和杀菌剂。

②薄膜型抗蒸腾剂。能在植物表面形成薄膜封闭气孔，阻止水分通过。某些高分子有机物如高碳醇能允许气体分子通过，又能有效地控制水分子逸出。

③反射型抗蒸腾剂。能有选择地反射 400 nm 以下和 700 nm 以上，对光合作用无效的太阳辐射，降低叶温，减少蒸腾。如旱地小麦播后 45 天喷施 6%的高岭土溶液，可降低叶温 1～2.5℃，减少蒸腾，增产 6.5%～27.7%。

中国目前应用最广泛的黄腐酸属第一型，兼有生长调节剂的作用。

①黄腐酸（HCF-1 或 FA）

为从风化煤提取的生物活性物质，具有促进根系发育，缩小气孔开度，减少蒸腾的作用，增产效果显著。经示范推广命名“抗旱剂 1 号（HCF-1）”，推广面积数十万公顷。易被植物吸收，含多种活性基团，有较强的生理调节作用。将 0.05%黄腐酸喷施于小麦，2 天后气孔开度减少 40%并可保持 10 天，蒸腾强度在 3～5 天内低于对照，9 天总耗水量降低 6.3%～13.7%。黄腐酸拌种小麦，越冬期单株次生根增加 3.3 条，总干重增加 2.1 g，叶片含水率比对照高 4.9%，增产 16.9%～17.3%。叶面喷施可降低蒸腾耗水，土壤含水量比对照提高 0.8～1.3 个百分点，增产 9.5%～18.0%。玉米大喇叭口期叶面喷施增产 5.4%～14.8%。甜瓜喷施两次增产 10.1%～25.4%，含糖量增加 0.77～1.47 个百分点。

②钙-赤合剂（Ca-GA）

氯化钙（$CaCl_2$）具有增强种子活力，促进根毛发育，提高抗旱能力的作用，但在水分条件较好时轻度抑制生长；赤霉素（GA）能促进生长和代谢，混合使用互补叠加效果更好。拌种试验表明能使小麦胚芽鞘增长速率提高 30%～50%，胚根提高 10%～15%，缩短成苗时间 48 小时。冬小麦拌种出苗提早 2～3 天，出苗率提高 12%～14%，中等干旱年增产 8%～15%，水分利用效率提高 11%～15%。

③生根粉

在苗木栽植、蔬菜育苗移栽和大田作物拌种的应用也很广泛。

(2)保水剂与种子包衣

以保水剂为主体的抗旱型种子包衣剂使用方便,抗旱增产效果显著,适宜大面积机播,分为长效保水剂和功能水土保持剂两类,市场上一般指前者。

①长效保水剂

保水剂是由大分子构成的强吸水树脂,能在短时间吸收周围大量水分。在纯水中吸水溶胀比为400～1000倍,最高的达5000倍。吸水速度很快,不易蒸发损失。所吸持的水分85%～90%属自由水,作物可以吸收利用。保水剂的吸水和释水过程在一定时期可逆,初次吸水干燥后再遇降雨或灌溉仍可吸水饱和并逐渐释放,其溶胀比还有扩大的趋势,供水量继续增大,供水时间延长。

施用方法有种子涂层或造粒、根部涂层和耕作土混合栽培施用等三种,以苗木移栽、蔬菜和甘薯幼苗移栽沾根应用为最普遍。

②功能水土保持剂

是一种能够改善土壤结构,促进水土保持的土壤改良剂。其中聚丙烯酰胺(简称PAM),是一种线性水溶性聚合物,具有很强的絮凝性,改良土壤结构效果好,特别是退化土壤和风沙土,施入适当浓度和剂型能大大提高土壤抗蚀能力和抗冲力,防治水土流失效果达60%～70%,辽宁省在7°坡耕地上施用,高粱增产10%以上。液态地膜又称保墒增温剂,20世纪70年代中国农科院曾研制乳呼沥青用于蔬菜生产增温保墒效果显著。后因沥青含有害物质,改在苗木和棉花中施用。80年代中期引进比利时沥青乳剂BIT。90年代进行国产化生产,已广泛用于北方渠道防渗、盐渍土改良、造林和防治水土流失。

5.4.9 构建和完善农业抗旱技术服务体系

建立完善的农业防旱抗旱服务体系是提供优质抗旱服务的物质基础(蒋和平等,2009)。要增强服务功能,拓宽服务领域,包括及时维修各种抗旱设备,推广水土保持、耕作保墒、农膜覆盖、耐旱作物品种等抗旱技术,逐步形成以县级农业抗旱服务队为主体,乡、村抗旱服务组织为基础,横向联合、纵向指导的社会化抗旱服务网络体系。进行节水灌溉新技术、雨水集流新技术、旱作农业技术、墒情测报技术及各种抗旱设备经销、技术咨询、人员培训等方面的技术服务。要加快全国农业抗旱信息系统的建设,利用先进科技,加强对灾害性、转折性天气的监测预报和干旱预警,为抗旱决策指挥提供信息和参谋。

5.4.10 推动农业科技进步,加强抗旱能力建设

一系列重大科研项目的实施,提高了对农业干旱预报的准确率和旱灾风险评估能力,能迅速测算全国受旱面积,初步建立了基于作物生长模式与区域气候模式相结合的农业干旱预警系统。在抗旱减灾应用技术研发、工程体系建设、预警服务体系培育等方面开展的大量研究,为抗旱减灾提供了科技支撑。研发了一批针对性强、效果显著的农业减灾实用技术,形成了抢墒播种、提墒播种、找墒播种等抗旱播种技术;推广了移动式滴灌或小管细流灌、移动管及灌溉车等应急抗旱灌溉设施与技术;旱灾绝收田块推广移苗、补种、改种等技术;研发了抗旱种衣剂、保水剂、抑制蒸腾剂等新材料、新技术。

通过多年研究,我国逐步形成了适合国情,较为完善的旱作农业技术体系,以"精耕细作+抗旱保墒"为基础的区域现代旱作农业模式和以集、蓄、聚、保、节为核心的旱作农业技术体系。同时,在北方半干旱偏旱区、半干旱区和半湿润偏旱区等3个主要旱作农业类型区建立了26个试验区,并在全国陆续建立了200多个旱作农业示范县,推广旱作农业技术面积533.3万 m^2(张玉玲,2009)。

5.5 应对旱灾风险的生态环境建设

5.5.1 依法保障生态环境用水

5.5.1.1 保障生态环境用水的意义

生态需水是指维持生态系统中的生物体水分平衡及生态系统功能发挥所需要的水量,包括维持天然或人工植被所需水量、水土保持所需水量、保护水生生物所需水量等。为维持水沙平衡、水盐平衡及维护河口地区生态环境,也需要保持一定的下泄或入海水量。环境需水是指为保护和改善人类居住环境及水环境所需要的水量,包括改善用水水质所需水量,如河流应保证枯水期的最小流量,湖泊与受污染水体必要的水量交换以保持水体自净能力。为遏制超采地下水所引起的地质环境问题需要一定的回灌用水;美化环境与休闲旅游所需城市净化、绿地灌溉及维持水体的用水。为维持生态系统良性循环,必须确保人类各种取用水、排污等经济和社会活动对水生态系统的影响不能超出其承受能力。

5.5.1.2 生态环境用水的法律保障

建立生态用水制度是维护生态平衡所必需,要求在不同需求之间公平合理分配有限的水资源,实现水资源的可持续利用。生态环境由于没有明确的利益代表者,在具体操作中往往成为经济利益的牺牲品。因此,必须建立生态环境用水制度及其法规,从法律角度为生态利益找到度量指标。《水污染防治法》(1984,1996修正)第九条规定,国务院有关部门和地方各级人民政府在开发、利用和调节、调度水资源时,应当统筹兼顾,维护江河的合理流量和湖泊、水库以及地下水的合理水位,维护水体的自然净化能力。《水法》(1988,2002修订)第二十条规定,开发利用水资源,应当首先满足城乡居民生活用水,并兼顾农业、工业、生态环境用水以及航运等需要。在干旱和半干旱地区开发利用水资源,应当充分考虑生态环境用水需要。

5.5.1.3 建立生态环境用水的管理机制

(1)制定生态环境需水量标准

水资源的功能和用途多种多方面,计算生态环境需水量无论出于环境生态保护还是美化环境或娱乐用水,都有一个与工农业及其他取水用水相互协调的需要。尽管水生态价值难以估算,但我们可以估算一条河流维持基本的生态功能大致需要多少水。在传统环境承载能力、环境容量研究的基础上，需要制定水体生态环境用水量标准，为水资源和水环境管理提供科学依据(侯晓梅，2003)。

(2)确立合理利用原则

水资源合理利用不等于平均分配，决定各方对特定水量的使用权是一个争议的过程，涉及各方的物质利益与社会经济条件。生态环境也必须作为一个需求方，而且在绝大多数情况下“生态需水权”应享有优先权。

(3)确立并加强水资源需求管理

应从整个流域出发，从源头到终端用户全过程对需水进行管理，达到可持续的供需平衡。针对当前水资源管理中存在的问题，应采取下列措施：

①理顺水资源行政管理体制和不同部门不同层次的职责，划清水资源管理与开发利用的界限。加强流域统一管理和城乡水务一体化管理，建立有效协调机制。

②加强取水许可制度管理。由水行政主管部门代表国家行使水资源权属管理，对水资源实行统一规划、调度、发放取水许可证、征收水资源费；完善取水许可监督管理制度，强化建设项目水资源论证制度和取水许可申请报告审批制度。

③建立健全水资源总量控制和定额管理指标体系与合理的水价体系，有效地抑制低效用水和严重污染的用水需求，建立节水减污、高效用水的激励机制。

④提高公众参与度。通过用水者协会、节水志愿者组织等方式，提高节水和对水资源管理的参与意识。

5.5.2　持续开展旱区生态环境建设

(1)加强水资源的统一管理

水资源紧缺地区都应实行按流域水资源统一管理。通过全面综合规划对流域水资源进行合理配置，量质并重，城乡兼管，地表水和地下水统一管理，促进水资源的高效利用。为此，需要调整现有的水利投资机制，制止各行其是盲目修建水利工程无序争夺有限的水资源。

(2)干旱半干旱地区植被建设以封育为主，退耕还草休牧轮牧

年降水量400 mm以下地区应明确以灌、草为主的植被建设方向，充分利用草原生态系统的自我修复能力，制止执行退耕还林政策中一些不符合自然规律和当地实际情况的做法。应打破部门界限，统一规划。不适宜耕种的荒漠化边际土地应退耕恢复天然植被，水土条件较好的土地应建成基本农田，不允许擅自退耕。

退牧还草必须与围栏轮牧、小水利、建设人工草场等措施相结合，加大投入改善牧业基础设施，提高畜牧业生产水平，才能巩固退耕还草的成果。

不具备农牧业生产条件的地区应实行生态移民，使人口与环境容量相适应。

(3)防沙治沙的重点是防治原有耕地、草地、林地的沙化

沙漠在干旱地区有其存在的必然性，各种生态系统相互支持和制约，组成了全球大生态系统。人类与沙漠应和谐共存，既要避免“沙进人退”，也不要盲目“向沙漠进军”。多年来防沙治沙的经验是“人进沙进，人退沙退”。人类利用外来水源可以在沙漠周边建设一

些人工绿洲，但从总体上不应当也不可能消灭或“征服”沙漠。防沙治沙应定位于防治原有耕地、草地、林地的沙化。超出水资源承载力无限扩大绿洲，往往导致原有绿洲更加严重的土地干旱化与沙漠化。

(4)加强农业基础地位，增加对农牧业的资金投入

滥垦过牧等不合理的水土资源开发是造成西北干旱地区生态环境恶化的主要原因。为遏止荒漠化和减轻干旱威胁，要加强农牧业基础建设，将低投入、低产出、高资源消耗的传统农业转换到高投入、高产出、低资源消耗的集约化现代农业，从源头上消除破坏生态的根源。

(5)因地制宜地保证粮食供需平衡

干旱缺水是西北地区长期缺粮的主要原因。要进一步解放思想，不强求西北缺粮的黄土高原沟壑地区都要实现粮食全部自给，这些地区可以经济效益高的特色经济作物为主，通过市场调剂保障粮食安全。同时，在生产条件较好的新疆和宁夏的绿洲灌区大力推广节水灌溉与栽培技术，努力提高粮食单产，以弥补西北其他地区的粮食短缺。陕西关中平原与汉中盆地、甘肃的陇东旱塬与河西走廊，以及青海环湖地区提高粮食单产也有很大潜力。

(6)发展工矿业，推进城镇化

推进工业化和城镇化是提高西北地区社会生产力水平和水土资源利用效率，实现人与自然和谐的重要途径。工业与服务业单位水资源产值远高于农业，但要防止低水平重复建设和脱离当地社会经济发展水平和水资源承载力的盲目攀比。

(7)坚决防治水污染

要制定正确的发展规划，加强对新建项目的管理，杜绝对污染项目的地方保护，加大环保投入，严格执行环保法规。已污染的水环境应坚决及时治理。

(8)实施少生快富的人口政策，加快脱贫

必须控制人口过快增长，提高人口质量，合理调整人口布局。制定“少生快富”的有关政策，在人口密集的少数民族地区也要引导计划生育。加大教育投入，在贫困地区加快普及九年制教育。鼓励支持各种方式输出劳力、引进人才。在规划自然保护区和基本丧失生存条件地区实施生态移民。

5.5.3 积极治理城市水环境，污水净化和回用

目前，中国约有400座城市缺水，其中100多座严重缺水。城市抗旱和水资源可持续利用战略可以归纳为：节水优先，治污为本，多渠道开源。在中国推行城市污水资源化，可遵循以下战略：

(1)正确进行城市污水处理厂的规划和设计

废水的收集系统一定要跟废水处理厂同时设计、同时施工和同时投产使用。污水处理厂和收集系统的规划要根据废水回用目标来确定建大厂还是若干小厂，分散还是集中，分流制还是合流制，以及处理程度、规模、回用途径、处理水质要求、费用、投资等问题。

(2)正确决定再生水回用途径

再生水可用于农业、工业、市政、景观环境,也可补给地表水和地下水。选择回用途径必须考虑经济合理性,优先选择水质要求低的回用对象以降低处理成本,尽量缩短输水距离就近就地回用以减少基建和运行费用。还应选择多个对象以实现四季供需平衡。另外还应努力实现地表水与地下水的联合调度。

(3)切实保障城市污水资源化的安全性

再生水利用首先要保障卫生安全。回用农业要保证农作物的卫生质量、土壤质量、地下水质不受影响。回用工业要保证工业品和工业用水系统的卫生质量,还要使环境卫生不受影响。灌溉城市绿地、冲刷城市马路、冲洗汽车,要注意防止传染病。另外还要注意供给的保证度,有些工艺过程绝对不允许中断供水。

(4)建立必要的政策法规,推进城市污水资源化

首先,要严格执法。顶风违法排放的企业除依法罚款外,还要勒令停产整顿限期治理,直至关闭和依法惩治责任人。其次,要健全有关法规与技术标准,如制定再生水回用水质的标准,加强对工业废水排放的水质控制,特别注意含重金属和持久性有机污染物的废水。因传统污水处理工艺不能去除持久性污染物,只能在源头控制。要促进工业的清洁生产,推进环境友好型工艺,达到节水减污。对水资源、自来水、污水排放和再生水都要分别合理定价。

(5)开发利用适合国情的城市污水处理技术

既要保证水质达标,又要求基建费用低,能源消耗省,管理方便,运行稳定,符合当地实际。如西北地广人稀,天然条件下的生物处理工艺具有广阔应用前景;南方则温度较高,可采用厌氧生物处理工艺。

5.5.4 加强森林生态系统的保护与建设

森林是自然生态系统的主体,加强森林生态系统的保护与建设是改良干旱环境和增强区域生态系统抗旱能力的重要环节。

(1)要根据各地区具体情况制定切实可行的规划,形成网、带、片结合的布局,乔灌草并举。建设分布均匀的森林防护体系。迅速提高森林覆被率和生长率。平原地区要充分挖掘土地潜力,积极营造江防林、护堤林,护岸林和农田防护林网,利用宅旁路边隙地营建护宅林、护村林和护路林。

(2)建立复层林的森林结构。人工单层林的自然降水承受面积小,蒸发快。复层林接收自然降水面积大,有利于提高空气湿度和土壤保墒。

(3)造林要向多林种、多树种、适地适树、远近效益结合的方向发展。一些地方重乔木轻灌木;注重农防林,忽视经济林;林分失调。杨树多,针叶树少,一般树种多,珍贵树种少;纯林多,混交林少,在风沙干旱地区尤其不适宜。

5.6 城市与区域抗旱能力建设

随着中国由传统的农业社会向现代社会转变，抗旱工作由单一的农业抗旱向包括工业、农业、城市、农村在内，调动全社会力量的全面抗旱实行战略转变。随着城市化水平的提高，城市抗旱日益成为全面抗旱的重点之一（建设部，2004）。

5.6.1 城市干旱的特点与影响因素

5.6.1.1 城市干旱的特点

城市干旱是指城市因遇特枯水年或连续枯水年，实际供水量低于正常供水量，生活、生产和生态环境受到影响的现象。气候干旱化和人口增加导致中国人均水资源占有量减少，而城市用水量却持续增加，使城市干旱的风险增大。目前全国660个城市有400个常年供水不足，110个严重缺水，许多缺水城市由于过量开采地下水形成漏斗甚至引起地面沉降。城市缺水可分为资源型缺水、工程型缺水、水质型缺水和混合型缺水4种类型。根据抽样273座城市的分析结果，资源型缺水占46%，工程型缺水占29%，水质型缺水占7%，混合型缺水占18%。

城市干旱紧急事态是指城市区域可供水量不足以维持部分工农业生产和城市功能运转，甚至发生部分居民断水的状况。成因有三种：遭遇超出保证率的特大枯水年使地表水资源和地下水资源骤然减少；连续枯水年使可供水量持续减少；发生供水工程损坏或水质严重污染等突发事件。

5.6.1.2 城市抗旱能力的影响因素

城市抗旱分为工程措施与非工程措施，落实到开源、节流和水资源调配三个方面。区域自然条件、经济发展水平、基础设施建设水平、行政管理水平和市民素质都会影响到城市抗旱能力（水利部水利水电规划设计总院，2008）。

（1）城市所在区域的自然条件

干旱半干旱区域的城市易发生连续性干旱缺水，南方城市易发生季节性干旱缺水。附近缺乏大的河流与淡水湖泊等水体的城市更加敏感。

（2）城市社会经济发展水平

经济发达地区的城市人口和经济密集度高，需水量大且对缺水敏感；但由于经济实力和科技力量强，应对干旱缺水的能力也较强。

（3）城市基础设施建设水平

包括水源工程、供水工程数量、质量和维修保障水平。目前有些新建扩建城市热衷于房地产开发获取短期利润，忽视城市基础设施建设和水资源承载能力。

（4）市政管理水平

市政管理水平高的城市，贯彻以人为本的方针，能够摈弃短期行为，把包括居民饮水用水困难等民生问题放在首位，采取措施及时解决。

(5)市民素质

具有较高文化与道德水平的市民,能够主动配合市政府与有关部门采取节水抗旱行动。发生干旱紧急事态时能够保持社会稳定,不至惊慌失措。

5.6.2 城市应急抗旱对策与能力建设

城市抗旱工作包括水源工程建设与保护、日常节水及发生干旱紧急事态时的应急处置。城市水源工程包括上游水库建设、附近水体的提水设施、开发利用地下水、自来水厂、污水处理再生回用等,节水涉及所有产业和社会生活的方方面面,需要持之以恒。

5.6.2.1 开辟应急备用水源

城市应急水源有多种类型,包括从邻近外流域应急引水,开发深层地下水,应急超采地下水,动用水库限线以下水位或死库容蓄水等。增加非常规水源也是一个途径,如海水淡化、污水处理回用、微咸水、雨洪利用等。

对于应急水源的水量应有科学的估算,确保能度过严重干旱缺水危机而不至中途枯竭。如水量不够应努力开辟更多的应急水源。非干旱期对应急备用水源要严格管理,非特殊情况经水行政主管部门批准外一概禁止使用,同时要防止备用水源被污染,保持引水渠道、管道的通畅和输水、运水设备的完好。

5.6.2.2 水资源的应急管理

发生城市干旱紧急事态时的水资源应急管理主要包括:干旱到来之前制定危机期间的水资源分配原则和紧急供水预案;干旱危机期间监督预案的实施,协调各项抗旱行动;危机过后对预案实施效果进行评估并修订改进。

(1)干旱紧急事态处置的组织领导

城市干旱紧急事态期间的应急管理组织由地方政府和水行政管理部门牵头,各用水部门的代表参加,其职责是根据旱情和水资源状况的监测,确定水资源应急调配原则和制定应急供水预案;决定和宣布干旱危机期的开始或结束;协调各项抗旱节水行动,实施有关抗旱节水工程和计划,并在干旱危机过后进行评估。

(2)水资源应急调配原则

包括确定不同情况下的供水优先次序,干旱危机期间限制或停止供水的部门,重点供水保护对象等。

(3)干旱危机期应急供水预案

目前中国许多城市都编制了城市应急供水预案,并在近年发生严重干旱或突发供水事故时启动和实施。预案内容包括:进入应急状态的识别标志和指标;应急期间的用水秩序;应急期间地表水、地下水的统一调度和一水多用措施;应急期间的全面节水措施;应急水源开辟措施;要求上级部门协助解决的其他措施。

危机过后要评价预案对于减轻城市干旱经济损失,消除不良社会后果的效果,评价预案中抗旱措施的有效性和风险,提高预案的可操作性。

5.6.3 按流域优化配置与高效利用水资源

5.6.3.1 按流域管理水资源的意义

流域是指被地表水或地下水分水线所包围的范围，即河流、湖泊等水系的集水区域。流域是以水为媒介，由水、土、气等自然要素和人口、社会、经济等人文要素相互关联、相互作用而共同构成的自然—社会—经济复合系统。流域水资源管理是将上中下游、左右岸、干支流、水量与水质、地表水与地下水、治理、开发与保护等作为一个完整的系统，兴利除弊相结合，运用行政、法律、市场等手段，按流域进行水资源的统一协调管理，其实质是建立一套适应水资源自然流域特性和多功能统一性的管理制度，使有限的水资源实现优化配置、发挥最大的综合效益，保障和促进经济社会的可持续发展(幸红，2007)。

5.6.3.2 按流域管理水资源的基本方法

(1)依法管理

首先要加强立法。虽然《水法》与《抗旱条例》对于按流域管理水资源已有原则规定，但还需要制定一系列配套法律和地方性法规来保证全面实施。现有按行政区划和按流域的水资源双重管理体制急需明晰各自职责和事权。“公地悲剧”的产生在于产权不清，水事纠纷的发生则是由于水权不明。虽然《水法》规定水资源归国家所有，但目前大多数水体对于上中下游地区的用水权并无明确的界定，急需通过立法明确确立用水权、合理开发权、转让权等。

(2)行政手段

首先是要制定流域管理规划，确保对流域环境、社会和经济等各方需求的平衡。既要考虑整个流域资源合理开发利用，又要考虑有限环境资源的供需平衡。

其次要加强监督管理。全面推行水资源论证制度，建立水环境预警预报系统，强化各级政府保护水源区的职能，依法追究破坏水资源与水环境当事人的责任。

(3)建立健全水市场

在水资源所有权为国家享有的前提下，水权实质上是水资源的非所有人依照法律规定或合同约定所享有的对水资源的使用或收益权。国家授予水使用人的水许可权是一种具有物权属性的权利。假定该权利可以自由买卖，则这种财产权对于所有者来说是一件有特殊价值的“商品”。2006 年公布的《取水许可证和水资源费征收管理条例》第 27 条规定：“依法获得取水权的单位或者个人，通过调整产品结构、改革工艺、节水等措施节约水资源，在取水许可的有效期和取水限额内，经原审批机关批准，可以依法有偿转让其节约的水资源，并到原审批机关办理取水权变更手续，具体办法由国务院水行政主管部门制定。”2000 年 11 月 24 日，浙江省东阳市与义乌市进行了中国首次水权永久转让交易，由义乌市一次性出资 2 亿元购买东阳市横锦水库 4999.9 万 m^3 水资源的使用权。2006 年 10 月 11 日河北省与北京市签订了河北省北部地区向北京市官厅水库有偿输水的协议。但目前的水市场还很不完善，水权划分不明晰，水权交易不够规范。

(4)公众参与

水资源管理涉及社会不同群体的利益,必须有社会公众的广泛参与,否则很难保证水资源分配和交易的公平性。解决水资源矛盾和冲突,最有效的途径是吸收各利益相关方的共同参与,通过获取可靠而全面的流域信息数据,增加各方对问题判断的准确性和一致性,尽可能寻找能够给各方带来共同利益的措施,以取得各方的认同。主要形式是协商与参与,主要程序包括信息发布、信息反馈、反馈信息总汇、信息交流等(幸红,2007)。

5.6.4 全面推进节水型社会的建设

(1)创建节水型城市

水是支撑保障城市经济社会发展的战略资源,建设节水型城市是城市发展的必然选择。建设部、国家经贸委、国家计委联合颁布的《节水型城市目标导则》将"节水型城市"定义为"一个城市通过对用水和节水的科学预测和规划,调整用水结构,加强用水管理,合理配置、开发、利用水资源,形成科学的用水体系,使其社会、经济活动所需用的水量控制在本地区自然界提供的或者当代科学技术水平能达到或可得到的水资源的量的范围内,并使水资源得到有效的保护"(建设部,2004)。

(2)创建节水型社会

水资源的稀缺性和公益性,决定了节水是全民的事业。2000年《中共中央关于制定国民经济和社会发展第十个五年计划的建议》首次提出"建立节水型社会"的构想。节水型社会是水资源集约高效利用,经济社会快速发展,人与自然和谐相处的社会,包含三重相互联系的特征:建立节水型产业,实现资源利用的高效率;构建节水型经济,实现资源配置的高效益;建设持续发展型社会,实现区域发展与水资源承载能力的相适应。

节水型社会体现了人类发展的现代理念和社会文明的进步。建立节水型社会是一场深刻的变革,需要"观念革命、管理革命、透明革命、参与革命",归根结底需要"制度革命"。

建设节水型社会,包括城市和农村,工农和第三产业,生产、生活和生态等全方位的节水。除前述各项措施外,还要采取以下对策:一是进行思想观念和思维方式领域的变革,充分认识人类与资源、自然、环境的关系,进行价值取向的大转变;二是开展科技创新,积极开发抗旱节水新技术、新工艺、新材料,走出一条具有中国特色的创建节水型社会科技创新之路;三是进行社会体制变革,许多地方把明晰产权和水权作为水资源优化配置的重要前提和核心,把有偿水权作为建立水市场的理论基础,把水价和水市场作为优化配置水资源的重要手段,把政府的宏观调控、民主协商、公众参与作为创建节水型社会的新的运行机制。

5.7 旱灾的救助与保险

5.7.1 中国古代的荒政

中国古代荒政源远流长。先秦史书载夏人就已认识到积谷备荒的重要,经过隋唐两宋,荒政日臻成熟。

(1)储粮备荒

早在战国时期,鲁国就“修城郭,贬食省用”以备荒年之需(卜风贤,2006)。汉唐以后逐步形成仓储制度,灾年由朝廷发放国家仓粮和府库衣服赈济灾民并颁布政策法令,组织灾民到丰裕地区移民就食。自佛教传入以来,佛寺积极参与济贫赈灾。清代在全国各地建设了一大批常平仓,兼有赈贷和平粜两大功能,并规定了严格的盘查追赔制度;还修建了一些社仓和义仓,储粮来自捐助,由民间自管(李向军,1995)。

(2)赈济灾民,稳定社会秩序

战国时期李悝创设了平籴法,根据灾情轻重从非灾区征调粮食供应灾民。轻灾年当年,重灾年连续数年免除赋税。古代赈济灾民包括工赈、粥赈、赈粮、赈钱等形式。政府还采取稳定物价、严惩盗贼等措施(卜风贤,2006)。清代实行对灾民的借贷,秋熟后按户缴还,仍遇灾年可免息还贷。流亡外地的灾民由当地州县妥善安置,并在来春资助送回原籍以不误春耕。明清两朝的会馆不仅给本籍同乡提供食宿与差旅,还积极投身赈灾事业。

(3)组织恢复生产

西汉有灾后恤农赈贷的政策,以工代赈是宋朝抗旱的有力措施,旱荒时招募饥民修缮农田水利设施一举多得。清代除贷口粮和贷库银外,更有贷种子、贷耕牛等直接扶持生产的措施。招募流民垦殖也是恢复灾后生产的重要措施。

5.7.2 近代中国的旱灾救助

晚清和民国时期虽然水旱灾害不断,内忧外患,社会动荡不已,但在救灾领域已经突破了由政府单一进行社会救济的传统荒政体制,形成了社会救助与政府救助相结合的双重灾害保障格局(杨琪,2009)。

(1)义赈与慈善组织的旱灾救助

鸦片战争以后,清政府国库空虚,外债累累,财力拮据,吏治腐败,荒政日益废弛。在1876—1879年的“丁戊奇荒”空前旱灾中,清政府的救济十分有限,民间的义赈成为一种新生力量并逐渐发展成为一项社会事业。

民国初期军阀割据连年内战,灾荒连绵不断。政府赈济的缺失和第一次世界大战期间民族工商业的发展使民间义赈应运而生。1920年的华北大旱中由14个团体联合成立了“中国北方救灾总会”,并与各国对华救济组织万国救济会联合组织了“北京国际统一救灾总会”。1921年11月改组为中国华洋义赈救灾总会,下设驻各省办事处。除赈款发放外,注重以工代赈济,与灾后重建相结合,组织灾民兴修水利和道路,帮助建立农村信用合作社,促进经济发展,提高抗旱能力。

其他近代型慈善团体中以红十字会实力最强,创立于1904年,1919年加入红十字会国际联合会,到20世纪30年代已在各地建立417个分会,会员9万余人。其他近代慈善团体还有中国救济妇孺会、中华慈幼协济会等。传统型慈善团体有各种善堂、同乡会、清节堂、育婴堂和宗教团体。

民国时期慈善事业的发展有效地弥补了政府救荒之不足，对推动减灾社会化起到了重要作用。民国时期与历代相比，同等规模旱灾发生时饥荒死亡人数有所下降，与慈善事业的发展及交通运输的改善不无关系。

（2）政府职能部门的赈灾举措

民国初期每临大灾，中央政府都成立临时赈灾机构，主要救灾举措，一是举办急赈，如设置粥厂、临时收容所、卫生防疫、平粜等以挽救生命；二是以工代赈，修建防灾设施和重建家园，以农田水利工程居多；三是举办农赈，以恢复生产，包括贷种子、耕牛、农具等，并在此基础上发展农村合作运动。

（3）储粮备荒

中国古代建立的仓储制度在救灾恤贫上发挥了重要作用，民国刚成立，南京国民政府就把实施仓储制度作为一项基本国策。但清末民初天灾人祸不断，仓政废弛。1931 年起各地恢复仓储建设，推广了新式仓储制度，仓库数量和存粮数都有明显增长，但仍远不能满足救灾的需要。

5.7.3　现代中国的旱灾救助

（1）新中国成立初期的抗旱救灾

针对严重的水旱灾害，1949 年 12 月 19 日中央人民政府向全国发出《关于生产救灾的指示》，1950 年 1 月 6 日又发出《关于生产救灾的补充指示》，要求各级政府切实开展生产救灾，帮助灾民度荒，“不许饿死一个人”。1950 年 2 月 27 日成立了中央救灾委员会，首次提出“生产自救，节约度荒，群众互助，以工代赈，并辅之以必要的救济”的救灾工作方针。采取大力开展副业生产自救，全民节约度荒，社会互助，以工代赈，兴修水利，发放救济物资，减免灾民公粮负担，疫病救济、安置逃荒灾民等措施，在中国历史上首次实现重灾之年没有出现饿殍遍野的景象，农业生产很快恢复发展，为以后的抗旱救灾提供了宝贵经验。

（2）新时期民政部门的旱灾救助工作

中央政府的旱灾生活救助主要由民政部门承担。旱灾救助作为救助时段较长的常规性工作，中国政府长期以来将旱灾救助纳入春荒冬令救助统筹考虑。春荒冬令（或冬春）受灾群众生活救助的重点是解决冬春口粮、饮水、衣被、取暖、医疗等基本生活困难。据民政部统计，1998 年以来，中国春荒冬令期间需政府救助人口总量约（6000～8000）万人。春荒需救济人口占上年受灾人口的比例在 17%～27%；冬令需救济人口为当年受灾人口的 16%～26%。2008 年后，中央将春荒救助和冬令救助合并为冬春生活救助，以确保救助时段的前后衔接和政策的延续性。在政府救助基础上，各地结合劳务输出、群众互助等措施，最大限度地保障了受灾群众生活，维护了灾区稳定。

2007 年 8 月 15 日，国务院再次提高了国家灾害救助标准，增设了旱灾补助项目，中央财政按照人均 90 元标准和需救济人数的 1/3 安排补助资金。

5.7.4 农业旱灾保险

保险是转移和分散灾害风险，在市场经济条件下，调动全社会的资源减轻灾害风险的有效措施。由于农业是一个弱质产业，灾害发生频繁，一般商业保险模式不适用于农业保险。商业保险作为一种产业，只能承保小概率事件。旱灾在中国是一种经常发生的重大灾害，范围广，损失大，按照一般的商业保险理论，属不可保险种。据统计从1997—2006年，旱灾对农业的影响占所有灾害影响的54%。长期以来，旱灾一直游离于农业保险的保险责任范围之外。

中国农业保险经历了从快速发展到逐步萎缩的过程，大体分为四个阶段：恢复试办期(1982—1990年)、高潮期(1991—1993年)、持续萎缩期(1994—2003年)、深入发展期(2004年至今)(李琴英，2007)。2004年以来，在政策鼓励和保监会积极推动下，立足于"政策扶持，商业运作"的经营原则，农业保险试点不断扩大深化。2006年6月26日颁布的《国务院关于保险业改革发展的若干意见》，明确提出将农业保险作为支农方式的创新，纳入中国农业支持保护体系，实施补贴投保农户、补贴保险公司、补贴农业再保险的"三补贴"政策，为政府经济上支持农业保险提供了政策依据。自2007年起，中国开始推行由中央财政支持的政策性农业保险，保险金额由中央财政、地方财政和农户共同承担。2007年和2008年，中央财政共安排80多亿元资金健全农业保险保费补贴制度。2009年2月11日国务院常务会议通过的《抗旱条例》第五十七条规定："国家鼓励在易旱地区逐步建立和推行旱灾保险制度。"2009年，安徽省国元保险公司对将要绝收的5333～6667 ha麦田按照每公顷1560元进行了理赔，成为国内第一笔小麦旱灾保险理赔案例。2009年夏季东北西南部与华北北部的特大干旱中，旱灾保险范围有所扩大，中国人民财产保险公司朝阳市分公司承办了朝阳市除朝阳县外六县(市、区)的大部分政策性玉米种植保险。截至9月6日已完成阶段性保险玉米查勘定损6.67万ha，向投保农户支付赔款4400万元。

虽然各地试点取得一些进展，但还不平衡。农业保险的发展还面临着法律法规尚不健全、巨灾风险转移分散机制缺失等问题。农民投保的积极性也不高，许多农民是受灾之后才想到要投保，但为时已晚。农业旱灾定损的复杂性也是影响保险理赔的重要因素。中国政府从2007年开始推行由中央财政支持的政策性农业保险，保险金额由中央财政、地方财政和农户共同承担，初期有玉米、水稻、小麦、棉花、大豆等5个品种。2008年政策性农业保险试点由6个省区扩展至16个省区和新疆生产建设兵团，并增加了花生、油菜，使承保品种达到7个，但与发达国家承保品种的数量之多相比仍悬殊。近年的历次重大旱灾，保险赔付占农业损失比例都不足1%，与发达国家农业灾害保险赔付一般能占到实际损失的50%～80%相比，保险的作用相差极为悬殊。

今后完善农业保险需要政府进一步加大投入，加强保险企业与农户沟通，让更多有能力的保险企业参与，提高农户保险意识与投保积极性。对于受灾范围广和损失极其严重的特大旱灾，巨额赔付无论是商业保险还是政策性保险都难以承受。需要建立巨灾保险基金，一部分来自政府每年财政预算按一定比例预留，另一部分来自发行巨灾债券或彩票及国内外捐赠(王慧彦等,2009)。

参考文献

卜风贤,2006.农业灾荒论[M].北京:中国农业出版社:180-182.

国家统计局,2009.2008中国农村统计年鉴[M].北京:中国统计出版社.

侯晓梅,2003.生态环境用水与水资源管理变革[C].2003年中国法学会环境资源法学研究会年会论文集.

建设部,2004.节水型城市目标导则[EB].中国城市建设信息网,2004-9-29.

蒋和平,辛岭,2007.北方干旱对我国粮食生产的影响与抗旱的对策[J].中国发展观察(3):28-30.

李琴英,2007.对我国农业保险及其风险分散机制的若干思考[J].保险世界,**338**(9):71-73.

李向军,1995.清代荒政研究[M].北京:中国农业出版社:28-47.

刘宇,黄季焜,王金霞,2009.影响农业节水技术采用的决定因素——基于中国10个省的实证研究[J].节水灌溉(1):1-5.

南方日报,2008.技术日益成熟,海水利用前景广阔[N].2008-12-12.

人民日报,2009.经典中国·辉煌60年:江河安澜神州康泰[EB/OL].2009-8-20人民网,http://env.people.com.cn/GB/9893647.html.

阮国岭,2002.开发新水源是解决缺水的根本出路[J].海洋技术,**21**(4):9-12.

山仑,康绍忠,吴普特,等,2004.中国节水农业[M].北京:中国农业出版社:12-16.

水利部,2009.中国水资源公报[Z].

水利部水利水电规划设计总院,2008.中国抗旱战略研究[M].北京:中国水利水电出版社:92-104.

王慧彦,李冲,朱平安,2009.对我国建立巨灾保险制度的思考[C].全国巨灾风险管控与巨灾保险制度设计研讨交流会论文集:12-14,31-40.

吴普特,黄占斌,高建恩,等,2002.人工汇集雨水利用技术研究[M].郑州:黄河水利出版社:1-3.

信乃诠,等,2002.中国北方旱区农业研究[M].北京:中国农业出版社:93-134.

幸红,2007.流域水资源管理法律机制探讨:以珠江流域为视角[J].法学杂志(3):103-105.

杨琪,2009.民国时期的减灾研究(1912—1937)[M].济南:齐鲁书社:112-138,218-230

张强,高歌,2004.我国近50年旱涝灾害时空变化及监测预警服务[J].科技导报(7):21-24.

张玉玲,2009.科学抗旱:从旱灾中夺取粮食[N].光明日报.2009-02-10.

中共中央,国务院,2005.中共中央国务院关于进一步加强农村工作提高农业综合生产能力若干政策的意见[Z].

中国农业科学院农业气象研究室,1980.北方抗旱技术[M].北京:农业出版社:193-264,264-284.

中国灌溉排水发展中心,2008.中国灌溉排水发展研究报告[R].

第6章 中国旱灾风险防范的成功实践

6.1 传统农业抗旱范例

6.1.1 都江堰水利灌溉工程

6.1.1.1 概况

都江堰水利工程位于四川省成都平原西部的岷江，为公元前256年秦国蜀郡太守李冰率众修建，是世界迄今最久、以无坝引水为特征的宏大工程。

都江堰是由渠首枢纽、灌区各级引水渠道、各类工程建筑物、大中小型水库和塘堰等所构成的庞大工程系统，目前仍担负四川盆地中西部7地(市)36县(市、区)66.87万ha农田的灌溉、成都市企业生产和生活供水，以及防洪、发电、漂水、水产、养殖、林果、旅游、环保等多项目标的综合服务，灌区规模居全国之冠。渠首枢纽工程主要由鱼嘴分水堤、飞沙堰溢洪道、宝瓶口进水口三大部分和百丈堤、人字堤等附属工程构成，科学地解决了江水自动分流、自动排沙、控制进水流量等问题，消除了水患，使川西平原成为"水旱从人"的"天府之国"。

都江堰工程建成2000多年来仍在连续使用并发挥巨大效益。随着科技发展和灌区范围扩大，从1936年开始逐步改用混凝土浆砌卵石技术对渠首工程维修加固，增加了部分水利设施。2003年3月经国务院批准，国家计委批准紫坪铺水利枢纽工程可行性研究报告，后列为国家实施西部大开发十大标志性工程之一。该工程位于岷江上游，都江堰市西北9 km处，以灌溉和供水为主，兼有发电、防洪、环境保护、旅游等综合效益，不但可以有效地保护都江堰水利工程，而且可以使这项古老的水利工程发挥更大的综合效益。

6.1.1.2 都江堰水利工程的科学设计

都江堰工程历2000多年而不衰，并在2008年的汶川地震中完好无损，与其巧夺天工的科学设计是分不开的。

都江堰的主体工程将岷江水流分成两条，其中一支引入成都平原，既可分洪减灾，又引水灌田变害为利。李冰父子在当时火药尚未发明不能爆破的情况下，率众以火烧石使岩石爆裂，大大加快了工程进度，在玉垒山凿出一个宽20 m，高40 m，长80 m的山口，因形似瓶口故取名"宝瓶口"，把开凿玉垒山分离的石堆叫"离堆"。后又在不远的岷江上游和江心筑分水堰，用装满卵石的大竹笼放在江心堆成形如鱼嘴的狭长小岛，将岷江分为内外两江。外江仍循原流，内江经人工造渠，通过宝瓶口流入成都平原。为进一步分洪减灾，在分水堰与离堆之间又修建长 200 m 的溢洪道流入外江以保证内江无洪灾。溢洪道前修有弯道，江水形成环流，超过堰顶时洪水中夹带的泥石便流入外江，不会淤塞内江和宝瓶口水道，故取名“飞沙堰”。为观测和控制内江水量，雕刻了三个石桩人像放于水中，“枯水（低水位）不淹足，洪水（高水位）不过肩”。还凿制石马置于江心，以此作为每年最小水量时淘滩的标准。都江堰工程蕴涵着丰富的科学原理（王光谦，2004）。

（1）工程选址

岷江从高山峡谷进入地势开阔的平原，都江堰位于扇形成都平原的顶部制高点，是扼制水势，控灌成都平原的最佳位置。

（2）水沙控制

采取内外江水分四六。枯水期占 6 成水量的主流沿左汊下泄内江，外江只占 4 成。雨季主流取直过坝顶趋向外江，自然形成倒四六分配格局。李冰的治堰准则“深淘滩、低作堰”，两者相辅相成，科学地解决了引水与泄洪排沙的关键。

（3）弯道环流

枯水期由于卵石堆难以起动推移，内江并无多少泥沙。洪水时主流沿外江宣泄挟走大量泥沙。由于内江为凸岸，外江为凹岸，卵石推移物质不易在内江沉积，大部通过外江下泄。内江弯道下段的飞沙堰形成底大上小的流态，只需较小水量即可排走大部卵石泥沙。世界上许多水利工程的寿命只有几十年，而都江堰工程历时 2000 多年而不发生淤塞，秘密即在于此。

都江堰工程遵循了人与自然和谐的治水理念，以不破坏自然资源并充分利用为人类服务为前提，变害为利，乘势利导，因时制宜，三大工程相辅相成构成有机的整体，是世界水利史上的光辉一页。

6.1.1.3 都江堰水利工程的科学管理

工程能持续利用的重要原因是有一套完整和与时俱进的管理体系，能持续适应社会生产力发展水平修缮维护，较好地解决了工程老化与配套问题（刘宁，2004）。

（1）政府管理与农民参与相结合的管理体制

都江堰在 2000 多年的实践中逐步形成三级管理体制。省级政府部门管渠道工程，设置堰官管理堰务，称为“官堰”。自汉灵帝于公元 168 年设置“都水掾”和“都水长”之后，历代渠首所在地县令都要兼办渠首工程。下一级政府部门按行政区划管理各条支流、分汊、支渠或分干渠，统称地方水利工程。在各河引水支渠以下的灌溉工程由受益群众自建自管，称为“民堰”，官府只起到督导作用。新中国成立后，建立了局、处、站三级专业管理机构和基层管理组织。

（2）持续坚持的岁修制度

都江堰创建及秦汉时期主要是工程建设和开发。以后各朝代逐步扩大灌区并加强了管理和维护。宋代以后形成每年冬春枯水农闲季节的断流岁修制度，制定了“旱则引灌，涝则疏导”等一整套管理制度和维修方法。清同治十三年（1874 年）灌县知县胡圻所编治水“三字经”以及后来的治河格言“遇弯截角，逢正抽心”和治水八字法则“乘势利导，因时制宜”等，至今仍然对都江堰的维护管理起着指导作用。新中国成立后坚持了“五年一大修”和“十年一特修”的制度。

（3）闸坝与河渠的分级管理

建成后一直用竹、木、卵石修缮灌溉、防洪等工程。1952年春以后大量使用钢筋混凝土和橡胶坝等现代建筑材料并陆续修建闸坝，保障了工程的完好性。

新中国随着灌区扩大逐步形成统一管理和分级管理、专业管理和群众管理相结合的管理体制。随着社会主义市场经济的建立和完善，都江堰管理局注重协调和把握工程管理、效益发挥、文物保护及人文景观等的关系，创造、继承和完善了都江堰工程管理模式，使古老的都江堰水利工程不断焕发出新的生机和活力。

6.1.2 坎儿井提水工程

（1）坎儿井的历史

坎儿井与万里长城、京杭大运河并称中国古代三大工程，是古代吐鲁番各族劳动群众根据盆地地理条件、太阳辐射和大气环流特点，经长期生产实践创造出来，利用地面坡降引用地下水，独具特色的输水工程，适于山麓和冲积扇缘，主要用于截取地下潜水进行农田灌溉和供居民用水。

坎儿井历史源远流长。汉代在陕西关中就有挖掘地下窑井的技术，古称“井渠法”。汉通西域后，塞外缺水且沙土较松易崩，将“井渠法”取水传授给当地人民，经各族人民不断完善发展为适合新疆条件的坎儿井，“坎儿”即井穴。吐鲁番坎儿井出现在18世纪末，由于清政府的倡导和屯垦措施而大量发展。1962年统计，新疆共有坎儿井1700多条，总长5000 km，总流量26 m^3/s，灌溉3.3万ha。以吐鲁番盆地最多，约1100多条，总流量18 m^3/s，灌溉3.1万ha，占盆地总耕地面积的67%，通过人工开凿的地下渠道把盆地丰富的地下潜流水引进绿洲或村镇。这是吐鲁番盆地农田灌溉和生产生活的主要水源。

（2）坎儿井的结构与功能

坎儿井的结构巧妙，由竖井、暗渠、明渠和涝坝（小型蓄水池）四部分组成（图6-1）。一般愈向上游竖井愈深，间距愈长，约30～70 m；愈往下游竖井愈浅，间距愈短，约10～20 m。竖井是为了通风和挖掘、修理提土所用。暗渠出水口和地面明渠连接，可以把几十米深处的地下水引到地面上。

坎儿井取水既可节省土方工程，又可长年供水不断。地下渠道不但可以防止风沙侵袭，而且可以减少蒸发损失，用材少，技术简易。

吐鲁番气候干燥，夏季酷热，水分蒸发量大，年降水量只有几到几十毫米，干旱极其严重。冬春多大风，经常尘沙漫天。风过沙停，水渠常被淹没。坎儿井不受季节和风沙影响，蒸发损失小，因盆地周围的高山每年入夏有大量融雪和雨水流向盆地，流量稳定，可以常年自流灌溉。

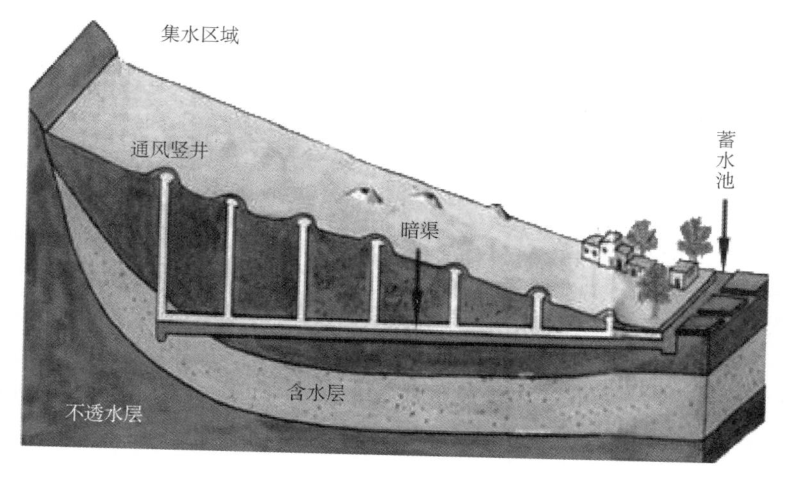

图6-1　坎儿井的结构示意图

数百年来，坎儿井的清泉滋润着吐鲁番的大地，使火洲戈壁变成绿洲沃土，生产出驰名中外的葡萄、瓜果和粮食、棉花、油料等。尽管吐鲁番已新修建不少干渠和水库，但坎儿井仍是当地人民的生命之泉（钟兴麒等，1991）。

6.1.3　精耕细作抗旱保墒

中国古代积累了丰富的耕作保墒防旱抗旱技术和经验。西汉晚期的《氾胜之书》强调，抓住土壤水分变化关键期适时春耕、伏耕、秋耕和中耕、耙耱保墒、积雪收墒的经验。公元六世纪贾思勰著《齐民要术》中耕作保墒抗旱技术更加系统化（中国农业科学院，1999）。几千年来古代的耕作保墒抗旱技术不断丰富，近几十年又有新的创造和发展（中国农业科学院农业气象研究室，1980）。

6.1.3.1　大寨"三深"耕作法

位于太行山区的山西省大寨村在20世纪60到70年代总结出一整套由"三浅"变"三深"的抗旱耕作保墒技术。

（1）变浅耕为深耕

过去由于畜力少而弱，只能耕深10 cm。50年代中期采用套犁加深到17～20 cm，70年代使用机耕加深到27～30 cm。据测定，20 cm土层比不深耕土地每公顷梁地多含水分38.25 t，坡地多含58.5 t。

（2）变浅种为深种

过去玉米播深只有6 cm。后来由于深耕加厚了活土层，播种加深到10～13 cm，遇严重春旱则加深到13～17 cm，提高了出苗率。掌握播深要因地因时制宜。坡梁地、砂土地、向阳地，地温高水分少，要播深一些；沟洼地、黏土地、背阴地，温度低，墒情好，要浅一些。

（3）变浅锄为深锄

雨季前玉米苗高30 cm左右时在行间深刨27～30 cm以促进根系下扎，加厚活土层，并可除草蓄墒。据测定，深锄比浅锄每公顷水分多出 82.5 t。

6.1.3.2 早春"三墒"整地法

谷子是山西省壶关县主要作物，因春季十年九旱经常缺苗断垄。早春"三墒"整地法使耕地做到无坷垃，无根茬，细、平、绒，上虚下实，能保证适时播种。

(1)耙耱收墒

早春刚化冻顶凌耙耱，冻土消一层耱一层。雨后也要耙耱。播前纵、横、斜耙耱二三次使表土疏松，地面平整细碎。比不耙耱土壤含水率提高 4.2 个百分点。

(2)镇压提墒

春季干旱时镇压可使表土水分提高 1 到 3 个百分点，有利于出苗。原则是压干不压湿，坷垃多的尤其需要镇压。

(3)浅耕塌墒

秋季深耕接纳雨水较多的土地，春季不再深耕，只在播前 4～5 天浅耕 10～13 cm，边耕边耙耱以保住墒情。

6.1.3.3 砂田

甘肃中部和宁夏南部年降水量只有 200～300 mm，常规旱作产量极低经常绝收。使用沙砾覆盖地表的砂田却能做到"雨多丰收，雨少平收，大旱也有收"。

砂田保墒的原理，一是有利于雨水下渗；二是阻挡了土壤水分蒸发；三是能提高地温和加大日较差，促进早熟增产；四是压制了盐碱。试验证明，砂田雨水渗透率比土田增加 9 倍，蒸发率不及土田的 1/5，小麦能早熟 10 天。

主要问题是长期耕种后表层沙砾与下面土壤混合使性状恶化，逐渐失去保墒能力。因此耕作要特别小心，尽量避免砂土混合。几十年的老砂田可改植果树。

6.1.4 二十四节气和抗旱农谚

(1)二十四节气的由来

二十四节气起源于黄河流域。春秋时代就已定出仲春、仲夏、仲秋和仲冬四个节气。二十四节气中首先确定的是夏至、冬至、春分和秋分。古人通过土圭测日影确定，夏至日影最短，白昼最长；冬至反之；春分和秋分昼夜平分。秦初《吕氏春秋·十二纪》又增加了立春、立夏、立秋、立冬。到公元前 137 年二十四节气最早见于《淮南子》一书。公元前 104 年由邓平等制定的《太初历》正式定于历法，明确了二十四节气的天文位置。

中国古代历法按照月球朔望盈亏划分月份并沿用至今。由于气候季节变化与阳历基本一致，而阴历 12 个月的天数要比阳历少 11 天多。为适应指导农事活动的需要，必须使传统历法与地球公转所决定的气候季节变化相一致，古代中国先民采取每隔 19 年增加 7 个闰月和按照地球公转轨道等分二十四个节气的办法来与阳历保持基本同步。因此，中国的传统历法应属阴阳历。二十四节气的单数节气在古代称节或节气，偶数节气称中或中气，相邻两个节气间隔 15 天左右。由于阴历每月平均 29.5 天半，推延到某个月只有节气而没有中气时就定为闰月。

(2)杂节气

随着生产发展,从二十四节气又延伸出七十二候、九九、三伏、梅雨等时令。

七十二候形成于汉代,以五日为一候,均以物候命名,但由于过于烦琐,后来很少使用。农民还把每个节气分为头、中、尾各占5天的三个候以指导生产。

九九是从冬至开始计算,每九天为一个时段,称为"数九寒天"。九九过后,大地回春,农民又开始春耕春播大忙。

"伏"用以计算一年中最热时段。中国古代使用天干和地支纪日,其中天干有十个字,地支有十二个字,依次组合形成60天周期。庚是天干第7个字,每隔10天出现一个庚日。从夏至起第三个庚日规定为头伏开始,一般年有三个伏共30天,分别称头伏、二伏(中伏)和三伏(末伏),少数年的中伏有20天。

由于秦汉时期政治文化中心在中原一带,上述二十四节气及九九、三伏等都是根据黄河流域物候与农事活动制定的,其他地区这些节令的应用不同。

江南初夏是梅子成熟季节,经常出现连阴雨称为梅雨。正常年份6月上旬入梅,7月中旬出梅。但有的年份入梅早,出梅晚,梅雨期长;有的年份入梅晚,出梅早,梅雨期短,甚至出现空梅而形成旱灾。

(3)二十四节气在指导抗旱中的作用

二十四节气是古代劳动人民农业生产经验的结晶,各个节气的名称反映了气候的变化和物候现象(表6-1)。

表6-1 二十四节气的名称和含义(据韩湘玲等修改,1991)

气候要素	节气名	含义
温度	立春、立夏、立秋、立冬	各季的开始
	夏至、冬至	热季和冷季的开始
	小暑、大暑、小寒、大寒	最热、最冷时节
	处暑	由热变冷转折点
降水	雨水	春季开始由降雪转为降雨
	谷雨	春季需水的重要时期
	小雪、大雪	冬季下雪
温度和水汽	白露、寒露、霜降	气温下降,水汽凝结
日长	春分、秋分	昼夜等分并开始变长或变短
物候	惊蛰、清明、小满、芒种	昆虫或作物对气候的反应

二十四节气和杂节气在抗旱中都得到了广泛应用。

二十四节气主要用于指导农事作业,体现在大量农谚中。如华北北部普遍有"清明前后,种瓜点豆"和"秋分种麦正当时"之说,但在20世纪70年代以前,京郊实际是"秋分头种麦正当时",目前由于气候变暖已变成秋分尾。除温度条件以外,播种季节有适量降水也是必要条件。谷雨节气表明正是农作物最需要雨水的时期,如果少雨就需要灌溉。梅雨和北方"大暑小暑,灌死老鼠"的谚语,分别反映正常年份江南与北方的雨季,各地农业生产也是按照常年气候特点来安排的。如果江南出现空梅,或者北方出现夏旱,旱灾的风险将要比一般年份更大。

华北旱地小麦有“三伏有雨好种麦，三伏无雨休种麦”之说，表明夏季蓄墒对于冬小麦收成至关重要。如果伏雨不足就需要灌溉确保出苗。黄河中下游秋收作物还有“立秋下雨万物收，处暑下雨万物丢”之说，这是因为立秋正是作物抽穗开花和灌浆初期，需水量很大；而处暑已进入灌浆中后期，雨水太多光照差不利于灌浆，并有可能发生倒伏和病害。但华北北部却有“头秋旱，减一半，处暑雨，贵如金”之说，这是由于该地区常年处暑节气降水仍不能充分满足需要。

(4)农谚在抗旱中的应用

农谚是农民长期生产和生活实践经验的概括，以通俗的谚语形式便于记忆。农业出版社曾收集全国 3 万余条农谚，大多与气象及作物有关。其中有些农谚对于抗旱工作至今仍不失指导价值。

“锄头底下，有水有火”、“旱耪地，涝浇园”，指的是干旱时锄地可切断毛细管减少蒸发，还可促进根系下扎吸收深层水分。土壤过湿也要锄地以散墒。

“有钱难买五月旱，六月连阴吃饱饭”适合北方春播作物。农历五月是春播作物拔节期，适度干旱可促进根系下扎和基部节间缩短，有利后期抗旱抗倒伏。农历六月则是作物旺盛生长和开花结实期，需要大量水分，最怕干旱。2009 年夏季东北西南部和内蒙古中东部降水分布恰好相反，玉米拔节期雨水过多生长过旺，盛夏却高温少雨，导致大面积减产甚至绝收。

“春雨贵似油，多下农民愁”在北方广为流传，表明常年春季北方十年九旱。但春雨过多也不利于播种，还可能造成夏收作物的病害和倒伏。

“夏雨稻命，春雨麦病”适于长江中下游，表明水稻在夏季容易遇到伏旱，夏雨对于水稻极为重要。而春雨过多造成湿害是该地区小麦生产的主要灾害。

“西南火旱风，收麦要减成”流传于黄淮麦区。小麦收获前如遇干热风常造成瘪粒减产，实际是一种大气干旱，与“小满不满，麦有一险”的含义一致。

“麦盖三场被，枕着馒头睡”表明北方冬雪有利抗御冬旱与冻害，但“冬雪是麦被，春雪是麦鬼”又说明返青以后下雪会对小麦产生冻害或窒息危害。

“惊蛰地气通，搂麦要进行”，说明黄河流域春季冻土化通时要抓紧松土，减少土壤翻浆水分的蒸发损失。

“春分麦起身，肥水要紧跟”，表明黄河流域这时小麦已经拔节，需要水肥促进，干旱会造成极大损失。

许多农谚还指出平整土地和土壤改良对于抗旱的作用，如“追肥浇水跟松耪，三举配套麦苗壮。”“灌溉不整地，等于白费力。”“碱地压沙土，一亩顶二亩。”“淤上半尺黄河泥，可打三年好粮食。”“沙地好像筛子底，积不下肥，存不下水。”“沙地发小苗，粘地发老苗；沙粘一混搅，从幼到老长得好。”

不同地区的农事季节和气候特点不同，应用农谚首先要注意弄清楚适合哪个地区。还有少数农谚违背科学或带有迷信色彩，如按照天干地支推算未来天气和是否出门吉利等，这些农谚中的糟粕应予以剔除。

6.2 抗旱农田基本建设的范例

6.2.1 鲁西北平原以改土治水为中心的盐碱地综合治理

黄淮海平原是中国旱涝灾害最突出的地区。以鲁西北为例,13 世纪末以来的 700 年间共出现大小旱年 350 年,大小涝年 166 年。1951—1991 年共有旱年 20 年,涝年 11 年。降水季节分配不匀和年际变化大是致灾主要原因,地形条件和水利设施则是成灾大小的决定因素,盐碱地发生旱灾时作物受害更重。

20 世纪 60 年代至 70 年代,以禹城试验区为开端有若干县相继开展试验研究。禹城井灌井排旱涝碱综合治理试验区创建于 1966 年,是建设较早的一个大型综合治理试验区。指导思想是通过机井和其他水利、农林措施,对旱涝碱三大灾害综合治理,提高生产水平。经过多年努力,自然条件和生产面貌发生了深刻变化,为同类地区的农业发展提供了示范和经验(王永红等,2007)。

重盐碱地水盐运动有以下特点:①耕层土壤在春秋季强烈蒸发呈积盐趋势,夏季降水集中呈脱盐趋势。②土壤盐分垂直剖面分布具有明显的表聚性,1 m 土体盐分主要聚集在 40 cm 以上,表层 5 cm 含盐量占到 40%多。③土壤盐分离子组成与潜水地下水基本一致,主要为氯化物—硫酸盐,地下咸水主要成分为硫酸盐—氯化物—镁钠质潜水。④土壤盐分溶解度高易迁移。⑤农田土壤盐分在垂直剖面上的分布具有不稳定性。

调节水盐运动的几种具体方法:

(1)引淡淋盐。一次灌淡水或充足降水可使上层土壤可溶性盐溶解并随水入渗下层土壤或潜水。淋洗程度主要取决于土壤质地和土体结构,当地重盐碱土多为粉砂壤,土体构型多为通体砂,淋洗一次可使 0～40 cm 平均含盐量由 0.4%下降到 0.1%,淋洗深度达 1 m 以下。

(2)井灌井排。利用浅群井抽咸强排强灌使土体快速脱盐。

(3)农田覆盖。可有效抑制蒸发和地表返盐。覆盖物为光解地膜和秸秆,后者成本低、简便,综合效益较好。春季覆盖主要用于第一年新垦荒地。耕层含盐 0.6%的重盐碱荒地经淋洗、覆盖后含量稳定有效期可达 3 个月以上,与未覆盖农田对比,3 个月后积盐率减少 10%～20%,耕层盐分含量在 0.3%左右,棉花出苗成活率 40%～60%,而对照地基本无苗。秋季覆盖为休闲地经耕翻淋洗后进行,供来年春播,比不覆盖积盐率降低 15%。

(4)农业生物技术措施。包括林网、培肥、良种等,主要作用是巩固水盐调节效果,改良农田生态环境。

采取上述措施,极大地增强了试验区农业系统抗御干旱的能力。

禹城试验站的示范为黄淮海平原大面积低产田改造提供了科学依据和技术途径,同时又为黄淮海平原区域治理和农业综合开发提供了新的经验。

6.2.2 纸坊沟水土保持试验区的小流域综合治理

纸坊沟小流域位于陕西北部的安塞县，水土流失与旱洪灾害都很严重。1954 年起黄河水利委员会成立了纸坊沟流域治理试验站，探索自然环境和人为活动对水土资源的影响，运用新思维、新理论、新技术和新工艺，因地制宜因害设防，经长期试验研究与示范推广，水土流失及所引发的洪旱灾害得到有效遏制。

纸坊沟小流域水土流失综合治理经过了 4 个阶段(毛泽秦，2006)：

第一阶段：小型水保工程措施和荒坡造林措施。20 世纪 50 年代，纸坊沟列为黄河流域小流域治理重点，设置了专门的治理机构。60 年代初展开了以小型水土保持工程措施和荒坡造林为主的综合治理，大力兴建地埂、软堰、水簸箕、土柳谷坊、涝池和小型水库，同时采用水平沟、鱼鳞坑大面积人工造林，初步奠定了水土保持综合治理的基础。

第二阶段：坡改梯治理与坡面拦蓄体系措施。60 年代后期转入坡耕地改造治理，70 年代初机械化和人力相结合将大部坡耕地改造成水平梯田，形成坡面拦蓄体系。

第三阶段：沟道治理及全面调控体系措施。经历丰水期洪灾后，70 年代后期在继续进行坡面治理的同时开展了大范围沟道治理，集中在中下游沟壑区采用水坠法和碾压法筑起 4～16 m 高的淤地坝 14 座，建成一组见峡设坝、裁弯取直、小多成群、大坝保小坝、沟沟拦水、节节拦泥、坝坝种地的拦、蓄、种治沟体系，同时修建了 3.2 km 的沟道护堤。防洪减灾、拦泥淤地功能大大增强，水土资源调控体系全面形成。淤坝地基本农田极大提高了整个小流域的农业抗旱能力。

第四阶段：退耕还林还草和综合开发体系措施。在 80 年代后期梯田重修和义务植树种草基础上，90 年代后期开始退耕还林还草，同时开展以生态博览为主题的综合开发，走出新的治理开发路子，增强了水土资源调控与开发利用功能。

纸坊沟小流域的水土保持措施取得了显著的生态与经济效益：

(1)形成了较完整的水土保持体系

从坡面到沟道既有植物措施又有工程措施，总体形成 3 个体系：

植物保护体系：山坡人工造林 280.6 ha、"四旁"植树 6.2 万株，人工种草 175.1 ha，加上天然林草，植被总面积达 673.1 ha，植被覆盖率达 35.5%，成为调蓄流域水土资源的第一道防线。

坡面工程调控体系：修筑梯条田 718.8 ha，挖筑水平沟、鱼鳞坑、水簸箕等 74807 个。坡面工程能有效地拦蓄沟坡径流，蓄水保墒，减少冲刷，不仅使沟坡地从"三跑田"变成了"三保田"，而且成为调控流域水土资源的第二道防线。

沟道工程拦蓄体系：修建沟道谷坊、截水堰等 255 座，小型水库 3 座、淤地坝 14 座，淤坝地 56.28 ha，能拦蓄泥沙、调节洪峰、控制水土流失，构成了流域水土资源拦蓄保护体系的第三道防线。

(2)有效地遏制了流域水土流失

形成了有效的水土流失防治体系和调控利用系统。共修建水平梯田 508.8 ha，荒山造林和退耕还林 280.6 ha，荒坡种草和退耕种草 175.1 ha，"四旁"植树 6.2 万株；修建小型水库3座、淤地坝14座，总库容478.7万m^3，其中已淤积260.5万m^3，剩余滞洪库容218.2万m^3；已淤坝地56.28 ha，已治理水土流失面积12.21 km^2，治理程度达到81.4%，比50年前提高了64.3个百分点。年拦泥量由零提高到5.21万t，侵蚀模数由12660 t/(km^2·a)下降到了8829 t/(km^2·a)，相当于每年减少土壤冲刷1.2 mm。梯田由零增加到了508.8 ha，沟坝地由零增加到56.28 ha。库坝滞洪库容由零增加到263.3万m^3，能够保证在500年一遇洪水时只向下游河道泄洪30 m^3/s，使城区防洪压力大大减轻，同时使小流域水资源状况明显改善，抗旱能力显著增强。

(3)改善了小流域生态环境

比50年前新增林地280.6 ha、草地175.1 ha，植被覆盖率提高24个百分点；3座小型水库和14座淤地坝累计蓄水660万m^3，增加水域152.7 ha，年均增加水面蒸发3.66万m^3，还增加了地下水补给，旱灾风险明显减轻。

(4)经济效益显著

50多年来，小流域综合治理模式和单项技术成果在杏子河与延河流域6500 km^2推广，经济效益20亿元以上，粮食单产增加4倍以上，2004年的人均年纯收入2000多元，明显高出当地平均水平。

6.3　现代旱作节水农业的范例

6.3.1　新疆膜下滴灌技术

6.3.1.1　膜下滴灌的由来

1996年，新疆生产建设兵团石河子农八师使用北京绿源公司生产的滴灌器材，在1.67 ha棉田进行首次膜下滴灌获得成功。1997—2000年该项技术日趋成熟(山仑等，2004)。到2004年已推广到20余万公顷。膜下滴灌是把以色列的滴灌技术和国内覆膜技术相结合的新型节水技术。即在滴灌带或毛管覆盖一层地膜，通过可控管道系统供水，将加压的水经滤清后，与水溶性肥料充分融合进入输水管道，再由毛管上的滴水器逐滴均匀定时定量浸润作物根区。

6.3.1.2　推广过程和效果

试验初期使用国产滴灌带，加上首部设施每公顷首次投入16020元。若采用国外滴灌带则高达30000元以上。为降低滴灌造价，农八师组建了天业股份有限公司，走“引进、消化、吸收、创新”之路，1998年试制成一次性边缝式薄壁滴灌带，价格仅0.3元/米，使首次每公顷投入下降为8250元，农户种植棉花每公顷净增收2250元。同年又开展“干旱区棉花膜下滴灌结合配套技术研究与示范”，为该项技术的大面积推广提供了基础。

以农一师为例，位于天山南麓中段的塔克拉玛干沙漠北缘，年降水仅40～82 mm，年蒸发1893～2559 mm，属极端干旱纯灌溉型绿洲农业区，农业用水主要引自塔里木河支流，由于上下游争水使水资源日趋紧张。1999年开始小面积试验，到2005年已推广到

8.5 万 ha，节水近 2 亿 m^3，职工增收 1.5 亿多元。比常规灌溉每公顷节水 2250 m^3，节约机械费 150 元，节肥 75 kg，降低劳务管理成本 300 元，节约土地 8%，籽棉单产提高 315 kg。除去工程折旧、电费和维修费，每年每公顷可增收 1815 元。

棉花膜下滴灌技术在新疆各地迅速推广。石河子垦区的农八师到 2005 年已推广到 10 万 ha，年节水量 1.8 亿 m^3，每公顷单产增加 750 kg，增收 3000 元。阿克苏地区 2008 年推广 5.3 万 ha，棉花每公顷单产皮棉 2076.45 kg，其中 3000 kg 以上超高产面积 280 ha。高产攻关示范较常规灌溉节水 30%～40%，增产 20%以上，土地面积利用率提高 3%～5%。膜下滴灌技术在内地棉花、蔬菜、果树生产上也得到了广泛应用。

6.3.1.3 膜下滴灌的增产增效机理

以棉花为例，膜下滴灌的增产增效机理表现为以下几个方面(姜兆堂，2008)：

(1)使水肥同步，提高产量和品质

覆膜减少棵间蒸发和调节地温，保苗率高出 13%，棉花根系全生育期发生量比沟灌多 40%，营养体形成早。肥料随水均匀准确地滴入根系土层，可少量多次水肥同步，避免了流失，土壤水分经常保持适中，有利于生长发育，棉花品质也明显改善，成熟度好，纤维长度增加 0.4～0.7 mm，纤维整齐度高，外观光泽好。

(2)优化种植环境

先局部灌水，逐渐连成一片，灌溉深度 50 cm 为棉花主根系吸水有效空间。还可调节土壤通气性，有利于土壤微生物活动，取消灌渠可节省土地 5%～7%。

(3)调控生长发育，排盐压碱

地膜阻止了盐分随蒸发向地表积累，滴水对根区土壤盐分有淋洗作用，具有改良盐碱地土壤的巨大生态效益。

(4)省时省工节能

地面灌溉一个农工只能管 3.3 ha 土地，挖土堵口劳动强度大。滴灌极大地减轻了劳动强度，实行复合作业使机械作业大大减少，人工管理定额大幅度提高。

(5)综合带动效益

劳动生产率提高有利于农业结构调整和集约化经营，还带动了相关产业如滴灌器材、滴灌专用肥、过滤设施生产等的发展。

6.3.2 甘肃雨水集流“121”工程

(1)“121”雨水集流工程的由来

甘肃省中东部地区是全国典型的旱作农业区，年降水量 250～600 mm 且时空分布极不均匀，几乎年年有旱情，粮食产量低而不稳，农村饮水困难。甘肃省政府在总结 20 世纪 90 年代初期集雨工程试验成果和农民打窖集雨成功经验的基础上，组织实施了“121”雨水集流工程，形成以集雨工程为纽带，“梯田＋地膜＋集雨＋科技＋结构调整”的旱地农业发展模式，即每户建 100 m^2 左右的集流场，打两眼水窖，发展 1 亩左右的庭院经济。1995 年实施以来，先后建成和改造旧水窖 297 万眼，有效地缓解了 263 万人的饮水困难，发展集雨节水灌溉面积36.7万ha。2009年7月20日，“2009发展中国家雨水集蓄利用技术培训班”在兰州开班，来自25个国家的43名政府官员和学者参观了甘肃省雨水集流工程的现场(甘肃日报，2009)。目前，“121”雨水集流工程已成为全省缺水农村解决人畜饮水的主要模式，也是干旱山区水利建设史上的一大创举。

(2)雨水集流利用的原理

甘肃省经过10多年的试验研究和示范，初步建立了雨水集蓄利用的理论体系，解决了雨水利用中集流形式、储存方式、利用模式等三大难题。

适宜发展雨水集蓄利用工程的地区需要具备三个特征：一是地表、地下水缺乏，区域性、季节性干旱缺水问题严重；二是修建区域性骨干引水、调水工程十分困难，技术和经济上不合理；三是当地有一定的降雨量，有集雨的气象条件；四是地形复杂，居住分散，适宜修建雨水集蓄利用工程进行分散开发(图6-2)。

图6-2　正在施工的水窖

雨水集流系统的组成模式如表6-2所示。

表6-2　雨水集流系统各部分组成模式(山仑等，2004)

雨水集流子系统		净化子系统	存储子系统	输水子系统	节灌子系统
天然集流场	荒坡、路面 场院、屋面、沟壕	沉沙池 过滤池 拦污池	水窖、窑窖、 水洞旱井、 水柜水池、 水塘微型水库	U型水渠 输水管	滴灌、喷灌渗灌、 抗旱座水种、 注射灌溉、地膜穴灌、 精细地面灌
人工集流场	水泥面、三合土 原土夯实、塑料薄膜、 其他集流材料				

实施雨水集流工程，首先要建好集雨面。当地传统的屋顶和庭院都是土质面，集雨效果差，收集的雨水不卫生。硬化处理既提高了饮用水卫生标准，又减轻了劳动强度，可用

于解决人畜饮水和发展庭院经济。农田则利用附近路面为集雨面，在下坡向集雨。有条件的还可利用田间高地或平台建设集雨面和蓄水工程。

水窖是雨水贮存的主要设施。中国水窖修建历史已有数百年，原来只用于生活和饮用，80 年代后期以来广泛用于庭院经济和作物需水关键期补灌。水窖修建材料、施工工艺得到不同程度改进，使用地域日渐广泛。水窖是一种口小内腔大，深度与最大直径比一般为 1.5～2 的竖直圆形窄深式地下蓄水设施，能较充分地利用顶部和窖壁土体的自稳性，可减少建筑材料。窖壁防渗材料为黏土或水泥砂浆。窖外蓄水池可拦蓄雨水和沉积泥沙，应设置防渗层（程满金等，2009）。

6.3.3 华北井灌区节水型农业技术

华北平原是中国重要的粮棉基地，也是旱灾发生最频繁的地区。随着区域经济发展和人口增加水资源日益紧缺。连年干旱使海河水系各大河流相继出现常年干涸，地表水源基本枯竭，依靠机井灌溉。20 世纪 70 年代以来开展了各项节水技术研究。80 年代以后全面开展了农业节水技术试验示范，取得显著效果。

处于北京、天津之间的廊坊地区几乎没有可利用地表水资源，20 m 以内浅层地下水不但含水层薄，而且出水量小，开采难度大。20～80 m 为微碱性含水层，不宜作为灌溉水源。灌溉、工业和生活用水都靠开采 160～300 m 的深层承压水维持。中国农科院农田灌溉所经研究认为，这类地区发展节水型农业的关键是：在分析评价水资源及承载能力的基础上，合理地利用深层水和浅层水，建设以机井为单元的高标准低压管道输水灌溉系统，根据可供水量调节作物种植结构，推行农业节水综合技术措施（山仑等，2004）。

（1）分析评价水资源及承载能力，合理利用地下水

廊坊示范区可采水量 65 万 m^3，只能满足同期作物灌溉需水量的 68.8%。经研究，适宜井型为真空式空穴井和小孔无砂混凝土管井。由于浅层水水质好，易补给，成本低，但出水量小，适宜农户就近打井，发展庭院经济。

（2）建设以机井为单元的低压管道输水灌溉系统，推广间歇灌

示范区深井出水量 30～50 m^3/小时，每眼井布设独立管道输水系统，控制灌溉面积取决于单井出水量，一般为 14～25 ha。采用由干支两级组成的树状输水管网，为减少田间损失还配置了地面移动孔闸管系统。近期以畦灌为主，适宜畦长 40～50 m，宽 1.5～3 m，灌溉定额 600～750 m^3/ha。随着经济发展水平的提高，有条件的可发展喷灌或微喷。

间歇灌是以一定周期交替向几个沟、畦间断供水，水流到一定距离时停止供水，改入另一沟、畦，水层消退后再开始供水并推进一段距离。如此重复循环，直到灌完全部沟、畦。间歇灌比连续灌推进速度提高 18%～50%，灌水效率提高 15%～33%，节水 15%～30%。灌水均匀度提高到 80%，还可节能和降低成本。

（3）调整种植结构和推广节水综合技术

筛选适应当地气候的节水、高产小麦和玉米品种，确定合理密度和施肥量。小麦干旱年灌水定额 2400 m^3/ha，灌水 4 次，平水年 3 次。夏玉米灌溉定额 600～1200 m^3/ha，灌

水1～2次。

(4)经济和生态效益

示范区灌溉面积由3.5 ha扩大到300 ha,复种指数由1.24提高到1.34,小麦和玉米单产分别比建设前3年平均提高68%和143.9%,水分生产效率由0.69 kg/m³提高到1.356 kg/m³。每次灌水量由1500 m³/ha降低到600～750 m³/ha,每次灌水成本由300元下降到150元。

6.3.4 南方水稻节水灌溉技术

(1)水稻"薄、浅、湿、晒"节水灌溉技术模式的由来

水稻是南方主要粮食作物,水稻灌溉占全国农业总用水量的63%。传统的串灌、漫灌方式不仅浪费水,而且不利于水稻生长。广西在20世纪60年代开始研究水稻节水灌溉技术,根据水稻移植到大田后各生育期的需水特性和要求进行灌溉和排水,为水稻生长发育提供良好的生态环境,比传统的深水淹灌和串灌漫灌方式增产节水,经推广应用逐步完善,形成了"薄、浅、湿、晒"灌溉制度,在大面积生产上示范推广,增产、节水效果十分显著(山仑等,2004)。

(2)水稻"薄、浅、湿、晒"节水灌溉技术模式要点

技术要点是薄水插秧,浅水返青,分蘖前期湿润,分蘖后期晒田,拔节孕穗期回灌薄水,抽穗开花期保持薄水,乳熟期湿润,黄熟期湿润落干。在广西已推广到保灌面积的94.7%,灌溉水生产效率从0.99 kg/m³提高到1.4 kg/m³,每公顷平均增产375 kg。

6.3.5 北方旱地农业技术

6.3.5.1 北方旱地农业的研究与示范概况

北方旱地农业区有耕地7700万ha,生态环境脆弱,贫困人口多,但人均耕地多,增产潜力大。

1983年8月,农牧渔业部在延安召开了"北方旱地农业工作会议",20多年来在国家重点科技攻关计划或支撑计划支持下,取得了一系列成果和显著生态、经济效益。仅"九五"期间就建成6.67万ha试验示范区,粮食总产平均增加20%～30%,水分利用率提高10%,新增粮食(8～10)亿kg,新增效益20亿元(信乃诠等,2002)。

旱地农业建设技术路线的中心是对有限水的高效利用,围绕提高降水利用率,提高降水利用潜力开发程度和提高水分利用效率。在积极发展传统旱地农业技术的基础上,推广集雨补灌、地膜覆盖、保护性耕作等现代旱农技术,坚持生物、工程和农艺措施相配合,突出治理与生产相结合,建立综合技术体系。高新技术与常规技术相结合,合理调整农田结构,选育节水优质品种,加强耕作培肥和化学节水技术应用(山仑等,2004)。

6.3.5.2 旱地农业建设技术体系的要点

(1)建设基本农田。黄土高原每公顷旱坡地改为梯田后可拦蓄地表径流225～750 m³,增产75 kg。内蒙古阴山北麓丘陵区推广渐进式等高田(即建成坡式梯田后通过逐年定向

耕翻变成水平梯田)，显著减轻了水土和养分流失，并兼有减轻风蚀效果，粮食单产第一年比改造前增加 21.9%～25.5%，第二年增加 37.9%～40.4%，第三年增加 34.1%～48.4%(信乃诠等，2002)。

(2)覆盖地膜和秸秆。在地面形成保护层以减少蒸发，防止水土流失。西北农林科技大学在渭北试验，小麦收获后覆盖麦秸每公顷增产粮食 40%～43.3%，降水利用率从 25%～30%提高到 50%～65%。

(3)建设土壤水库。推广保护性耕作、耙耱中耕、培肥土壤、合理轮作、秸秆还田等，增加土壤有机质，改善理化性状，增加储水能力。土壤有机质含量从 1%提高到 1.5%，雨水入渗可增加 2 倍，蒸发量减少 40%，增产 30%～65%。

(4)优化种植结构。由粮、经二元结构向粮、经、饲三元结构转变。

(5)选育优良品种。

(6)农艺节水。如宁夏南部山区合理增施化肥使水分利用效率提高了 49%，而耗水量仅增加 8%，起到了以肥调水的作用。

(7)化学抗旱。如保水剂可吸收自身重量 400～1000 倍的水分，其中 85%是植物可利用的自由水，在大田作物使用一般增产 8%～20%。

6.3.6 适应干旱的农业结构调整范例

6.3.6.1 阜新市适应半干旱多灾气候的产业结构调整

以半干旱地区的辽宁省阜新市为例，水资源总量 8.42 亿 m^3，可开发利用量 6.26 亿 m^3，其中地表水资源量 1.83 亿 m^3，地下水可开采量 4.43 亿 m^3，采用节水技术可保证 13.3 万 ha 耕地的水分需求。阜新日照时数和热量均比辽宁全省平均高 10%左右，昼夜温差大，有利于畜牧业、林果业和设施农业，产品质量好，具有市场竞争力。但长期以来农业结构以粮豆为主，有效灌溉和节水灌溉面积比例都不高，干旱造成产量波动，导致农民收入低而不稳。阜新市通过调整农业的产业结构，提高了应对和适应旱灾风险的能力。

(1)发展避旱农业

加快发展畜牧业、林果业和设施农业，从根本上摆脱雨养农业靠天吃饭的被动局面，建立稳定的收入来源。由于果林和牧草大多为多年生，能够利用深层土壤水分；设施农业水分蒸发受抑耗水少，干旱年份这三种产业受当年水分条件影响较小，要比一年生粮豆作物更加稳定和节水。首先发挥当地荒草地和农作物秸秆较多的优势，建立草食动物畜牧业在大农业中的主导地位。培植龙头企业，建设良种繁育体系，全面推进无规定动物疫病示范区缓冲区建设，确保无重大疫病发生。其次，利用丘陵岗地和气候资源优势促进林果产业发展。狠抓防沙治沙、村屯绿化、封山育林、矿区绿化、农田林网、荒山整治、杨树商品林基地、特色生态经济林基地等 8 个子工程建设，突出山杏、梨、葡萄优势果品，使之成为农民增收主渠道之一。引进扶持龙头企业，提高林果产品加工率和加工深度。第三，依托光热资源优势大力发展设施农业。优化区域布局，重点乡镇集中连片规模发展。高中低档一起上。重点推广土堆墙竹木结构温室。突出主栽品种，在庭院中开展“猪沼菜厕四位一体”生态模式户建设。

(2)结构调整的抗旱保障

为保障优势产业形成发展，努力搞好各项抗旱措施的综合配套。对水利、农艺、农机、生态、气象五方面抗旱措施系统组装综合配套，区别不同地块分类实施。到 2010 年，全市旱涝保收田面积可达 8.47 万 ha，其中机动抗旱面积 3.27 万 ha；2015 年分别达到 10.1 万 ha 和 4.26 万 ha。

(3)发展农村劳务经济和二、三产业

农民收入多元化能大大减轻干旱带来的生活困难。

6.3.6.2 适应干旱的种植结构调整

(1)宁夏适应干旱气候的种植结构调整

宁夏山区和川区农业结构调整各有侧重：

①引黄灌区。银川平原建立优质稳产高效商品粮、专用粮和饲料粮基地，同时大力发展滩羊为主的畜牧业、渔业、枸杞、葡萄酿酒和蔬菜等优势产业。

②南部山区。大面积退耕还林还草，结合生态建设发展草业，扩大紫花苜蓿等优良牧草种植。大力发展畜牧业、马铃薯、油料、中药材等，逐步建立名特优农产品生产基地。

种植业结构调整目标是由传统的粮经二元结构转变为粮经饲协调发展、农牧业相互促进的三元结构，使饲料作物生产逐步形成相对独立的产业。三类作物比例 2010 年争取实现 5∶2∶3，引进优质高产饲料作物，提高饲料报酬。根据未来粮食需求确定种植规模，按照城乡居民口粮人均消费量，加上种子、工业及饲料用粮，考虑人口增加和灾害因素，应保持每年递增 3.0%的速度。

①小麦。市场供求基本平衡，但优质小麦面积偏小，需大力发展。

②水稻。抓好品质提高，建立无公害珍珠大米生产加工基地。

③玉米。是主要饲料粮，要推广高产优质粮饲兼用青贮高产品种，适当扩大优质专用玉米面积，满足食品加工需求。

④马铃薯。南部山区土壤适宜种植，每公顷收益比小麦高 1665 元，也比胡麻、糜子、豌豆等高，应作为主导产业，保持 13.3 万 ha 和总产 300 万 t。

⑤油料。面积和产量不足全国 2%，应以提高效益为主攻方向，推广优质高产品种，扩大地膜覆盖和间套种，提高单产，稳定种植面积。

⑥蔬菜。建立大规模无公害、反季节产区。压缩露地菜，稳定地膜菜，发展设施菜和反季节菜。合理调整茬口，减少重叠上市。压缩常规品种，扩大优质品种，重点发展具有较强市场竞争力的区域性名、特、优、新及无公害品种。

⑦饲料作物。目前粮食已自给有余，畜牧业产值占农业总产值 36%以上，成为农民增收的重要产业，对饲草料数量、品种和质量提出了新要求。

⑧中药材。将中药材作为支柱产业，宁南山区种药户年均增收 500 元。药材大面积栽培及封山育林和人工围栏可减轻过度采挖对山林、草原的破坏，使全区荒漠化土地减少 6.7 万 ha，可在南部山区形成中药材为主植被 3.33 万 ha。

(2)南方适应季节性干旱的种植结构调整

中国南方虽然年降水总量较多,但盛夏在副热带高压控制下经常出现季节性干旱,尤以丘陵山区为重。20 世纪 80 年代初期四川省鉴于传统的冬水田难以维持水层产量不稳,曾提出“水路不通走旱路”并取得显著的增产效果。近年来在总结成功经验基础上,综合考虑不同作物需水规律、降水时空分布及生产潜力实现程度、水分利用效率和经济效益,提出不同地区旱地防旱避灾种植制度优化方案。

湖南省:

①湘西丘陵山地区:油菜—红薯、马铃薯—中稻。

②湘北平原区和湘东盆地区:油菜—中稻、油菜—棉花、油菜—棉花、玉米—晚稻和双季稻。

③湘北丘陵山地区和湘东南丘陵区:冬小麦—中稻、马铃薯—中稻、玉米—晚稻。

四川省:

①川西北盆地高原过渡区及东北边远山区:冬小麦(马铃薯、油菜)—玉米—红薯、油菜—棉花、油菜—水稻、冬小麦—水稻、马铃薯—水稻。

②川南高原和山区:冬小麦—玉米—红薯(大豆)、冬小麦—水稻、马铃薯—水稻。

③川中盆地和高原过渡区和川南丘陵区:油菜—水稻、马铃薯—水稻、冬小麦—玉米—红薯、冬小麦(马铃薯、油菜)—水稻。

6.3.6.3 新疆适应干旱气候的作物布局调整

新疆农业生态类型多样,作物种类繁多,审定品种很多但推广应用年限都不长,面积不大;非审定品种多、乱、杂。根据新疆种植业发展“十一五”规划,以市场需求为导向,坚持优质高效目标,扬长避短,努力提高市场竞争力和占有率。重点建设“四个基地”,做好粮食,做强棉花,做大特色产业,做优瓜果园艺。

(1)做好粮食,合理布局,满足多元需求,确保安全生产

稳定粮食总产,坚持“全区平衡,自给有余,调整品种,提高质量,加工转化”的方针。合理布局粮食作物品种,逐步形成食用粮、专用粮、饲料粮、特色粮的生产格局,满足粮食消费多样化多元化需要。分别确定了南疆、北疆不同地区的小麦、玉米主栽品种与试验示范品种。

(2)做强棉花产业,建设全国最大的优质商品棉基地

把高产优质作为主攻方向。生产布局坚持“风险棉区、次宜棉区、低产棉区以及重病棉区坚决退出,重点发展高产优质棉区”,重点解决好棉花强力、异性纤维和洁白性等品质问题,加快新品种更新,开发高档纺织产品专用品种,按照科学管理、隔离栽培和产业化经营原则适当发展彩棉。分别提出了吐鲁番、南疆和北疆不同地区的棉花品种布局建议。

(3)加快做优园艺业,培育优良品种,全力打造优质“品牌”

园艺业是新疆传统优势产业,要充分利用得天独厚的资源优势做大、做强、做优瓜果园艺业;重点发展库尔勒香梨、葡萄、哈密瓜、杏、石榴等特色产品。坚持以市场为导向,以效益为中心,突出特色,扩大规模,主攻品种,抓紧建立完善名优特稀优质产品和苗木基

地，加快适销对路优良品种的引进、推广、种植。合理调整瓜果蔬菜品种结构，推广无公害栽培技术。提高质量，保证特色，依托龙头带基地联农户，尽快形成规模，创出品牌，巩固扩大市场份额。分别提出了西瓜和甜瓜、葡萄、杏、梨、石榴、核桃的种植区域分布及可推广优良品种。充分利用南疆热量资源示范大棚种植瓜果，在北疆热量较丰富市郊发展设施果树。

(4)做大优势特色产品，构建农业优势区域和优势产业带

突出新疆特色作物发展，按照“全面规划，分步实施，总体布局，重点推进”的思路，以市场为导向，以效益为中心，合理配置农业资源，初步形成粮经饲三元种植结构。做大以红花、番茄等为代表的红色产业，以优质园艺产品为重点的绿色产业，以优良饲草为重点的饲料产业。形成四大产业带：南疆在保证粮食自给的前提下建成棉花—园艺产业带；吐哈盆地建成以葡萄、哈密瓜为重点的园艺产业带；北疆沿天山昌吉至博乐建成棉花—高效特色经济作物—高产玉米产业带；北疆其他地区建成粮食—油料、甜菜—饲草饲料作物产业带。

6.3.6.4 吉林省粮食作物适应干旱的品种布局调整

(1)普通优质品种布局与定向

吉林根据全省不同生态区域的无霜期、积温、日照和降水量及品种选育应用现状划分六类种植生态区，确定适应不同生态条件的主要作物主推和搭配品种。

Ⅰ类生态区：晚熟区，位于吉林南部，又分四平、集安岭南两个亚区。

Ⅱ类生态区：中晚熟区，位于吉林中西部，又分中晚熟半干旱区、中晚熟半湿润(湿润)区两个亚区。

Ⅲ类生态区：中熟区，位于吉林中东部，分为西部半干旱中熟区和中东部湿润中熟区两个亚区。

Ⅳ类生态区：中早熟区，位于吉林东南部。

Ⅴ类生态区：早熟区，位于吉林东部丘陵与河谷。

Ⅵ类生态区：极早熟区，位于吉林东部海拔较高地区。

(2)专用优质品种布局和调整

优质专用玉米品种分为高淀粉玉米(含淀粉72%以上)和高油玉米(含油8%以上)，分别确定中部、西部主推品种。并提出饲料玉米(含粗蛋白质7%以上，粗纤维不高于55%)的主推品种和糯玉米(支链淀粉含量98%以上)加工型及鲜食速冻型主推品种布局意见。

优质专用大豆品种分为高油大豆(脂肪21%以上，蛋白质不低于38%)、高蛋白大豆(蛋白质43%以上)和出口小粒豆，分别提出主推品种及适宜种植地区。

优质水稻品种提出主推品种名单，由于抗病能力较弱要及时防治稻瘟病。

上述四个层次的结构调整方案实施后，增强了农业系统适应性，降低了对于干旱的脆弱性，在旱灾风险不断加剧的形势下保持了区域农业的增产增收势头。

6.4 旱区生态环境建设范例

6.4.1 防沙治沙工程

中国西北地区风沙是导致和加剧干旱的重要原因。新疆和田市位于塔克拉玛干沙漠西南边缘,年降水量 36.8 mm,年蒸发量 2564 mm,属极端干旱地区。绿洲农业依靠塔里木河支流的灌溉维持。北部经常受到流动沙丘危害。历史上辉煌一时的楼兰古文明就是因为气候变化与河流改道导致水源枯竭而湮灭的。

和田防沙治沙和克服干旱的根本途径是建立以绿洲为中心的防护体系,同时要合理地利用内陆河的水资源,主要措施是(陈广庭,2004):

(1)兴修水利。建成以引水总干渠、各级渠道、中小型水库及干支渠闸口相配套的灌溉系统,采取防渗措施和小畦灌溉,渠系利用系数从 0.35 提高到 0.40,灌溉定额由每次 1800～2250 m^3/ha 下降到 900～1050 m^3/ha。

(2)以绿洲为中心建立完整的治沙体系。外围半固定沙丘区封育保护天然植被;引洪淤灌,灌草结合建立保护带。绿洲边缘建立 100～300 m 宽的防风沙基干林带 358 km。绿洲内部建立窄小网格护田林带,使林木覆盖率达到 40%以上。

(3)固定沙丘。对孤立流动沙丘采取平沙整地。对成片流动沙丘在丘间低地引洪淤灌,营造片林。丘间利用芦苇或麦秸设置沙障固定,有条件的利用夏季洪水引洪冲沙,平整土地,扩大耕地。

由于风沙和干旱减轻,20 世纪 90 年代初期与 70 年代末相比,粮食增产 1.17 倍,单产提高 3.3 倍,棉花增产 1.11 倍,人均收入增加 7.5 倍。

6.4.2 三北防护林工程

6.4.2.1 三北防护林工程简介

中国的西北、华北、东北合称“三北”地区,干旱、风沙和水土流失严重,“十年九旱、不旱则涝”制约着这一带地区的经济发展。为了从根本上改变三北地区的面貌,国务院于 1978 年批准三北防护林工程为国家经济建设重要项目(图 6-3)。

“三北”防护林工程是一项大型人工林业生态工程,东起黑龙江宾县,西至新疆乌孜别里山口,北抵边境,南沿海河、永定河、汾河、渭河、洮河下游和喀喇昆仑山,包括北方 13 个省(市、区)的 551 个县(旗、区、市),总面积 406.9 万 km^2。从 1978 年到 2050 年分三个阶段八期工程,规划造林 3560 万 ha。到 2050 年森林覆盖率将由 1977 年的 5.05%提高到 14.95%。

“三北”防护林体系工程的规模和速度超过美国“罗斯福大草原林业工程”、原苏联“斯大林改造大自然计划”和北非五国“绿色坝工程”,在国际上被誉为“中国的绿色长城”。1987 年以来先后有国家林业局三北防护林建设局等十几个单位被联合国授予“全球 500 佳”称号。工程实施 30 年间,国家累计专项投资 50.40 亿元,各族群众投入 50 多亿个工日，已完成造林育林 2582 万 ha。

图 6-3 华北农田防护林

6.4.2.2 抗旱减灾成效

(1)改善生态环境

实施以来区域森林覆盖率比 1977 年提高 5 个百分点。重点治理沙区实现了沙化土地逆转或动态平衡。初步治理水土流失面积 20 万 km^2，2004 年黄河流经潼关年输沙量 2.99 亿 t，比多年平均减少 8.86 亿 t。

(2)促进农林业发展

除增加森林资源、木材和果品产量外，使 1756 万 ha 农田得到有效保护，57%的农田实现林网化，减轻了旱灾。三北工程区粮食总产由 0.6 亿 t 提高到 1.6 亿 t，仅农田防护林增产效应就使三北地区年增产粮食 2000 万 t。

(3)推动林业的历史性转变

三北工程上马以前，发展林业的主要目的是保持木材持续供给。三北工程启动标志着改善生态成为林业建设主要任务之一，林业建设开始走向商品供应与生态服务并举的时代(关注森林网，2010)。

6.4.3 退耕还林还草工程

2000 年 3 月，国家正式下发退耕工作实施方案，将长江上游和黄河中上游 13 个省(市、区)的 174 个县确定为试点，当年退耕 34.3 万 ha。同时安排宜林荒山荒地人工造林种草 43.2 万 ha(图 6-4)。中央财政对退耕还林还草农民落实补偿政策和扶持政策并给予粮食补助。每退耕一公顷补助种苗费 750 元，生活费 300 元，长江流域补助粮食 2250 kg，黄河流域补助粮食 1500 kg。

图 6-4　退耕封育的丘陵

长江上游、黄河中上游地区的 1866.7 万 ha 耕地，坡耕地占 70%，其中坡度 25°以上占 30%，成为威胁大江大河的上游泥沙主要来源。据统计，5°到 10°坡耕地每平方公里每年流失土壤 1358 万 t，10°到 15°为 2670 万 t，25°以上为 5542 万 t。在中下游泥沙不断淤积抬高加重水患的同时也加重了上游的干旱。

据国家林业局公布，退耕还林工程在前 3 年试点期间累计完成造林面积 233.5 万 ha，其中 25°坡以上坡耕地还林还草 124.5 万 ha，宜林荒山荒地造林 109 万 ha，造林成活率和造林合格率达到 90%。

内蒙古乌兰察布市一度生态极度恶化，旱作农田沙化严重，在 1994 年的大旱中大面积绝收，不少农民扒火车逃荒。此后下决心实施退耕还林还草，全市人均每建成一亩水浇地或两亩旱作稳产田，就退出两亩低产田还林还草还牧，以恢复生态，发展畜牧产业。图 6-5 是内蒙古科尔沁草原围封的草场。

图 6-5　科尔沁草原围封的草场

6.5 抗旱水资源管理范例

6.5.1 水资源统一管理使黄河不再断流

黄河流域大部属干旱、半干旱大陆性季风气候，降水不足是黄河断流的主要自然原因，经济发展和人口增加导致的用水量增加是断流的社会原因。20世纪90年代黄河流域多次发生干旱，断流逐年加重，1997年竟达226天，引起党中央、国务院和社会各界的高度关注。自1999年3月1日起，黄河水量终于实现了由黄河水利委员会统一调度（王爱军等，2002），进入21世纪以来不再断流。

（1）国家统一调度，强化流域水资源管理

1998年12月，经国务院批准，原国家计委、水利部联合颁布实施了《黄河可供水量年度分配及干流水量调度方案》和《黄河水量调度管理办法》，正式授权水利部黄河水利委员会统一调度黄河水量。2002年7月14日，国务院批复了《黄河近期重点治理开发规划》。黄河水利委员会还编制了《2003年旱情紧急情况下黄河水量调度预案》。上述决策为解决黄河断流问题提供了政策支持和资金保障。

（2）合理分配，科学调度黄河水量

积极推进流域水资源统一管理和调度，1999年以来没有再发生断流。其中审批取水量和颁发取水许可证是重要环节，加强监督管理是管理好水资源的关键（刘晓岩等，2000）。

（3）大力推广节水技术

流域各省市建立了节水农业技术体系，加强了分水、取水、用水和保水的科学动态管理，加强了现代水利和水资源利用科研与应用（蔡学林等，2002）。

（4）调整产业结构，切实提高水资源有效利用率

建立了黄河流域经济与市场共同体和水权分配及市场交易机制，调整流域产业结构，压缩高耗水产业与作物，利用市场机制优化配置水资源，提高了水资源利用效率，政府对水资源市场进行了有效宏观干预（施祖麟等，2002）。

（5）加强水土保持，减少入黄泥沙

加大了流域生态环境综合治理力度。河源和黄土高原实施生态环境建设工程以蓄水拦沙保持水土，虽然减少了入黄水量，但同时可减少中游地区的用水量，减少河床淤积和输沙用水量，是解决黄河水沙矛盾的治本之策（吕惠进，2001）。

综合治理上游以恢复植被为主；中游以减少泥沙入河为主，生物措施、工程措施并重；下游则加深河槽、疏通河道、输沙入海（郝明德，2010）。

（6）加强骨干工程建设，科学调配水源

建设地面引黄调蓄工程，缓解用水季节供需矛盾。加强引黄回灌补源工程建设，实施沿黄地表水、地下水及黄河水联合调度方案（陈茅巍等，2000）。

已建成的龙羊峡水库和刘家峡水库对上游防洪、供水、灌溉、发电发挥了很大作用。下游断流时紧急放水对抗旱也有贡献。在中游及下游上段修建万家寨和小浪底等调蓄工

程可控制泥沙，汛期拦洪蓄水既可以减少下游淤积，又可调节部分汛期水量，增加灌溉用水高峰季节的供水能力(李秀莲等，2011)。

(7)开源与节流并举

①开源措施

建立黄河上游源头人工增雨基地，河口引用海水溯源冲刷以减少冲沙用水，咸水淡化后用于工农业生产与生活。南水北调西线工程将根本解决黄河断流。

②节流

修筑水窖、涝池、蓄水池、塘坝或塘库等汇集雨水以解决干旱地区的人畜用水和生态用水，恢复植被，控制水土流失。修筑水库以实现丰蓄枯用。对全流域污水处理达标后再重复利用(王雁等，2005)。

(8)适度提高水价，通过经济杠杆调控引黄用水量

依法征收黄河水资源费以促进黄河水资源的合理配置和节约用水。合理确定水价的目的是用经济杠杆调控引黄水量。上下游水价应有所区别并实行浮动价格，枯水季节高价，丰水季节低价，超计划用水加价。上游地区在计划内节约用水可有偿转让给下游地区(杜永兴，2006)。

6.5.2 组建农民用水协会

建立用户参与管理决策的民主管理机制。20世纪90年代中期以来，结合灌区更新改造和续建配套工作，在世界银行和国际灌排组织支持下，开展了“用户灌溉管理参与”改革试点，按渠系组织农民用水户协会，目前示范点已扩展到全国各地(山仑等，2004；晏成华，2006)。

长期以来，在农村税费改革后，家庭土地承包经营的农田灌溉出现钱难收、水难放、渠难修、难组织的问题，成立农民用水协会把“基层组织统不了，政府部门包不了，单家独户办不了”的事情办成了，做到了乡镇、村组、农民和水管单位“四满意”。以宜昌市夷陵区鸦鹊岭镇的水利部试点为例，主要经验是：

(1)明确责、权、利，推行小型水利设施体制改革

对已建成小型水利设施明晰所有权，放开使用权，搞活经营权。

建立各层次责任制，明确责任主体，沟渠、堰塘等由种粮大户承包、多户共同承包或买断经营，发放经营权证，调动农民自建自管的积极性。用水户协会把堰塘承包给农户后，农民对维修小型水利设施的积极性提高，体现了“民办、民管、民受益”的原则，形成自筹资金、自行建设、自主经营、自我管理的发展机制。用水协会组织会员硬化沟渠14000 m，安装U型槽45000 m，维修沟渠107540 m，整治堰塘350口，新建抗旱蓄水池280口，累计增加蓄水能力85万方。

(2)多方筹资，加大对末级渠系的建设投入

采取区、乡镇财政补贴一点，村集体拿一点，水费价格降一点，欠水费户收一点的办法弥补国家资金投入不足，重点扶持农民用水协会组织末级渠系建设。

(3)因村制宜，建立健全协会章程及各项管理制度

坚持“民办、民管、民受益”原则，加强组织机构和制度建设，使协会运作民主、公开、有

效、规范。章程制度制定后要照章执行，执行结果和水费收取、使用、结算及重大事项都要公开，建立民主管理和农民自我约束的机制。

（4）规范计量用水计价、建立健全监督机制

改按亩收费的传统方式为按量计费、开票到户，公开公正收费，逐步解决水费收回率偏低的问题。建立健全监督机制，所有涉水事务、财务状况、人员聘用等接受广大用水户、当地政府和社会的监督。定期向会员代表大会报告工作，实行“水价、水量、水费、面积”四公开，提高水价管理的透明度，让用水户浇明白水，交放心钱，使农民用水户协会真正办成农民自己的组织。

（5）加大宣传教育力度，提高农民用水的商品意识

促使农民改变“投入靠国家，使用无偿化，用水无节制”的旧观念，树立“谁投资、谁所有、谁受益”的新观念，“谁放水、谁受益、谁出钱”，合理合法地收取农户基本水费和计量水费，保障协会正常运作，规范用水秩序，确保农民增收。

6.5.3 天津创建节水型城市的实践

作为中国最缺水的城市之一，天津以建设节水型社会为目标，通过统筹内外水源，努力节约用水，基本满足了经济社会发展对水的需求。国务院办公厅向全国推广了天津市的节水经验（王冰，2005；宋序彤，2007）。

（1）生活节水

以梅江芳水园小区为例，建设了3套管道供水系统，每家安装3个水表：直饮水系统将达到可直接饮用标准的水输送到户；再生水系统采用密闭方式输送达到生活杂用标准的再生水用于冲厕；自来水供水系统输到厨房用于洗涤。

（2）校园节水

2004年3月1日，天津财经大学在公共用水场所安装智能IC卡系统。学生每人持卡，学校每月免费提供150L开水，超用按每升0.30元交费，剩余可顺延使用。原来洗浴每次2元不计时浪费严重，使用IC卡后洗浴时间大为缩短。在学生宿舍安装水表对日常生活用水计量收费，并由学生自主分摊。实行用水计量后节水率在60%以上，仅洗浴一项日均节水165L。

（3）工业节水

三星电机有限公司建成天津市唯一采用全封闭式结构运行的废水处理工程，采用活性污泥法处理生产废水，出水水质好于国家二级排放标准。目前对日产工业废水700～800 t全部处理，并建有能回收再生水400 t的蓄水池，工业废水达到零排放，年节约自来水14.2万t。

（4）农业节水

宝坻区里自沽灌区拥有2万多公顷有效灌溉面积，主要利用潮白河水。由于工程老化失修，潮白河来水在本灌区消耗殆尽，下游灌区无水可用。1998年开始实施节水改造工程，改善节水灌溉面积占42%，灌溉水利用系数从0.45提高到0.57。预计节水改造全部完成后年可节水6000万m^3。

(5)科技节水

宁河县东淮沽村是天津重要的蔬菜生产基地,20眼机井取水通过输水管道灌溉浪费严重。2004年引进安装6套机井磁卡自动收费装置。村民灌溉前必须持卡缴费充值。测算可节水50%,每公顷每年节省灌溉费用1500元。

(6)海水利用

天津碱厂建成每小时处理2500 t的海水循环冷却示范工程,年节约淡水56万t,直接经济效益200多万元。与海水直流冷却技术相比取水量大大减少。

(7)再生水利用

天津经济技术开发区新水源公司总投资5500万元的新水源一厂扩建和新水源二厂建设工程投产后,日产再生水由3万t扩产至5.5万t,加上新建新水源二厂设计能力1万t的出水规模,每天将日产6.5万t高品质再生水,2006年全部投产后,泰达公司水资源重复利用率达到90%,居国际领先地位。

6.5.4 2006年重庆市抗御特大旱灾的实践

6.5.4.1 旱情

2006年重庆市遭受百年不遇的空前旱灾,先后发出20次橙色预警和26次红色预警。长江、嘉陵江出现有记录以来历史同期最低水位,全市2/3的溪河断流,275座水库水位处于死水位,472座水库、3.38万口堰塘干涸见底。全市17.2万ha柑橘受灾,其中4.26万ha干枯;近两年退耕还林的25.4万ha苗木死亡率超过50%;全市发生森林火灾116起,过火面积866 ha。农作物受灾133.3万ha,大春粮食作物减产两成以上,烟叶、药材、商品蔬菜等经济作物大面积减产甚至绝收。受灾禽畜3664余万头(只)。渔业受灾5.4万ha,损失成鱼3.5万t。受灾人口2100万,820万人出现临时饮水困难。

旱灾导致全市直接经济损失90.71亿元,其中农林牧渔业损失66.35亿元。因高温、限电、供水困难等造成企业限产、停产、减产的产值45亿元,城乡居民生活费用支出同比大幅上升。旱灾还带来不少潜在后续影响,如部分塘、库、堰、渠开裂,部分山体稳定性变差,道路护坡出现裂隙,果树苗木枯死,影响今后几年农业持续增收和正常的生产、生活。

6.5.4.2 抗旱采取的措施

特大旱灾持续了3个多月,温家宝总理亲临检查灾后自救,回良玉副总理专题指导研究抗旱救灾,农业部派出工作组多次深入抗旱一线,指导抗旱救灾(重庆市农业局,2007)。市民全力以赴开展生产自救,千方百计降低了灾害损失。

(1)加强组织领导,全民行动

重庆市把抗旱救灾作为压倒一切的中心工作,广大干部和技术人员忠于职守,勇挑重担;广大群众团结一致,全民动员,战胜旱魔。

(2)突出科技抗旱

重庆市组成了科技抗旱专家组和许多科技抗旱小分队,在农业部专家组指导下分片分业开展技术指导和服务(重庆市农业科学院科技抗旱专家服务团,2006),推广了种植调整、早播早栽、节水灌溉、覆盖保墒、化学调控、旱灾补救等六大技术(苟小红,2007)。

(3)全力"三抓"、"三保"

按照"大春损失晚秋补"、"粮食损失多经补"、"旱灾损失务工补"的思路,组织全市农业系统全力以赴搞好"三抓"、"三保"。即抓晚秋生产、劳务输出、畜牧业和多经产业发展;保畜禽饮水、种畜种田、柑橘为主的果树种苗。开展劳务输出,组织摘棉农民工 11.6 万人进新疆,其中政府直接组织 7.019 万人,实现总收入 2.35 亿元,人均收入达 2196 元。同时组织开展生产自救,减轻灾害损失。

(4)多方争取支持

先后 3 次收集灾情专题报告农业部等相关单位,争取技术、资金和政策支持。

(5)狠抓生产恢复

多次专题研究农业生产灾后自救和恢复建设,做好技术、物资等生产准备。

(6)强化检查督促

成立专项督查组,对各地各级农业主管部门的抗旱救灾和灾后恢复工作督促检查,确保技术、物资、责任三落实。

6.6 旱灾风险防范的科技进步

6.6.1 灌区用水决策支持系统

中国在 20 世纪 80 年代末开始进行灌区和区域水资源管理的决策支持系统研究,90 年代武汉水利水电大学对南方灌区,西北农林科技大学对西北灌区水资源管理决策支持系统进行了大量研究,取得重要成果(山仑等,2004)。

6.6.1.1 井灌区决策支持系统的研制

根据所采集土壤墒情、作物旱情、水源水情等信息计算、分析、决策,做出灌溉预报,确定精准的灌溉时间和最佳水量,利用决策结果对灌溉设备进行自动控制监测,达到高效节水的目的。以无锡安镇农田灌溉管理研制的系统为例。

(1)系统结构

通过田间传感器采集水分、小气候、水情、墒情和作物实时信息,经下位机处理传至主机,处理结果储存到实时数据库,以模型库和知识库为支撑计算分析实时信息,给出作物精准灌溉时间、最佳灌溉水量、最佳开/关灌溉设备时间,由下位机发送指令,控制灌溉设备的开启或关闭。系统总体结构如图 6-6 所示。

(2)应用效果

安镇农业现代化示范区一期工程应用于 20 ha 农田,其中 13.3 ha 水稻田为地下管道灌溉,6.7 ha 旱田为喷灌,都实现了自动控制。

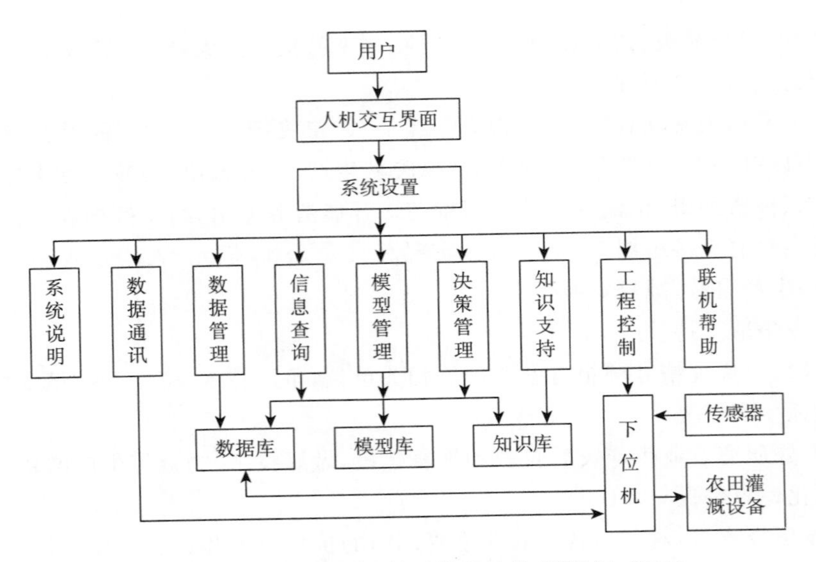

图 6-6 井群灌溉决策支持系统的结构(夏继红,2001)

6.6.1.2 渠灌区灌排管理决策支持系统

该系统包括灌区来水、用水分析,灌溉管理局、管理站所及用户取水、配水、排水计划和优化调度及用水总结等内容。宋松柏等在全面分析河套灌区灌排管理的基础上,研制了河套灌区灌排管理决策支持系统(2001)。

河套灌区位于内蒙古西部黄河北岸,年均降水量 130～215 mm,年均蒸发量 2300～2100 mm,灌溉面积 53.33 万 ha。灌溉渠系和排水系统均分为 7 级。

(1)总体结构

系统分为运行结构、模型部件和数据部件三部分。总体结构设计分为运行结构设计和管理结构设计,前者是指应用决策支持系统原理进行程序结构设计,编制相应的计算机程序,其运行结果即为灌区灌排管理决策值;后者是完成模型库和数据库管理,实现决策支持系统模型和数据共享(图 6-7)。

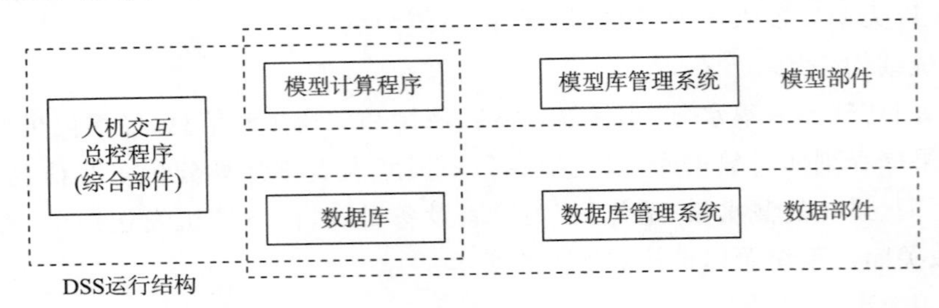

图 6-7 河套灌区灌排管理决策支持系统总体结构

(2)模型控制运行设计

河套灌区灌排信息管理决策系统共分为 10 个子系统:①数据采集与传输;②数据库管理;③水情预报发布;④灌溉进度发布;⑤水情分析;⑥用水计划;⑦用水总结;⑧灌排评

价;⑨工程评价;⑩系统维护。

除①、②、⑩三个子系统为系统自身运行外,其他均直接应用于生产。水情预报发布子系统进行黄河来水量预测、灌域灌溉用水量预测、水位预测和土壤墒情预测,为灌区用水计划子系统提供依据。

灌溉进度发布子系统根据灌域当日水情实测资料和灌溉面积统计资料向灌域各有关管理部门通报灌溉进度。

水情分析子系统分析当日黄河来水量、排水量、地下水水位与该日前年值、多年平均值和近3年平均值变化情况,将各级渠道和管理所引水量、渠道和管理所灌溉面积、各县灌溉面积等与该日前年值、多年平均值、近3年平均值比较引水进度与灌溉面积进度,供用水管理人员安排调整配水。

用水计划子系统包括编制管理总局、各管理局、管理所的年度引水计划;总干渠、管理局、管理所的轮次用水计划;总干渠、管理局、管理所的轮次配水计划。

用水总结子系统包括:阶段、轮次、月、年水情统计资料,月、年地下水资料整编,月、年排水量资料整编,月气象资料。

灌排评价子系统包括实际用水量与灌溉面积、节水量或超用水量、浇地效率、水费收入、运行费用、灌溉定额、作物产量、地下水位变幅及矿化度、土壤封冻厚度、来年春播0～30 cm土壤含水量、排水量、排盐量、积盐量、管理所达标考核等。

工程评价子系统包括工程损伤率、工程陈旧率、灌溉面衰减率、工程病险率、灌排设施功能衰减率。

(3)管理结构设计

主要包括模型库管理系统设计和数据库管理系统设计。

模型库管理系统设计包括水情预报发布、灌区用水计划编制、灌区灌溉进度发布、灌区评价等模型的程序。

数据库资料包括黄河上游各水文站的流量、降水量和水位;三盛公、总干渠渠首及各节制闸、流域各级渠道的早晚实测流量和水位;气象资料;管理所灌溉面积进度;地下水埋深和矿化度;各级排水沟道排水流量及矿化度;土壤含水量;灌区基本情况;各级灌渠、排水沟道技术要素;灌溉土地面积、作物灌溉制度、历年用水计划、历年用水总结,以及上述资料的整编统计数据库。

6.6.2 黄土高原半干旱丘陵区集雨补灌旱作农业技术集成模式

6.6.2.1 模式构建的背景

黄土高原北部是中国主要生态脆弱与贫困地区之一,存在干旱缺水、水土流失、风蚀沙化、灾害频繁、土地与植被退化等多种严重生态问题。以往的区域农业发展研究和生态治理工程或偏重生产,或偏重环境整治,如何同步实现生态、经济双赢是国内外同类科技项目的难点,关键在于抓准突破口。对于存在多种胁迫与资源劣势的生态脆弱贫困地区,单项技术或工程开发治理收效甚微,必须从区域自然与社会经济条件的实际出发,首先针对主要生态障碍因素取得治理开发的关键技术突破。同时要精心优选适用技术组装配套。针对示范区实际，内蒙古水科院与中国农业大学等在准格尔旗示范区从集雨补灌解决干旱缺水入手，取得了显著成效(程满金等，2009)。

集雨补灌旱作农业是一项复杂的系统工程，以往各地雨水收集利用研究多注重单项技术，缺乏整体研究与集成，集蓄、输送与利用、转化各环节相互脱节，工程规划和生产布局有一定盲目性，影响了集雨工程的投资效率和效益发挥。示范区研制的技术集成模式体现了生态、经济双赢理念，抓住干旱缺水这个制约区域经济发展与生态环境建设的最大障碍，从不利自然条件中找到人均雨水资源量大和分布集中利于集蓄的有利条件，以提高雨水集蓄率、水分利用率和利用转化效率为主线，综合运用3S技术、系统科学思想与农艺、水利工程技术，初步构筑了适合黄土高原北部地区集雨补灌条件下的综合技术集成模式。

6.6.2.2 模式的基本结构

模式以雨水的集蓄、利用、转化为主线，建立以信息流调节和调动物质能量流的机制。按照雨水集蓄、利用、转化的时间过程划分为相互衔接的三个主要模块，每个模块又包括数个环节和技术内容(图6-8)。

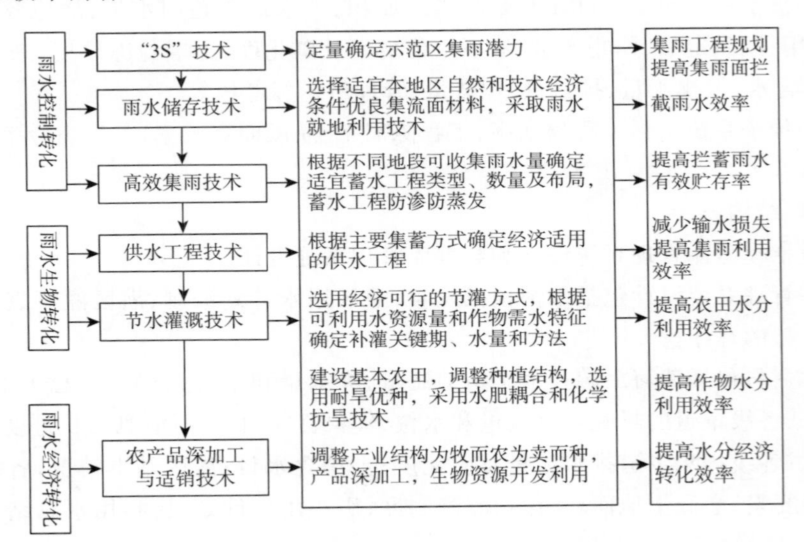

图6-8 集雨补灌旱作农业技术集成模式

(1)雨水控制转化模块

雨水既是当地最重要的自然资源，也是严重水土流失的主要驱动力，实现雨水高效利用首先要把雨水由天然状态转变为人为可控的存贮状态，即雨水集蓄过程。中心是提高雨水集蓄效率，技术需求则以信息技术和水利工程技术为主。

首先运用3S技术估算示范区集雨潜力，科学地制定集雨工程规划；其次，运用最新集雨材料和技术精心施工，建设集雨、输水、储蓄设施。尽可能将天然降雨集蓄储存到水窖、水窖、旱井中，解决旱作农业需水与降水的时空错位矛盾。

（2）雨水生物转化模块

要使集蓄的雨水尽可能转化为生物量，必须以提高水分利用率和生物转化效率为中心。提高前者需要减少输水渗漏和蒸发损失，但并未改变水的自然形态。提高后者则发生水由自然形态向生物量形态的转化，需要依靠生物自身的转化能力。需要节水灌溉技术、节水农艺技术与节水生化技术三者的有机结合。

（3）雨水经济转化模块

人类集蓄利用雨水的根本目的是获得尽可能大的经济收益，即由雨水的自然形态转化为产品或货币的经济形态，本模式的中心是提高集雨的经济转化效率，技术需求以系统优化和经济调控技术为主，通过筛选适应市场需求和生态环境的高产优质品种，调整优化种植结构和产业结构；通过充分利用副产品和深加工来增加农产品的附加值，使有限的集蓄雨水最终转化为尽可能高的经济效益。

每个模块包括若干环节，每个转化步骤包含若干技术组合，都具有鲜明的区域特色。以雨水收集、利用、转化为主线，以经济效益和生态效益最大化为目标，构成完整的黄土高原北部地区集雨补灌旱作农业技术集成体系。

参考文献

蔡学林，阳正熙，2002. 黄河断流成因与对策研究[J]. 成都理工学院学报. **29**(2)：199-205.

陈广庭，2004. 沙害防治技术. [M]. 北京：化学工业出版社：228-229.

陈荠巍，穆兴民，2000. 黄河断流的态势，成因与科学对策[J]. 自然资源学报，**15**(1)：31-35.

程满金，郑大玮，马兰忠，等，2009. 北方半干旱黄土丘陵区集雨补灌旱作节水农业技术[M]. 郑州：黄河水利出版社：15-18.

杜永兴，2006. 黄河断流的危害及治理措施[J]. 资源与环境(31)：125-126.

荀小红，2007. 重庆科技抗旱措施探讨[J]. 南方农业，**1**(3)：59-61.

韩湘玲，马思延，1991. 二十四节气与农业生产[M]. 北京：金盾出版社：1-7.

郝明德，2010. 黄河断流与黄河流域综合治理[J]. 人民黄河，**22**(5)：4-5.

姜兆堂，2008. 新疆棉田膜下滴灌增产机理研究[EB]. www. btnews. com. cn/thesis/List. asp? SelectI. 兵团新闻网. 2008-7-7.

李秀莲，王幼慧，2011. 黄河断流的成因分析及对策[J]. 甘肃水利水电技术，**38**(2)：91-93.

刘宁，2004. 都江堰持续利用看水利工程科学管理[J]. 中国水利(18)：30-31

刘晓岩，王建中，于松林，等，2000. 1999—2000 年度黄河水量调度综述[J]. 人民黄河，**22**(11)：31-33.

吕惠进，2001. 黄河断流的危害，成因及防治对策[J]. 浙江师大学报(自然科学版)，**24**(3)：302-306.

毛泽秦，2008. 纸坊沟小流域综合治理成效及水土资源高效开发利用模式[J]. 中国水土保持(6)：43-44.

山仑，康绍忠，吴普特，2004. 中国节水农业[M]. 北京：中国农业出版社：429-434，590-598.

施祖麟，张恺华，2002. 黄河断流的经济分析与对策研究[J]. 中国软科学(1)：90-94.

宋松柏，李世卿，刘建国，等，2001. 内蒙古河套灌区灌排信息管理决策支持系统[J]. 灌溉排水，**20**(1)：69-73.

宋序彤，2007. 创建"节水型城市"十周年[J]. 建设科技(9)：6-7.

王爱军，朱诚，2002. 黄河断流对全球气候的响应[J]. 自然灾害学报，**11**(2)：103-107.

王冰,2005. 天津:节水型城市七大缩影[EB]. 北方网. 2005-10-28.

王光谦,2004. 都江堰古水利工程运行 2260 年的科学原理[J]. 中国水利(16):26.

王雁,任立新,2005. 黄河断流的危害,原因及对策[J]. 甘肃水利水电技术,**41**(4):349-350.

王永红,吕苑鹃,王晶晶,2007. 为了坚守 20 万亩基本农田——山东禹城市建设国家基本农田保护示范区的调查[EB]. 国土资源网. 2007-5-22.

夏继红,严忠民,周明耀,等,2001. 农用灌溉决策支持系统的设计与实现[J]. 中国农村水利水电(8):10-13.

信乃诠,等,2002. 中国北方旱区农业研究[M]. 北京:中国农业出版社.

晏成华,2006. 成立农民用水协会破解农田灌溉难题[EB]. 湖北农业信息网,www. hbagri. gov. cn.

宜昌市夷陵区鸦鹊岭镇农民用水者协会成立公告[(2004)第 9 号],http://www. ycmj. net/NewsDetail. asp? Id=13881&class=11.

中国农业科学院,1999. 中国农业气象学[M]. 北京:中国农业出版社:12-13.

中国农业科学院农业气象研究室,1980. 北方抗旱技术[M]. :北京农业出版社:249-264.

钟兴麒,储怀贞,1991. 吐鲁番坎儿井[M]. 乌鲁木齐:新疆大学出版社.

重庆市农业局,2007. 2006 年百年大旱下的重庆农业[M]. 北京:中国农业科学技术出版社.

重庆市农业科学院科技抗旱专家服务团,2006. 重庆市农业科技抗旱技术指导意见[J]. 西南园艺,**34**(5):1-5.

第7章 中国应对未来旱灾风险的前景

7.1 中国旱灾承灾体的脆弱性分析

旱灾风险不仅取决于干旱或水资源紧缺程度，更取决于农业经济系统、农村社会系统、城市社会经济系统和自然生态系统等承灾体的脆弱性。

7.1.1 农业对于旱灾风险的脆弱性

农业系统是各类旱灾承灾体中最为脆弱的，一方面是由于其暴露性，即主要在露天条件生产，受到环境气象条件的直接影响；另一方面是由于生产对象是有生命的生物，对水分亏缺十分敏感。中国农业平均每年因旱成灾 1533 万 ha。

7.1.1.1 农业生物自身的脆弱性

生物的一切生命活动都离不开水，但各类生物又都具有从环境摄取水分的能力。农业生物对于干旱的脆弱性取决于以下几个方面。

（1）遗传特性

从植物光合作用机制看，仙人掌、菠萝、剑麻等植物尽管光合作用效率不高，却具有最高的水分利用效率，能在干旱气候区甚至沙漠生长。谷子、玉米等植物的水分利用效率也比水稻、小麦、大豆等植物高。同一种作物的不同品种之间抗旱能力也有较大差异，如陆稻比水稻，强冬性小麦品种比春性小麦品种的抗旱能力强。动物中的骆驼和山羊比较耐旱，而水牛和水禽最不耐旱。

（2）发育阶段

通常农作物苗期需水较少，生长盛期到开花和结实初期需水最多，对干旱和水分亏缺最敏感，其中禾谷类作物以孕穗期为需水临界期。2009 年 7 月下旬到 8 月中旬华北北部和东北西部的干旱虽然持续时间不长，但正处于玉米孕穗抽雄的需水关键期，仍然造成了重大损失。发芽出苗期需水虽少但关系到有无收成，也是对于干旱最为脆弱的时期。对于动物，幼畜和母畜对水分亏缺最为敏感。

（3）前期长势

地上部茎叶徒长而根系发育差的植株耐旱能力差。种子或苗期经过抗旱锻炼，根系发育良好长势敦实的植株能够吸收深层土壤水分，耐旱能力强。壮苗的形成一方面取决于前期环境条件，另一方面取决于栽培技术措施。2009 年 1 月黄淮麦区受旱明显的都是播种质量不好、根系发育不良的麦田；由于上年伏雨充沛底墒良好，凡是播种质量好、根系健壮的几乎不受影响。

（4）群体结构

密度过大耗水过多且不利于根系发育。间套作的弱势作物对于干旱更为脆弱。深根作物与浅根作物间套作有利于提高复合群体的抗旱能力，降低脆弱性。

7.1.1.2　自然环境条件造成的脆弱性

苗期多雨地上部分徒长不利于根系下扎，会减弱抗旱能力。发生病虫害时叶面破坏蒸腾无法抑制，抗旱能力明显减弱。沙质土壤持水能力差最不耐旱，黏土在板结或形成坷垃时水分蒸发强烈也不耐旱。氮肥过多茎叶徒长不利于根系发育。磷肥促进根系发育，钾肥促进养分输送，都能降低作物的脆弱性。地下水位深，高岗地、坡耕地、土层薄和多砾石的农田在干旱面前特别脆弱。

7.1.1.3　农业生产条件与脆弱性

缺乏灌溉条件，施肥量少或养分不平衡，耕作措施不当，土地未经平整，缺少防护林等，都会增加农田对于干旱的脆弱性。牧区的饮水点、棚圈畜舍与人工草地建设、饲草料储备和加工能力、牲畜疫病防控能力等也都能减轻畜牧业生产对于干旱的脆弱性。大量中小型水利工程多年失修老化则增加了农业的脆弱性。

7.1.1.4　社会经济因素与农业的脆弱性

经济发达地区的支农物力、财力和技术力量强，发生干旱后可调动抗旱资源充足且能实现优化配置，灾后救援能力更强。欠发达贫困地区综合抗旱能力差，脆弱性突出。但经济发达地区城市与工业用水增长迅速，与农业争水的矛盾突出，普遍存在地下水超采和水体污染现象，如处理不当或任其发展，也会形成明显的脆弱性。未来随着人口的继续增长和城市化，耕地面积的继续下降，农产品供求矛盾有可能更加突出，也会加大农业系统对于干旱的脆弱性。

中国大部地区仍处于从传统农业向现代农业的过渡中，经营规模狭小极大地制约了农业抗灾能力，在相当长时期内仍将表现出对于旱灾明显的脆弱性。

7.1.1.5　中国农业降低脆弱性的有利条件

与其他国家相比，中国农业也有相对不脆弱的一面。

（1）幅员辽阔，气候类型多样。特别是南北方很少同时发生干旱。即使在特大干旱年也有某些地区不旱甚至偏涝。同一地区的微地形差异也起到了相互补偿作用，如旱年低洼地、河滩地丰收，山区和高岗地歉收，多雨年则反之。尽管具体到一个地区，产量的年际波动较大，但全国总产仍属世界波动较小国家之一。

（2）大部地区属季风气候，以季节性干旱为主。由于热量资源较丰富，长城以南普遍实行复种，各茬作物有所互补，较少发生同一年都受旱的情况。

（3）自古以来形成精耕细作传统，积累了丰富的防旱抗旱农艺经验，近几十年又引进现代节水、旱作与保护性耕作技术，综合国力不断增强和支农力度不断加大也有利于降低农业的脆弱性。

(4)国家粮食储备达到全年消费量的40%，农民存粮相当于全国年消费量的20%，明显高于国际通行占年消费量17%～18%的粮食储备安全标准。常年进口粮食不超过国内总产的5%，对外依存度不高。总体上中国对于国际国内发生重大旱灾时的粮食安全是有充分保障的(刘颖秋，2005)。

7.1.1.6 农村生活

中国城市化率2009年已达45.68%，7亿农村人口中还有5000多万人常年饮水困难，干旱严重时还有2000多万人发生临时性饮水困难(水利部水利水电规划设计总院，2008)。农村饮水困难可分为资源型和污染型两类。

北方山区和黄土高原在干旱年往往水源枯竭，需大量劳动力从村外甚至外地运水，特大干旱甚至需要临时迁移安置。西南岩溶山区旱季也常发生饮水困难。

污染型饮水困难主要发生在经济发达地区，常年水源虽较丰富，但一旦污染水源也会产生饮水困难。严重干旱年由于水体不能及时更新，缺水更加严重。

农村经济发展和管理水平也在很大程度上影响到对于干旱的脆弱性。中西部地区尤其是经济不发达和施工难度大的山区，缺乏实施水源工程的能力，有些地方还发生乡与乡、村与村争夺有限饮用水资源的纠纷甚至斗殴，增加了旱灾面前的脆弱性。近年来随着社会主义新农村建设的开展，农村饮水条件有了很大改善，但很不平衡，彻底解决农村饮水安全问题尚需时日。

7.1.2 城市对于旱灾的风险的脆弱性

城市对于旱灾风险的脆弱性，既与气候、水文条件有关，也与城市人口数量、经济规模、产业结构、水源工程、供水工程、环境保护、城市管理水平等有关。

城市虽然具有比农村更强大的经济实力和更加完善的基础设施，但中国近年来城市化超常推进，存在短期行为，如热衷于通过房地产开发获利和增加GDP，忽视城市基础设施建设或明显延后，导致资源型缺水和污染型缺水，北方以前者为主，南方以后者为主。提高水价有助于水资源优化配置和提高水的利用效率，但在贫富差距不断拉大的情况下，低收入人群难以承受，易激发社会矛盾。

各类城市中，对于干旱尤为脆弱的城市有以下几类：

(1)没有大河流经的沿海城市，水源缺乏且面临海水入侵的威胁。

(2)人口迅速增长，已超过当地水资源承载能力的北方城市。

(3)周边饮用水源严重污染的城市。

(4)以高耗水产业(矿山、冶炼等)为支柱的城市。

7.1.3 生态系统对于旱灾风险的脆弱性

不同生态系统都是经长期的演替形成的，对于本地区的水环境应该具有一定的适应能力。但在气候发生显著变化或剧烈波动的情况下也会表现出脆弱性，其中以处于边际状态的生态系统对于干旱最为脆弱，主要有以下几类：

(1)农牧交错带生态系统

中国北方农牧交错带位于年降水量250～400 mm的半干旱地区，常年降水量不能满足作物需求，干旱成为常态。降水略偏少年份就会发生比较严重的旱灾，降水明显偏少年份则发生特大甚至毁灭性干旱。北方农牧交错带的原始植被是干草原，只要不被开垦和过牧，多数年份能够维持生态平衡。但经过一百多年不断开垦，大片草原辟为旱作农田，产量低而不稳且风蚀沙化严重。冬春裸露土壤的水分很容易丧失，春旱不断加重。草地也超载过牧严重退化(陈建华等，2004)。

(2)黄土高原森林和草地生态系统

古代黄土高原植被茂密，土地平坦肥沃，是中华民族的发源地之一。几千年来对原始植被的不断破坏和开垦造成严重的水土流失，形成千沟万壑的地貌。农田、林地和草地的土层不断变薄，对于干旱的脆弱性不断增加，突出表现在深层土壤"干层"的出现。林地植树如密度过大，尽管初期生长迅速，但由于深层土壤水分耗尽，终究会提前枯死。作物如连年长势茂密，同样会因耗竭深层土壤水分而难以为继。研究表明追求当年的最高光温生产潜力产量是不可持续的，应以追求不出现干层的较高产量为最佳选择(张海等，2003)。

(3)湿地生态系统

湿地生态系统维持的前提是降水和径流输入大于等于蒸发损失。过度利用水资源和气候变暖使长江和黄河源地及东北三江平原的湿地生态系统迅速退化，发生由湖泊—沼泽—草甸草原—干草原的逆向演替，西北干旱气候区的湖泊则发生由淡水湖—微咸水湖—咸水湖—盐湖的逆向演替，在干旱年的萎缩速度更快。随着湿地的不断萎缩，生物多样性损失也日益加重。

7.1.4 水资源对中国未来社会经济发展的制约

水资源不仅制约社会经济发展，而且关系到人类的生存。当前全球80多个国家约15亿人面临淡水不足，其中26个国家3亿人完全生活在缺水状态。预计2025年全世界将有30亿人缺水，涉及40多个国家和地区(李树直，2006)。

7.1.4.1 中国水资源的严峻形势

(1)人均水资源不足

中国淡水资源总量约2.8万亿 m^3，居世界第六位，但人均占有量仅2240 m^3，约为世界人均的1/4，而且分布极为不均。长江流域及以南地区土地面积占全国36.5%，水资源量占81%；淮河流域及以北地区，土地面积占全国63.5%，而水资源量仅占19%。水资源最为紧缺的黄、淮、海河流域水资源量只占全国的7.7%，人均只有全国的1/5。目前，宁夏、河北、山东、河南、山西、江苏、北京、天津等省(市、区)人均水资源量低于500 m^3 的极度缺水线，有的甚至不足300 m^3，未来随着人口继续增加和向东部迁移还将进一步下降。

(2)水资源污染在蔓延

水资源污染已波及全国，人口越密集的地区往往污染越重，南方一些丰水区也出现了污染型。部分流域和地区水污染已从江河支流向干流延伸，从地表向地下渗透，从陆域向海域发展，从城市向农村蔓延，从东部向西部扩展。城乡工业废水和生活污水有相当大部分未经处理直接排入水域。

(3)用水效率低

西部一些地区仍沿用传统的大水漫灌，单位面积用水比节水灌区高几倍到十几倍。生产单位粮食用水量为先进国家的2～2.5倍。工业用水重复利用率低，单位GDP用水量是先进国家的两三倍，某些产品的单位耗水量高出几倍到几十倍。

(4)对水资源的过度开采

海河流域人均水资源不足300 m^3，现有人口数量和经济规模已大大超过水资源承载力。地表水和地下水开采率98%，远远超出国际公认40%的警戒线。全国地下水超采区从20世纪80年代的56个扩展到21世纪初的164个，6万多平方公里地面出现不同程度的沉降，缺水现象由局部蔓延至全国。据统计，全国每年有0.2亿ha农田受旱灾威胁，农村8000万人和6000万头家畜饮水困难。农业缺水量3000亿 m^3。全国农村有3.2亿人饮水不安全。400余座城市供水不足，其中较为严重缺水的有110座，缺水和水污染对环境和人体健康都产生了严重影响(李树直，2006)。未来随着人口增长、城市化、经济规模扩大和气候变化，中国的水资源紧缺形势将更加严峻。

7.1.4.2 对未来社会经济发展的制约

(1)对农业生产的制约

2008年全国总用水量5910亿 m^3，比1988年增加14.4%。在大农业总产值增长6倍多和粮食产量增加1/3的情况下，灌溉用水量却从3874亿 m^3 减少到3664亿 m^3，从占总用水量的75%下降到62%。未来工业用水、生活用水和生态用水量还将继续增加，日益挤占农业用水。尤其是城市人口迅速增加的东部沿海地区，为保障城市用水往往牺牲上游农业地区的利益，如南水北调中线工程的水源地丹江口水库以下湖北省北部已开始将大面积水稻改种玉米和棉花。

由于城市占用大量清洁水源，未来农业灌溉用水将越来越多地使用城市污水，若处理水平不能大幅度提高，对农产品安全将带来严重影响。

(2)对城市发展的影响

目前中国城市化进程平均每年提高1%。许多新建扩建城市没有经过严格的水资源保障论证，对水源不足地区的城市发展形成极大的制约。为缓解京津和华北的水资源危机，国家实施了南水北调中线工程，但预计每立方米输水的成本将达到6元，加上运营和维修成本接近10元，城市财政负担沉重。

(3)对人民生活的影响

水资源紧缺必然导致水价上涨，增加居民负担。夏季如遇高温干旱用水剧增，常不得不采取限时限量甚至局部停水措施，给居民生活带来不便，尤其是高层住宅。黄土高原农民集蓄雨水只能维持人畜饮用、低水平生活用水和庭院经济用水，无法满足小康生活水平的用水需求，如遇严重旱灾只能牺牲生产保生活。2010年冬春西南大旱，部分饮水困难农村靠外地运水，每人每天仅一瓶水维持生存。

水污染对人民健康威胁极大。近年已发生过吉林化工厂有毒物质泄漏污染松花江，无锡市太湖蓝藻暴发等重大饮用水源污染事件，瓶装矿泉水一度抢购一空。

(4)对工业和航运的影响

必须控制高耗水高污染产业的无序发展，尤其是水资源紧缺地区。以风冷却替代水冷却和以海水替代淡水将增加企业的成本。海河流域在20世纪50年代以前通航里程1700 km，现完全消失。长江也经常发生枯水季节搁浅断航事故。

(5)对生态系统的影响

目前北方主要河流水资源开发程度大多超过国际公认的40%的生态安全水平，其中海河流域开发度超过95%，除个别丰水年外有河皆干，无河不污。各大支流常年干涸，基本没有径流入海。

(6)对社会和谐的影响

对水资源的盲目开发与争夺引发上下游和左右岸之间的利益冲突，如无强有力的法制规范和按流域统一管理，未来这些冲突将有增无减。城市水价上涨后，不同收入水平群体之间也会产生一些矛盾。

7.2 气候变化与中国未来的旱灾风险

7.2.1 气候变化对中国水资源态势和分布格局的影响

水资源是一种可再生的基础性自然资源，受气候变化影响较大。近20余年北少南多的水资源格局进一步加剧；南方洪涝灾害更加频发；北方干旱和南方季节性干旱的区域范围和强度加大；大江大河径流量减少；水污染事件增多。在气候变化条件下，人多水少，水资源时空分布不均、与生产力布局不相匹配，是中国现阶段也是今后相当长时期面临的基本国情(刘昌明等，2001)。

(1)气候变化对中国水安全的压力与挑战

近50年特别是1980年以来，各大江河实测径流量多呈下降趋势。其中海河流域1980年以后减少了4～7成，干流和主要支流普遍断流；黄河中下游径流量显著减少，多次发生断流；青海高原江河源区径流量也有减少趋势，湿地萎缩。未来50年北方地区随着气候的暖干化，径流量可能进一步减少，水资源分布更加不均。西北高寒山区雪线上升，冰川萎缩，主要依靠冰川融水补给的河流年径流不断减少，对西北地区的人民生活、经济社会发展及生态环境产生重大影响。

(2)可供水量更不稳定，水利工程调度难度加大

尽管许多气候模型预估未来北方降水可能增加，但由于气温升高幅度大，径流增幅有

限;加上未来气候年际与年代际变异加大和用水量增加,可能引发超历史的非常态水文气候极端事件,给水资源调度及水利设施安全带来不利影响。

(3)应对洪水、干旱等极端灾害事件的难度加大

20世纪90年代以来,中国先后发生多次大范围严重水旱灾害,气候变化将使极端气象、水文事件增加并带有若干新特点。如北方各地长期以来抗御春旱已积累丰富经验,多数春旱年都能确保全苗,但对于高温与干旱相结合的夏旱办法不多。城市抗旱对于许多地区也是一个新课题。

(4)水生态和水环境安全面临新的威胁

主要表现在湿地减少和海平面上升等沿河沿海生态系统的改变,同时还加重了西部生态脆弱地区的荒漠化。由于气候变暖和人类活动的影响,北方许多河流普遍断流,河床泥沙无法冲刷,入海生态需水不能保证。一些湖泊和湿地萎缩甚至消失,生态功能下降,生物多样性受到威胁。气候变暖使喜温藻类提前大量繁衍导致水质恶化,引发污染型缺水,干旱缺水使城市水体不能及时更新,经常出现水华。海平面上升引起海岸侵蚀和海水入侵,广东沿海城市已多次发生旱季枯水期海水上溯造成的咸潮,威胁城市居民饮水安全。

7.2.2 中国北方的气候干旱化趋势

气候变化导致北方大部地区气候干暖化,降水量不断减少,尤其华北地区连年干旱和超采使地下水位持续下降,出现数个面积一两万平方公里的漏斗区。河北省1997—2007年连续11年降水偏少,海河各大支流河床干涸多年,取水率超过径流量的90%,基本无水补给流域生态系统和输沙入海。北京市库容41.6亿m^3的官厅水库2007年夏季蓄水量只有0.9亿m^3,库容43.5亿m^3的密云水库在多年基本不泄洪不取水的情况下蓄水也不足10亿m^3。2007年全国水资源总量比1999年减少10.2%。南方虽然水资源相对丰富,但季节变化大,伏旱与秋冬枯水期间水量不足,常威胁沿江城市饮用水安全和航运。

利用月平均气温和月降水资料计算1951—2006年线性变化趋势(图7-1(a))可以看出,中国增暖的总体趋势是北方大南方小,以东北西部及内蒙古东部最大,增温率达0.5℃/10年,其次是华北北部和新疆西北部;整个北方增温率变化分布为东部大西部小,最小增温区位于内蒙古西部和甘肃西部,在0.1℃/10年以下。长江以南大部地区增温率在0.2℃/10年以下。西南地区与全球增暖趋势相反,近50多年一直处于降温趋势,但最近的研究表明20世纪90年代以后也转为增温趋势。降水量变化(图7-1(b))总的趋势为东部减少西部增加。除长江中下游和江南中部外,100°E以东地区大部分呈降水减少趋势,减少率最大在西南、西北东部、华北南部和东北南部的西南—东北向负变率带。北方降水减少的大变率区域对应东亚夏季风北部边缘,夏季风异常是导致降水异常变化的主要原因(张庆云等,2003;李新周等,2006)。东部大部分降水减少地区对应增暖,而西南部分地区降水减少对应低温时段。

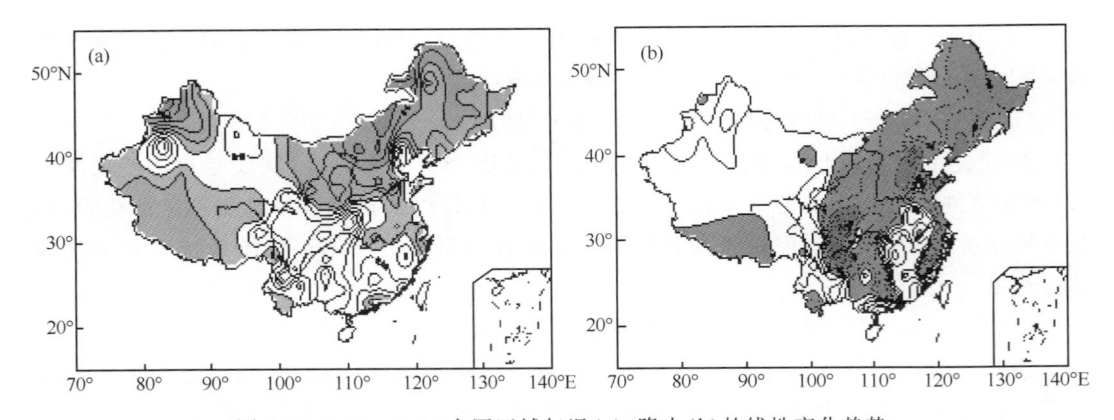

图 7-1　1951—2006 中国区域气温(a)、降水(b)的线性变化趋势

(注:(a)阴影部分表示增温率大于 0.2℃/10 年的区域;(b)阴影部分表示降水减少区域)

地表湿润指数定义为降水量 P 与潜在蒸发量 Pe 之比。利用 160 个站资料计算 1951—2006 年中国年地表湿润指数变化趋势(图 7-2),上述四个降水负变率大的地区及内蒙古中部均呈明显干旱化趋势,正是增温幅度最大地区。

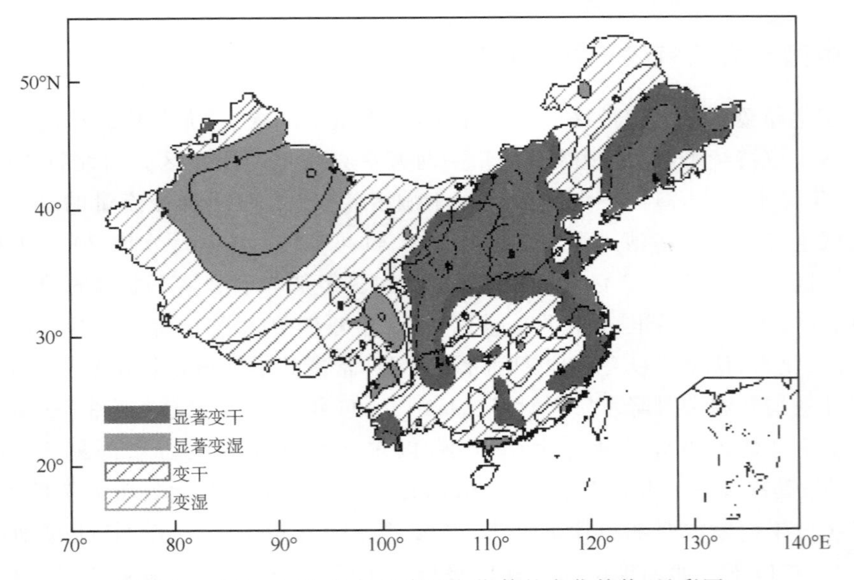

图 7-2　1951—2006 年年地表湿润指数的变化趋势(见彩图)

从 1950—2008 年干旱受灾和成灾面积态势(图 7-3)可以看出,干旱年年际变化较大,损失呈上升趋势,存在 3 个明显低值期,即 1949—1957、1963—1970 和 1982—1984 年,受旱面积一般在 2000 万 ha 以下;4 个高值期即 1959—1962、1971—1981、1986—1989 和 1999—2002 年,年受旱面积在 2500 万 ha 以上。近 50 年几个严重干旱年都发生在这 4 个高值期内,受灾面积均在 3500 万 ha 以上。

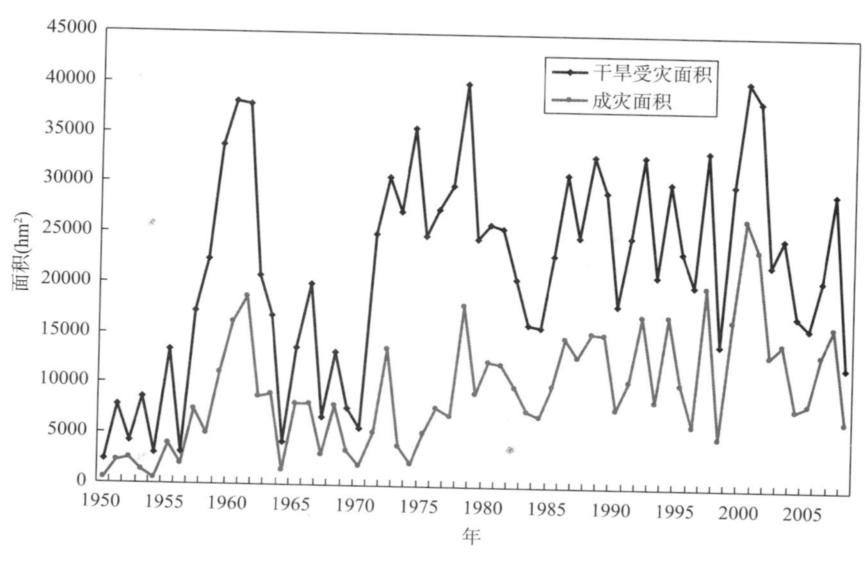

图 7-3　1950—2008 年全国历年干旱受灾和成灾面积态势图
(据 1950—2007 年中国统计年鉴)

7.2.3　不同区域的气候干旱化特征

为更清楚地认识干旱化特征及其与气候变化关系的区域特征，我们把具有显著干旱化倾向的地区分为四个分区进行分析，即东北：42.5°～50.0°N，120°～130°E；华北：35.0°～42.5°N，110.0°～117.5°E；西北东部：32.5°～40.0°N，100.0°～107.5°E；西南：27.0°～35.0°N，100.0°～105.0°E。

1951—2006 年西北东部、华北和东北以干旱化趋势为主，与降水量持续减少密切相关。20 世纪 80 年代前后温度开始持续上升是干旱化加剧且范围扩大的另一原因。气候变化总体特征是增温、少雨和干旱，形成西南—东北向干旱化带。

西北东部与华北在 20 世纪 70 年代末均发生了由湿向干的转折并持续 25 年以上，当前仍处于干旱化过程。在年代际尺度上，近 54 年仅有这一次转折性变化，与 1977/1978 年的全球大尺度气候背景有关。东北在近 54 年存在 3 个干湿变化转折，最近的转折发生在 90 年代中期由湿向干，目前仍处于干旱时段。另两个转折点分别发生在 1965 年和 1983 年。

与西北东部、华北和东北的干旱化趋势相反，西北西部正处于相对湿润时段，但降水量的相对增加仍无法根本改变区域干旱缺水的基本格局。

20 世纪 80 年代以后，西北东部、华北和东北的极端干旱发生频率明显增加，尤其是东北，2001—2004 年区域平均极端干旱达到 6 次/年。水资源评价最新成果显示，1980—2000 年水文系列与 1956—1979 年水文系列相比，黄河、淮河、海河和辽河 4 个流域降水量平均减少 6%，地表水资源量减少 17%，海河流域地表水资源量更是减少了 41%，北少南多的水资源格局进一步加剧。

7.2.4 未来气候变化情景与旱灾风险

根据《气候变化国家评估报告》(以下简称《报告》,《气候变化国家评估报告》编写委员会,2007),在 IPCC 给定的未来 4 种温室气体排放情景下,中国 21 世纪地表气温和降水的变化趋势如表 7-1 所示。使用区域模式模拟 2070 年 CO_2 加倍情景下的中国年和季平均地表气温和降水的变化趋势(表 7-2)与表 7-1 的结果相似。

表 7-1 模式平均的 21 世纪中国地表气温和降水变化的线性趋势

情景	GG	GS	A2	B2
温度变化(℃/100 a)	4.9	3.6	5.5	3.4
降水变化(%/100 a)	8	3	14	9

表 7-2 区域气候模式模拟 2070 年 $2\times CO_2$ 中国年、季平均地表气温和降水变化

项目	年	冬	春	夏	秋
气温变化(℃)	2.5	3.0	2.6	2.4	2.1
降水变化(mm)	12	17	6	19	6

虽然上述气候模式预测未来中国降水有所增加,但分布不均,且随气温升高蒸发量会增大,随着人口增长和经济发展用水量迅速增加,旱灾风险仍可能加重。

(1)气候变化对需水的影响

《报告》提出,中国中纬度地区气温升高 1℃,灌溉需水量将增加 6%～10%。其中京津唐地区农业用水将增加 6.4%～15%,使水资源更加紧缺。预测 2030 年中国人口将增至 16 亿,人均水资源量减少到 1760 m^3。虽然气候变化产生的缺水量小于人口增长及经济发展引起的缺水量,但在中等干旱年及特枯水年气候变化引起的缺水量将大大加剧海滦河流域、黄河流域和淮河流域的缺水。

(2)气候变化对冰川融雪的影响

预计 2050 年西部冰川面积将比现代减少 27%,冰川平衡线高度上升 138～238 m,极高山地区冰雪量将大幅减少,河川径流季节调节能力将大大丧失。

(3)气候变化带来农业干旱的新特点

气候变化、人口城市化和经济发展将加剧水资源不稳定性与供需矛盾,大部分地区农业水资源将减少。西北由于冰川融水量增加,可供灌溉水量短期可能增加;但从长远看,冰川明显退缩将失去稳定水源保障。未来虽然中国大部地区雨季降水量增加,但蒸发量增大将使土壤水分减少 11%,农业旱灾更加频繁。

随着全球气候变化背景下中国北方气候的干暖化,除春旱继续频发外,夏旱将经常发生。由于坐水播种等抗旱播种与耕作保墒技术的推广,春旱对北方旱作农业的威胁明显减轻。但夏旱处于作物旺盛生长和需水高峰期,高温加剧蒸发使干旱迅速发展,比春旱的危害更大,目前还缺乏有效的技术措施。

南方降水虽较丰沛,20 世纪 80 年代以来长江中下游年降水量还有所增加,但伏旱高温的危害明显加剧，这一领域的研究基础和技术储备要比北方更加薄弱。

(4)社会经济发展带来的缺水与旱灾风险

随着社会经济的发展和农村人口的城镇化，生产用水、生活用水和生态用水的需求都不断增长。推广节水技术已使单位GDP耗水量明显下降，按2005年不变价，2008年万元GDP耗水225 m^3，比2005年减少26.5%。农业用水从1999年的3869亿 m^3 减少到2008年的3620亿 m^3，占总用水量比例从69.2%下降到62.1%，但总用水量、工业用水、生活用水和生态用水仍呈增长趋势，尤其是生活用水从564.7亿 m^3 增加到727亿 m^3，增幅达28.7%。

表7-3 2008年各项用水量与1999年的比较

(单位：亿 m^3)

年	总用水量	工业用水	农业用水	生活用水	生态用水
1999	5591	1157	3869	564.8	无数据
2008	5828	1377	3620	727	104
增减(%)	+4.2	+19.0	−6.4	+28.7	—

未来生活用水将迅速增加，生态用水继续增加，工业用水增长趋缓，总用水量仍将缓慢增加，势必进一步挤占农业用水，如果农业节水技术没有大的突破和推广力度增大，旱灾风险对农业的影响还会增大。

7.3 中国应对旱灾风险存在的问题

7.3.1 抗旱水利工程存在的问题

7.3.1.1 水利工程的数量和规模不能满足需要

(1)跨流域调水工程不足

中国北方大部人均水资源不足500 m^3，属严重缺水；部分地区少于300 m^3，为极度缺水；但全国人均仍超过2000 m^3。根据2008年中国水资源公报，北方供水量已达水资源总量的57%，处于超量开采状态；而南方只开发利用了14.5%，还有很大开发余地。如能将南方丰富的水资源调往北方缺水地区，可以大大减轻北方的旱灾风险。南水北调东线工程虽已完成，但输水量有限且扬水成本较高。中线工程一期仍在施工中，进度慢于原计划。中线二期和西线尚未完成论证。而北方一些地区，特别是海滦河流域水资源已接近枯竭。

西北和东北实施跨流域调水工程也有很大潜力。与发达国家的跨流域调水工程和已实现全国水系联网相比，中国还有很大差距。

(2)缺乏大规模的雨水集蓄工程

长期以来北方水利工程主要是修建水库、渠系和扩大灌溉。自20世纪80年代以来北方干旱加剧，上游水源区降水减少和层层拦截使得入库流量不断减少甚至枯竭，不少大中型水库已基本丧失调蓄功能。如北京市的密云水库，库容高达44亿 m^3。但近10年平均蓄水不足10亿 m^3，扣除死库容，可利用水量不足4亿 m^3。北方许多平原地区地下水已长期超采，水位不断下降。必须改变传统的水利思路，把水利工程的重点转向雨水就地集蓄。北方和西南山区雨水集蓄虽有很大发展，但大多是户用微小型工程，只能解决基本生存。对于区域缺水和城市干旱需要实施大型雨水集蓄工程。

(3)南方蓄水工程数量太少

随着气候变化和经济发展，近年来南方季节性干旱有发展加重趋势。从全年看，南方降水总量远超过需水量，但季节分配不均。由于缺乏调蓄工程，雨季洪涝灾害频发，急于排涝入海；到旱季严重缺水。南方多数地区的地下水也没有利用，如能打一些机井，也可大大减轻季节性干旱的危害。2010 年冬春西南大旱，由于蓄水工程数量不足和上年汛期大量放水，加剧了水资源危机。

(4)污水处理工程不足

发达国家的城市废水处理率接近 100%，中国 2005 年年底达到 52%。一些新建扩建城市热衷于房地产开发获取暴利，包括城市污水处理在内的基础设施建设严重滞后。绝大部分农村的生活污水仍随意排放。

7.3.1.2 水利工程年久失修，短期行为突出

中国的农村水利工程多数修建于 20 世纪五六十年代，由于科技指导与投资不足，经几十年运行已普遍老化，特别是一些灌区的末级建筑。据水利部统计，大型灌区主要建筑物有 40%，中小灌区有 50%左右需要维修，水利部 2008 年确定 6240 座病险水库需在 3 年内除险加固，但各地目前维修工程进展缓慢。

各地还普遍存在重工程，轻配套和养护；重大工程，轻农田工程；抗旱工作重应急，轻长期治理；重工程，轻管理；重硬件，轻软件；重扩大灌溉，轻节水；重工程，轻农艺；重抗旱技术，轻适应技术等短期行为。

7.3.2 减轻旱灾风险管理的存在问题

(1)上下游，生产、生活与生态，城乡之间争水矛盾日益突出

上游大多为贫困山区，土地质量差，生产水平低，为脱贫往往过度拦截水资源和超量用水发展地方经济，使流入中下游的水量大幅度减少，降低了全流域的水资源利用效率，并导致下游河床干涸，生态恶化。中下游平原为追求辖区经济增长，也不肯在上游山区投资。北京市的官厅和密云两大水库的总库容有 85 亿 m^3，20 世纪 70 年代平均每年入库水量 20 多亿 m^3，大部用于灌溉，供应北京、天津、河北三省市；80 年代以后不再向天津、河北供水，但 90 年代末以来每年入库只有一两亿立方米，主要消耗于水面蒸发，已基本丧失蓄水功能。

随着农村人口的逐步城市化，城市工业用水、居民生活用水占用水总量的比例由 2000 年的 20.7%和 10.5%提高到 2007 年的 24.1%和 12.2%，分别增加了 3.4 和 1.7 个百分点；而农业用水所占比例却从 50 年代初期的 92%下降到 2007 年的 61.9%。2007 年生态用水 105.7 亿 m^3，比 2003 年增加 33.0%。发生旱灾，水资源供需矛盾突出时，不同领域、不同地区、不同产业之间争水矛盾十分突出，为了保民生，不得不牺牲部分农业用

水与生态用水，压缩工业用水。

(2)水资源浪费仍然严重

目前由于农业用水的水价偏低，许多灌区往往不区分土壤、作物、苗情和是否需水关键期，一遇干旱就盲目灌溉不计成本(图 7-4)。节水灌溉农田只占全部灌溉农田的 40%，其中实行喷灌、滴灌和渗灌等先进节水灌溉方式的只占 2%，许多地方仍然采取大水漫灌。全国农业灌溉水利用系数为 0.46，与发达国家的 0.7～0.8 有很大差距。单方水粮食生产能力 0.85 kg，远低于 2 kg 以上的发达国家水平，每年农业灌溉浪费水量相当于 3～4 条黄河的天然年径流总量。2008 年万元工业增加值用水量 127 m^3(2005 年可比价)，为发达国家的十多倍。2004 年中国工业用水重复利用率 60%～65%，发达国家一般在 75%～85%。大部分城市废水未经处理排放造成严重污染，公共供设施跑冒滴漏浪费也很严重。有些城市在水资源严重匮乏的情况下，仍大量抽取地下水维持大面积城市水体景观或在干旱地区人工制造湿地，严重影响了下游地区的生产和生活用水。

图 7-4 过密机井掠夺性开发地下水

(3)人工增雨存在无序争夺云水资源

20 世纪 70 年代以来中国进行人工影响天气，特别是干旱时大范围实施人工增雨作业取得显著成效。但随着作业规模扩大也产生了新的问题。一是成本较高，而增雨效果检验难度很大，美国因此已放弃人工增雨作业；二是有些地区不区分天气是否有利盲目作业，效果不理想；三是出现旱情时相邻地区一哄而起同时作业无序争夺云水资源，作业效果彼此抵消，造成资源与人力财力浪费。今后需加强人工增雨作业机理与实施条件的基础性研究，制定技术规范，加强区域间人工增雨作业的统筹协调。重点实施水库上游有利天气下的人工增雨作业。

7.3.3 抗旱科技进步不能满足需求

(1)有关减轻旱灾风险的基础研究薄弱

与防汛相比,抗旱基础研究相对薄弱。虽然各地都制定了抗旱预案,但至今提不出普遍适用的干旱指标,也没有形成不同类型旱灾完整的指标体系。在实际抗旱工作中经常出现把气象干旱、农业干旱、城市干旱等不同类型的干旱混淆误判的情况,或盲目抗旱造成资源浪费,或对旱情发展估计不足,贻误时机。

与农业抗旱相比,城市抗旱研究更加薄弱。近年开展的研究大多从管理角度出发,有关城市干旱特点、机理、演变规律、抗旱机制与技术体系等基础研究十分欠缺。

农业抗旱中,虽然对抗旱高产优质作物和品种需求迫切,但很少有人研究不同作物与品种的抗旱机制,品种区域试验的抗旱鉴定仍以目测为主。

(2)发展节水农业与旱作农业的存在问题

目前中国节水农业研究的基础还比较落后,尚未形成全国性和区域性试验研究网络。缺乏节水农业发展的基础数据资料积累和对农业用水状况的有效监测控制。节水农业应用基础与高新技术研究相对薄弱,新技术储备少。节水设备和材料工艺落后,产品功能单一,配套性差。农艺节水技术缺乏相应的产品、配套设施和规模效益。节水技术的有机集成度差,整体效益难以发挥。农业节水技术产品的产业化和社会化程度低,与农业的集约化、规模化发展不相适应,大田作物收益低也影响了农民节水投入的积极性。

7.4 中国减轻旱灾风险的中长期重大行动

7.4.1 水源工程建设

跨流域引水:实施南水北调工程,完善东线输水工程,实施中线二期三峡水库引水工程,积极进行西线长江上游引水工程的前期准备工作。进行大西南引水工程和鸭绿江西引水工程等的前期可行性论证工作。南水北调工程全部建成后与长江、淮河、黄河、海河相互连接,将构成中国水资源“四横三纵、南北调配、东西互济”的总体格局。中东线工程可为苏、皖、鲁、冀、津五省市净增供水量143.3亿m^3,其中生活、工业及航运用水66.56亿m^3,农业76.76亿m^3。东线工程实施后可基本解决天津市、河北黑龙港运河以东、鲁北、鲁西南和胶东部分城市的水资源紧缺,并具备向北京供水的条件。中线工程在保证调出区工农业发展、航运及环境用水后,多年平均可调出水量141.4亿m^3,一般枯水年(保证率75%)也可调出约110亿m^3。可缓解京、津、华北地区水资源危机,为京、津及河南、河北沿线城市生活、工业增加供水64亿m^3,增供农业用水30亿m^3。大大改善供水区生态环境和投资环境,推动中国中部地区经济发展。西线工程的实施将显著改善西北地区东部的缺水状况。整个南水北调工程规划2030年调水总量可达368亿m^3,到2050年可达448亿m^3。

实施病险水库整治改造工程,近三年内完成6240座水库的除险加固。在有条件的地区特别是西南季节性干旱地区兴修水库。

在北方，利用长期干涸的河床修筑地下暗坝拦蓄雨洪。

控制华北平原新打机井数量，淘汰水源枯竭的原有机井，实行雨季回灌地下水。在采补平衡的前提下，在黄淮平原适当打一定数量的机井，遇旱补充灌溉。

加强水源地环境保护，确保作为饮用水源的河流和湖泊达到三级以上水质标准，杜绝重大水污染事件的发生。

加强人工增雨基本原理、检验方法和作业规程的研究，有计划地开展人工增雨作业，重点加强水库上游的人工增雨作业。

扩大海水利用规模，开发海水淡化新技术，进一步降低海水淡化的成本，到2020年海水淡化产量增长至9.125亿～10.95亿 m^3。

7.4.2 农业抗旱行动

(1)节水农业建设

2001—2015年实施灌区田间节水技术，完善配套面积1333.33万ha以上，各种农艺节水栽培技术推广面积2666.67万ha。建设高标准节水基本农田1666.67万ha，推广保护性耕作及综合抗旱栽培技术6666.67万ha。力争使灌区灌溉水利用效率从2000年的1.0 kg/m^3 提高到2015年的1.3 kg/m^3 以上。旱作农田降水利用率从45%提高到55%，水分利用效率从6.75 kg/mm/ha提高到7.5～9 kg/mm/ha。在黄土高原、北方土石山区和西南岩溶山区开展集雨补灌，从2001年到2015年发展旱作集雨农业面积800万ha，其中水窖池节灌面积186.67万ha。

通过开辟和挖掘水源潜力及厉行节水，新增有效灌溉面积1000万ha。

为促进农业节水，将加强有关科学问题的研究，包括现有技术的组装集成和创新，节水高新技术的研究与应用，加强技术示范与成果转化。

(2)沃土工程

持续进行农田基本建设，实施沃土工程，即通过实施耕地培肥措施和配套基础设施建设，优化配置土、水、肥三种资源并综合开发利用，实现农用土壤肥力的精培，水、肥调控的精准，提升耕地土壤基础地力，使农业投入和产出达到最佳效果。增强耕地持续高产稳产能力，包括土壤肥力培育、水资源合理利用及肥料科学使用等。

2007年农业部启动了以中产田质量建设为重点的“沃土工程”，中产田耕地质量建设项目重点实施土壤改良和地力培肥，建设地力培肥设施和田间水肥耦合微工程。同时要建立耕地质量监测网络体系，重点是耕地土壤亚类(要求每亚类土壤覆盖6.67万ha以上)和优势农产品产业带耕地质量监测区域站的建设，并与已经建成国家耕地质量监测中心和省级耕地质量监测分中心共同构成耕地质量监测网络体系。

(3)水土保持工程

1993年，国务院对《1991—2020年全国水土保持规划纲要》作出了批复，提出“必须坚持‘预防为主，全面规划，综合防治，因地制宜，加强管理，注重效益’的方针。切实抓好预防保护和监督执法工作。要贯彻落实谁治理、谁管护、谁受益的政策，以调动群众的积极性。水土保持要突出重点，以点带面。在全国以黄河、长江为治理重点，同时要抓好其他江河的水土流失治理，以及各级重点防护区、重点监督区和重点治理区的水土保持工作”。部分水土保持工作如图 7-5 和图 7-6 所示。

图 7-5　水土保持林

图 7-6　玉米秸秆粉碎还田

(4)保护性耕作工程建设规划

2009 年 8 月，农业部和国家发展改革委员会联合印发了《保护性耕作工程建设规划(2009—2015 年)》。目标是通过工程建设，基本形成中国保护性耕作支撑服务体系，建成 600 个高标准、高效益保护性耕作工程区，总规模 2000 万亩，占项目县总耕地面积的 3.1%。通过项目建设与辐射带动，新增保护性耕作面积约 1.7 亿亩，占中国北方 15 个相关省(市、区)及苏北、皖北总耕地面积的 17%。

7.4.3 建设节水型社会

中国将节水作为一项基本国策，加强组织领导与技术指导，制定了全国节水科技发展规划，推动节水科技进步。同时健全节水法律法规体系，营造节水型社会氛围。建立科学的水价调控机制，促进水资源的优化配置和高效利用。

2007年2月14日，国家发展改革委员会、水利部、建设部联合发布了《节水型社会建设"十一五"规划》，分析了中国水资源利用现状和形势，明确了"十一五"期间(2006—2010)节水型社会建设的目标和任务，确定了节水型社会建设的重点和对策措施，提出了节水型社会建设重大工程。规划提出节水型社会建设的四大任务：一是建立健全节水型社会管理体系。二是建立与水资源承载能力相协调的经济结构体系。三是完善水资源高效利用的工程技术体系。四是建立自觉节水的社会行为规范体系。

7.4.4 加强生态环境建设

根据1999年1月国务院常务会议讨论通过的全国生态环境建设规划，从2011—2030年，在遏制生态环境恶化势头之后，大约用20年时间，力争使全国生态环境明显改观。主要目标是：全国60%以上适宜治理的水土流失地区得到不同程度整治，黄河、长江上中游等重点水土流失区治理大见成效；治理荒漠化土地面积4000万ha；新增森林面积4600万ha，全国森林覆盖率达到24%以上，各类自然保护区面积占国土面积达到12%；旱作节水农业和生态农业技术得到普遍运用，新增人工草地、改良草地8000万ha，力争一半左右的"三化"(退化、沙化、盐碱化)草地得到恢复。重点治理区的生态环境开始走上良性循环的轨道。平原地区大力营造农田防护林网，使农田小气候得到一定改良。生态环境建设的全面实施将明显地改善各地的水环境与局地气候，有利于减轻旱灾风险。规划要求，到2050年要使全国适宜治理的水土流失地区基本得到整治，适宜绿化的土地植树种草，"三化"草地基本得到恢复，建立起比较完善的生态环境预防监测和保护体系，大部分地区生态环境明显改善，基本实现中华大地山川秀美。

7.4.5 加强抗旱应急能力建设

加强旱灾风险与抗旱基础理论与技术体系的研究，建立健全全国性和区域性的干旱监测体系，提高旱灾预测的准确率，建立和完善国家和地方的干旱信息系统与预警系统，编制国家和地方不同层次的抗旱应急预案，建立国家和省市级抗旱物资储备，建立专业与群众相结合的各级抗旱技术服务组织。结合社会主义新农村建设，实施人畜饮水安全工程，到2020年基本解决全国所有地区的人畜饮水困难。由于旱灾的频繁与定损的复杂性，目前各地在推行农业灾害保险时很少将旱灾纳入应保险种。今后应积极试点，摸索经验，逐步开展，以增强群众的防旱减灾意识，减轻国家负担和促进灾后农业生产的恢复。

7.4.6 高分辨率对地观测系统的减灾应用能力建设

2015年12月29日0时04分，我国在西昌卫星发射中心用长征三号乙运载火箭成功发射高分四号卫星，卫星顺利进入预定轨道位置。“高分四号”卫星成功发射标志着“十二五”我国航天宇航任务圆满收官，也标志着我国自然灾害监测、预警与评估达到分钟级高时间分辨率监测能力，将在防灾减灾等领域发挥重要作用。高分四号卫星是我国首颗地球同步轨道高分辨率对地观测光学成像遥感卫星，是实现国家高分重大专项目标的重要基础和组成部分。高分四号卫星配置一台可见光50 m/中波红外400 m分辨率的面阵相机，设计使用寿命8年。该卫星由中国航天科技集团公司所属中国空间技术研究院负责抓总研制，具有分钟级凝视观测、快速机动灵活成像、多观测模式等特点，能够为我国及周边地区提供高时间分辨率、大范围和50 m分辨率连续观测遥感数据。针对旱灾监测与评估而言，高分四号卫星数据以其高时间分辨率、中等空间分辨率的数据特点，将有效补充环境减灾卫星、高分一号卫星数据，形成较为完善的时空序列数据，对于有效识别干旱异常具有重要作用。

为有效地应对干旱灾害，针对其影响范围广、持续时间长等特点，大范围监测、风险评估以低分辨率气象卫星为主，区域监测与损失评估以中高分辨率陆地观测为主的旱灾监测与评估工作模式已有效形成了。随着现有卫星资源，尤其是中分辨率陆地卫星资源的不断丰富，为有效地提升干旱监测与评估水平，仍需开展以下工作。加强新型旱灾监测工作模式分析。高分四号卫星为全球首颗静止轨道中高分辨率遥感卫星，可有效弥补极轨卫星观测时间不灵活的特点，提高及时、有效的观测数据。因此，在旱灾监测方法，需针对高分四号卫星特点，制定合理的旱灾监测工作模式，提升应用能力。

加强旱灾监测关键技术研发。高分四号数据具有高时间分辨率观测特点，且旱灾监测多采用多年历史观测数据，面临地表覆盖类型变化、气候变化、作物物候期影响等长时间序列下垫面参数变化对监测指数的影响，更需加强高时效数据快速处理、去除趋势影响的灾害异常信息提取等关键技术的研发，提高旱灾监测和评估精度。提升多源遥感数据综合应用能力。旱灾监测需要长时间序列历史数据作为参考和依据，自2008年环境减灾卫星发射以来，我国已形成了以自出中分辨率遥感卫星为主的旱灾监测与评估业务，2013年高分一号卫星发射以来，空间分辨率显著提升，有效地提高了旱灾监测与评估精度。但高分四号50 m空间分辨率、分钟级高时间分辨率的观测特点，给旱灾监测带来了挑战，需要加强国产卫星数据特点与能力分析，加强多源数据的综合应用水平，取长补短，提升旱灾监测与评估水平。

7.5 应对未来旱灾风险的合作机制

7.5.1 应对未来旱灾风险的国内合作机制

抗旱是一项复杂的社会系统工程，必须动员全社会的力量，不同部门、不同区域之间协同联动，才能实现高效和科学抗旱，减轻旱灾的风险与损失。应对未来旱灾风险的国内合作机制包括以下六个方面：

(1)按流域综合治理与统一管理

水资源紧缺地区普遍存在上下游争水现象,必须建立按流域综合治理水系与统一管理流域水资源的制度,提倡上下游的区域合作,兼顾上中下游地区的利益,处理好争水的矛盾。上游地区负有保护水源地生态环境的责任,防止污染,避免超量用水;下游地区应对上游水源保护给予适当生态补偿。有些地方实行上游水库的水权制,规定中下游地区要购买上游水库的水,这一做法需要商榷。首先要考虑流域水系的水资源分布与用水的历史状况,不能因为上游兴建水库改变了原貌,水权就全部属于上游地区,否则将鼓励各行其是任意拦截,造成中下游地区水资源枯竭的人为灾难。其次还应考虑修建水库时上中下游地区各自做出的贡献。最后还应考虑流域经济布局,从整体效益最大化的目标出发,合理分配上中下游的用水量和生产、生活、生态用水的比例,使流域水资源能够永续利用,流域社会经济得以可持续发展。为此,将完善有关水权、水资源合理分配和水源地环境保护的法规和制度,并制定可操作的细则和奖惩制度。

(2)部门间的协调联动

抗旱涉及用水、管水的不同产业和减灾的不同部门,如农业干旱主要涉及农业、水利、气象、民政等部门,城市干旱除上述部门外还涉及市政、园林、交通、供水等部门,救灾还涉及民政、保险、医疗等部门,部队、武警、志愿者和慈善机构。发生严重干旱时,无论是有限水资源的合理分配,还是抗旱与救灾行动都需要各个部门之间的通力合作。必须在区域防汛抗旱指挥部的统一组织协调下,各司其职,各负其责,确保把有限的水资源与抗旱设施优先用于保民生,然后按照不同产业或地块的重要性和受影响程度分配可用水资源。除抗旱应急期间按照预案规定各司其职和按照抗旱指挥机构的统一部署协调联动外,在平时也要按照抗旱规划各负其责,相互支援,加强区域抗旱能力的建设。

(3)旱情与抗旱信息的共享机制

旱情与抗旱信息共享是实现部门间协调联动和发动全社会力量抗旱的必要前提。旱情信息包括雨情、墒情、水情、农情、工情、灾情和社会经济情况,分别由气象、水文、农业、水工、民政和经济管理部门掌握。必须建立区域与全国性的抗旱信息系统,实现信息的共享和迅速的传输,抗旱指挥中心才能做到科学决策和抗旱资源的优化配置,实现高效率和高效益的抗旱。抗旱信息系统包括旱情与抗旱信息的采集、传输与处理三个子系统,以及相应的通信网络及信息服务系统,目前已具有一定的规模和一定程度的共享,但还不够完善。

(4)多学科综合研究合作攻关

抗旱是复杂的系统工程,虽然几十年来在涉及抗旱的大气科学、水科学、水土保持、生态学、植物生理学、农学、林学、土壤学、灾害学及系统工程等方面开展了不少研究,取得了不少成果,但单学科研究成果较多,综合研究的成果较少,远不能满足抗旱工作的需要和适应水资源日益紧缺与干旱频繁发生的形势。如干旱指标目前不下数百种,至今尚无普遍适用的干旱指标。干旱类型有气象干旱、水文干旱、土壤干旱、农业干旱、城市干旱等,其发生并不一致,如有时发生了较为严重的气象干旱,但由于土壤底墒充足或作物根系发育好,农业干旱并不严重,又由于上年多雨,水库蓄水充足和地下水位回升,城市干旱也不严重。反之,在承灾体存在明显的脆弱性的情况下,不很严重的气象干旱也有可能造成严重的旱灾后果。在实际工作中上述干旱类型往往被混淆而发生盲目的抗旱行动,造成水资源与抗旱资源的浪费。同时也存在对于实际已相当严重的旱情估计不足,行动迟缓,延误时机的情况。为此,应大力加强学科间的交叉研究与综合研究,为高效率与高效益的抗旱提供充分的科学依据。

(5)区域间的合作

抗旱区域合作不仅需要流域内的合作,还需要流域间的合作。中国的耕地资源、社会经济资源与水资源的匹配不良,在具备条件的地方可进行跨流域调水。输出水资源地区应顾全大局,发扬风格;受益地区应给予输水源地一定的经济补偿。丰水地区多水灾,干旱地区多旱灾。发生灾害时,非灾区应大力支援灾区的抗灾斗争。在经济布局上,干旱缺水地区应以少耗水和水分利用效率高的产业和作物为主,国计民生所必需的高耗水产业和作物则应主要安排在丰水地区生产。在产业与作物布局和社会经济资源分配上都应尽量改善水资源与耕地及社会经济资源的匹配,以实现全国的整体资源优化配置。

(6)全社会的抗旱节水

中国总体上是一个缺水的国家,抗旱节水关系到国家与民族未来的可持续发展,是全社会的事业,必须发动全社会的力量抗旱减灾。城市与农村要实现抗旱的协同与联动,城市要在技术、资金、设备和人力上大力支援农村的抗旱,随着农村人口的城市化,城市用水将不断增加并挤占农业用水。为此,必须协调好城乡关系。应建设节水型城市与节水型经济,城市污水应经过初步处理作为灌溉用水。农村也要厉行节水和保护水环境,努力保障城市的供水安全。要在全社会形成珍惜水资源和人人有责任节水的氛围,各行各业都应采取严格的节水措施,积极开展建设节水型城市、节水型社区的活动,构筑共建节水型社会的氛围。

7.5.2 应对未来旱灾风险的国际合作机制

(1)中国政府积极支持应对未来旱灾风险的国际合作

干旱已成为全球影响范围最广的自然灾害,为了更好地开展减轻旱灾风险的区域和全球合作,推动国际社会对这项工作的重视和投入,2005 年 3 月,中国国家减灾委员会、民政部代表中国政府与联合国国际减灾战略签署合作备忘录,双方同意合作建立国际减轻旱灾风险中心。2007 年 4 月,国际减轻旱灾风险中心(ICDRR)在北京正式成立,是中国政府对于执行兵库行动纲领的贡献,对于促进联合国所倡导的通过利用综合手段共同协作减轻旱灾风险、促进减轻旱灾风险国际网络的发展、提高国际减轻旱灾风险的综合能力、减轻旱灾对世界各国的影响有着重要意义。目前,国际减轻旱灾风险中心(ICDRR)已经初步建立了门户网站、专家机构数据库系统;并将自身工作纳入"中非合作论坛"2010—2012 年行动计划中,以拓展非洲减轻旱灾风险的工作;同时,积极与 UNISDR、UNESCAP 紧密合作,推动亚太及非洲地区的减轻旱灾风险区域合作的工作。

2007 年 1 月 29 日,政府间气候变化专门委员会(IPCC)在巴黎召开会议发表的报告,认为气候变化将导致中国、澳大利亚、欧洲及美洲部分地区严重干旱,面临缺水的全球人口将高达11亿至32亿，2亿至6亿人将面临食物匮乏。减轻旱灾是世界各国共同面临的重大课题，建立国际抗旱合作机制势在必行。

目前国际社会正努力从源头上降低旱灾发生的可能。2009年2月16日是《京都议定书》正式生效4周年，中国积极参加了应对气候变化的多项国际合作，为减缓和适应气候变化，减轻干旱等极端气候事件的比例影响做出自己的努力。在改善环境方面，各国都在加紧采取行动，如旨在遏制沙漠化，缓解萨赫勒地区干旱少雨状况的非洲"绿色长城"计划已经进入实施阶段。2015年3月，在日本仙台举行的第三次联合国世界减灾大会，正式通过了《2015—2030年仙台减灾框架》(HFA2)，提出了未来15年全球应对气候变化，促进可持续发展和推动世界减灾战略实施的方向，也为各国开展减轻旱灾风险的国际合作工作指明了方向。中国也承诺积极落实《2015—2030年仙台减灾框架》的工作，这必将对我国开展减轻旱灾风险的国际交流合作产生积极的影响和推动作用。

(2)应对旱灾风险国际合作的主要内容

旱灾风险防范应在以下四个方面进一步加强国际合作。一是制定双边、多边合作的政策、策略和方式。二是加强技术创新与合作。在抗旱减灾与水资源保护等领域开展密切合作，加大抗旱新技术、新材料、新设备的研究与开发力度并广泛推广应用。三是加强干旱预测预报的联合研究，结合全球气候变化和重大干旱事件，加大预测预报的国际联合研究力度，努力提高预测预报精度和延长预见期。四是加强技术交流和人员培训，定期或不定期召开研讨会，相互学习和借鉴有关经验。开展多种形式的技术培训，提高从业人员的素质和能力。实现灾害信息共享，推广普及先进技术，建立良好的国际合作机制。

在抗旱农艺技术方面，由于抗旱育种比较复杂，需要通过国际合作实现多学科、多领域的多方合作机制，把传统的农艺学研究、生理生化研究、种质资源研究、遗传研究、育种方法研究与新的生物技术研究、基因组学研究、蛋白组学研究等结合起来，共同解决作物抗旱性这个难题。

雨水收集利用是干旱缺水地区应对旱灾风险的重要手段。20世纪80年代以后，随着国际雨水集流系统会议的召开和国际雨水集流系统协会的成立，掀起了雨水收集利用理论和技术研究热潮，到2007年共召开了11届雨水集流系统会议。近十几年来每次会议都有中国学者参加，其中第7届会议于1995年在北京召开。

目前世界上受到旱灾威胁最大的是一些最不发达的发展中国家，尤其是撒哈拉以南的非洲地区。2000年成立的中非合作论坛，在向非洲各国提供的经济技术援助中包括应对干旱等自然灾害的农业技术。今后中国还将不断派出农业技术人员，并提供各种物资和技术援助。

导致旱灾发生的气候异常影响到中国的周边国家，中国将加强与相邻的东亚、东南亚、南亚和中亚各国在应对旱灾风险领域的合作。国际河流共同开发是中国与周边邻国应对旱灾风险国际合作的重要内容，1992年开始执行的大湄公河次区域合作项目是亚洲开发银行开展最早和至今最成功的项目。面对2010年冬春澜沧江—湄公河流域严峻的旱灾形势，中方积极与次区域国家加强信息沟通和交流，主动提供水文资料，共同携手抗击旱灾。

7.6 结语

7.6.1 中国旱灾风险防范的基本经验和主要模式

中国是世界上自然灾害，尤其是旱灾最严重的国家之一。60多年来，中国减轻旱灾风险取得的基本经验是(水利部水利水电规划设计总院，2008)：

(1)以科学发展观为指导，坚持全面、协调、可持续发展的原则。

(2)坚持以防为主，防重于抗，抗重于救的方针。

(3)在促进水资源节约、保护和高效利用的基础上，综合运用行政、工程、经济、法律、科技等手段，最大限度地减轻旱灾造成的损失和影响。

(4)政府主导，企业为主体，公众广泛参与，调动全社会的力量抗旱和减轻旱灾风险。宏观调控与市场机制相结合，实现水资源与抗旱资源的优化配置。

(5)坚持效益优先的原则，依靠科技创新和科学管理，努力降低抗旱成本，减轻农民负担。因地制宜，量力而行，注意社会、经济与生态效益的统一。

(6)坚持依法抗旱的原则。依法进行水资源保护法，开展利用、治理、排制、节约和保护，妥善处理上下游、干支流、左右岸、部门间、城乡间、区域间，开发与保护、建设与管理、近期与远期等关系，协调工农业及生活、生产、生态用水。

(7)坚持科学抗旱的原则。宏观上要合理规划经济布局，开源节流，优化配置，高效利用，有效保护水资源；微观上要以提高水资源利用率和水分利用效率为核心，工程措施与非工程措施有机结合，水利措施与其他节水措施相结合，现代技术与传统经验相结合，注重实效。

从盲目抗旱向科学抗旱转变，在理念上表现为从对水资源的无节制索取转变为强调人与自然的和谐相处；在行动上表现为实现两个转变，即从单一抗旱向全面抗旱转变，从被动抗旱向主动抗旱转变。

中国在减轻旱灾风险方面创造了以下几种区域性基本模式：

- 西北干旱区绿洲农业节水灌溉模式。
- 黄土高原集雨补灌旱作节水农业模式。
- 华北平原四水统筹高效利用节水农业模式。
- 南方水稻节水灌溉与栽培模式。
- 北方半干旱区生态适应型旱作农业模式。
- 西南丘陵“水路不通走旱路”抗御季节性干旱模式。
- 本地区节水挖潜为主，跨流域调水为辅的区域抗旱模式。
- 统筹抗旱资源，建设节水型社会的城市抗旱模式。

未来随着节水抗旱工作的不断深入，上述模式将进一步完善，并创造出若干新的模式。

7.6.2 中国减轻中长期旱灾风险的主要对策

中国还是一个发展中国家，农村人口比例大，农业经营规模狭小，抗御旱灾风险的能力仍然较差。部分水利工程年久失修,水资源浪费现象比较普遍,水生产效率和节水抗旱技术水平与发达国家之间的差距较大,在干旱规律和抗旱技术研究方面还有不少薄弱领域,旱灾总体管理水平仍然不高,抗旱工作存在一定的盲目性。目前,旱灾仍然是影响粮食安全和农业稳定发展的最大威胁,与此同时,由于旱灾造成的城市缺水和部分地区的生态环境恶化也在发展。在农村人口加速城市化的过程中,包括城市供水能力在内的基础设施建设脱节,也增大了城市干旱的风险。未来的气候变化和社会经济发展对水资源需求的迅速增加更加大了未来旱灾发生的风险。为此,要全面贯彻科学发展观,坚持以人为本,迫切需要加强中国的干旱规律基础理论研究与抗旱技术研究,提高应对旱灾的管理水平,以确保中国实现在21世纪的社会经济可持续发展和现代化奋斗目标。

为增强应对旱灾风险的能力,需要做好以下几方面的工作:

水源工程:继续实施南水北调等跨流域引水工程,在有条件的地方继续新建和扩建水库;全面整治病险水库和其他水利工程,在采补平衡的前提下调整现有机井布局和增打机井;在黄土高原、北方土石山区和西南季节性干旱山区和北方城市推广雨水收集利用;利用有利天气在旱区,特别是在水库上游实施人工增雨作业;加强水源地的环境保护,确保城乡供水安全。

生态环境建设:继续开展全民植树造林活动,防沙治沙,保持水土,治理和保护水环境,保护基本农田,大力开展农田基本建设,实施沃土工程,整治城市水系,营造有利于减轻旱灾风险的生态环境。

发展节水农业和建设节水型社会:研制适用节水器具,推广先进节水灌溉方式和节水农艺技术,建立适合国情的水价形成机制与水权交易制度,调整经济布局、产业结构和种植结构,实现水资源与耕地资源及社会经济资源的优化配置,在全社会营造珍惜水资源和建设节水型社会的氛围。

抗旱行动:加强干旱与抗旱理论和技术的基础研究,开展多学科的协同攻关综合研究,建立抗旱信息共享机制,提高干旱监测、预测和预警的能力,加强抗旱育种,推广各类防旱抗旱实用技术和旱作农业增产技术,建立健全各级抗旱技术服务组织,逐步推广旱灾保险,调动全社会的力量节水抗旱。

抗旱管理:建立各级抗旱指挥机构,加强抗旱应急能力建设,健全抗旱法制与规章制度,全面编制各级抗旱预案,建立抗旱物资储备,加强部门间的协调联动,按流域统筹分配水资源和统一组织防汛抗旱,加强地区和国际的抗旱合作。

7.6.3　中国与世界旱灾风险防范的未来前景

地球上宜供人类使用的淡水资源只占总水量的不到1%,且分布极不均匀。中国和世界未来的旱灾风险总体上有加大的趋势,一方面是由于人口增长和经济发展引起的需水量增加和水资源紧缺,从1940年到1990年的50年间全球总用水量增加了4倍;另一方面是由于气候变化带来的部分地区气候干旱化,特别是在中纬度大陆东岸和低纬度内陆地区。

与其他资源、环境问题一样,水资源危机与旱灾风险归根到底是发展问题,是人类社会在一定发展阶段对自然资源掠夺性索取和对环境破坏的后果。要减轻旱灾风险,一方面要调整人类活动的方式，杜绝对水资源的无序掠夺和污染；另一方面要进行应对旱灾风险的能力建设。适应气候变化是生态、社会或者经济系统回应实际的或者预期的气候刺激及其影响而做出的调整，包括过程、行动或者结构的改变，以减轻或者抵消潜在损害或者开发与气候变化有关的有利机会（IPCC，2007；2012）。提高旱灾的适应能力，降低灾害风险，已经是全球应对灾害应对气候变化的主要方向。

随着中国社会经济的快速发展，抗旱的物质与技术条件日益改善，应对旱灾风险的能力将不断增强；通过全面贯彻科学发展观，实行依法抗旱、科学抗旱，实现由单一抗旱向全面抗旱，被动抗旱向主动抗旱的两个转变，旱灾风险的管理能力将不断增强。尽管未来中国还面临严重的水资源短缺与旱灾风险，我们一定能够实现社会主义现代化和社会经济可持续发展的宏伟目标。

中国作为一个负责任的发展中大国，将与世界各国一道，承担起保护全球气候和水资源的责任，加强减轻旱灾风险领域的国际交流与合作，采取协调一致的行动，共同应对日益增长的旱灾风险。我们相信，21 世纪的人类能够处理好人与自然的关系，能够依靠科学管理与科技创新，克服面临的各种环境与资源危机，实现人类社会的可持续发展。

参考文献

李树直，2006. 淡水资源挑战中国社会与经济发展目标[N]. 中国改革报，2006-12-05.

李新周，马柱国，刘晓东，2006. 中国北方干旱化年代际特征与大气环流的关系[J]. 大气科学，**30**(2)：277-284.

刘昌明，何希吾，2001. 中国 21 世纪水问题方略[M]. 北京：科学出版社：12-18.

刘颖秋，2005. 干旱灾害对中国社会经济影响研究[M]. 北京：中国水利水电出版社：52-53.

《气候变化国家评估报告》编写委员会，2007. 气候变化国家评估报告[M]. 北京：科学出版社：133-160，205-207.

水利部，2010. 2008 年中国水资源公报[Z]. 中华人民共和国水利部，2010-1-19.

水利部水利水电规划设计总院，2008. 中国抗旱战略研究[M]. 中国水利水电出版社：228-243.

张海，王延平，高鹏程，等，2003. 黄土高原坡地土壤干层形成机理及补水途径研究[J]. 水土保持学报，**17**(3)：162-164.

张庆云，卫捷，陶诗言，2003. 近 50 年华北干旱的年代际和年际变化及大气环流特征[J]. 气候与环境研究，**8**(3)：307-318.

IPCC，2007. *Climate change 2007：impacts，adaptation and vulnerability. contribution of working group Ⅱ to the fourth assessment report of the intergovernmental panel on climate change*. Parry M L，Canziani O F，Palutikof J P，Van Der Linde P J and Hanson C E eds. Cambridge，UK：Cambridge University Press.

IPCC，2012. *Managing the risks of extreme events and disasters to advance climate change adaptation. a special report of working groups Ⅰ and Ⅱ of the intergovernmental panel on climate change*. Cambridge，UK，and New York，NY，USA：Cambridge University Press.

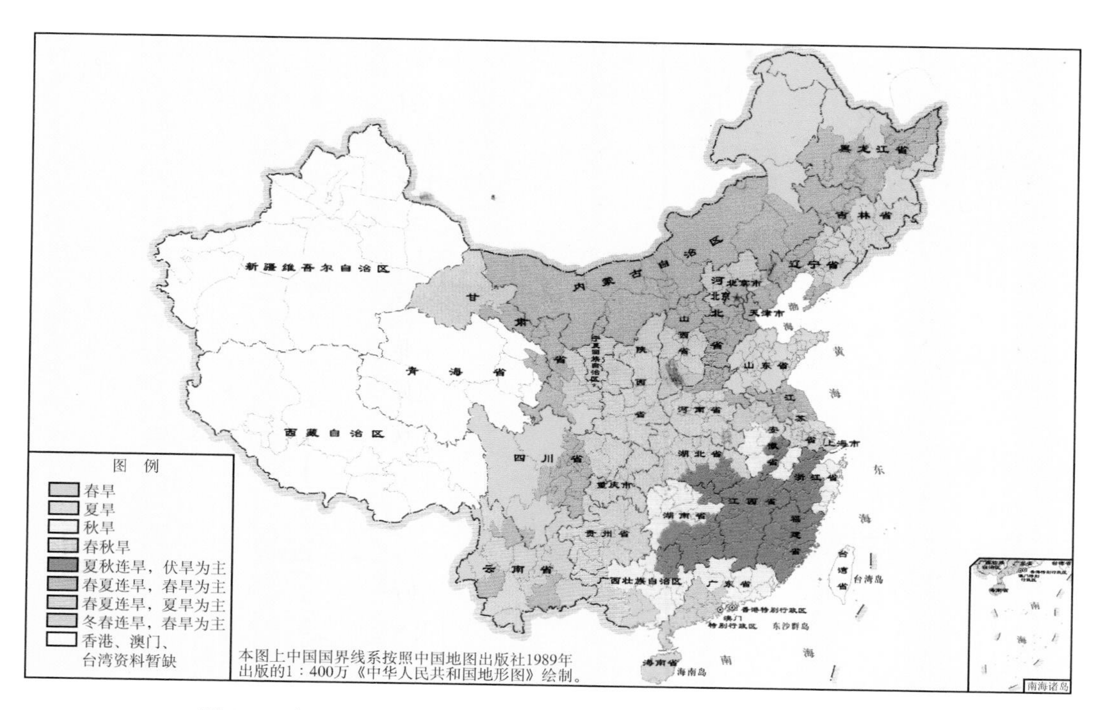

图 2-4　中国干旱的季节分布(水利部水利水电规划设计总院,2008)

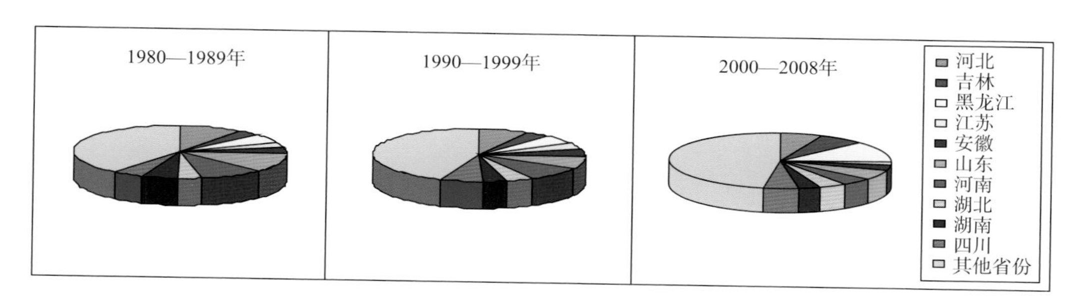

图 3-6　1980—2008 年不同年代粮食主产省因旱受灾面积占全国因旱受灾面积比例

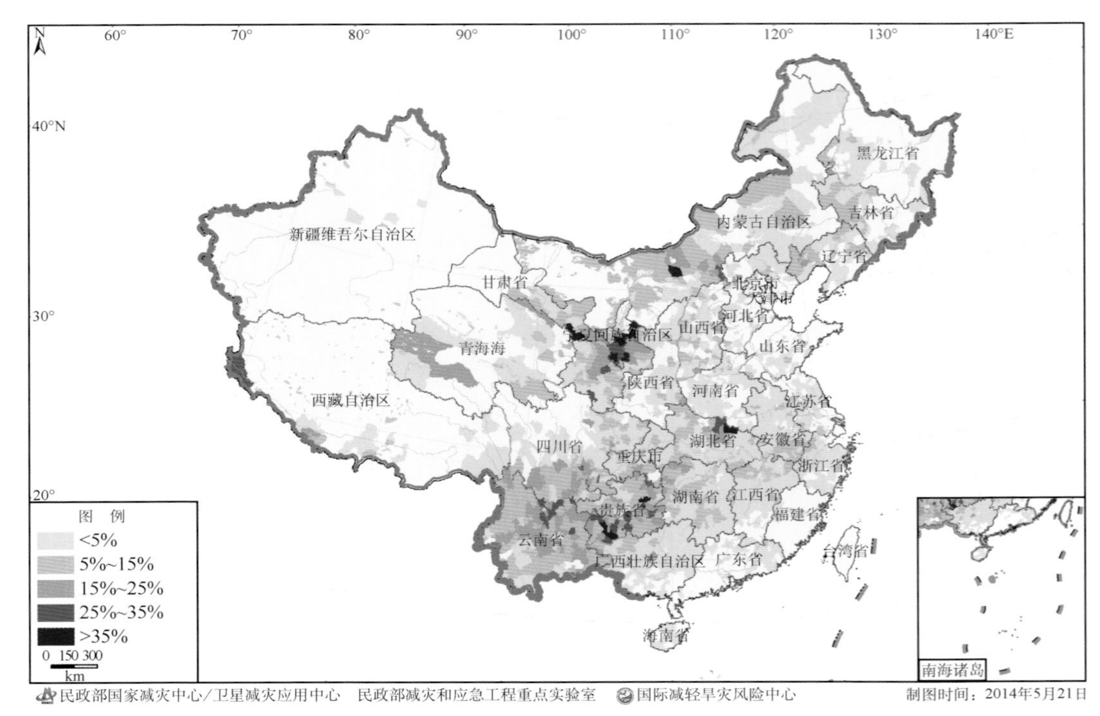

图 4-1 2009—2013 年年均因旱需救助人口占总人口比例

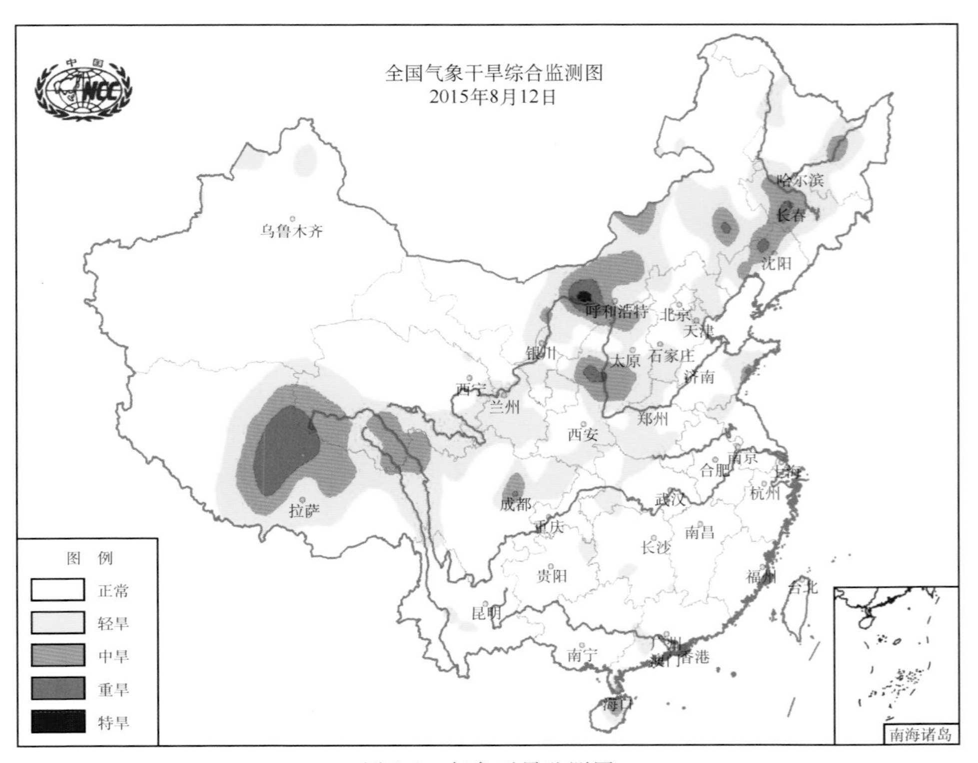

图 5-1 气象干旱监测图

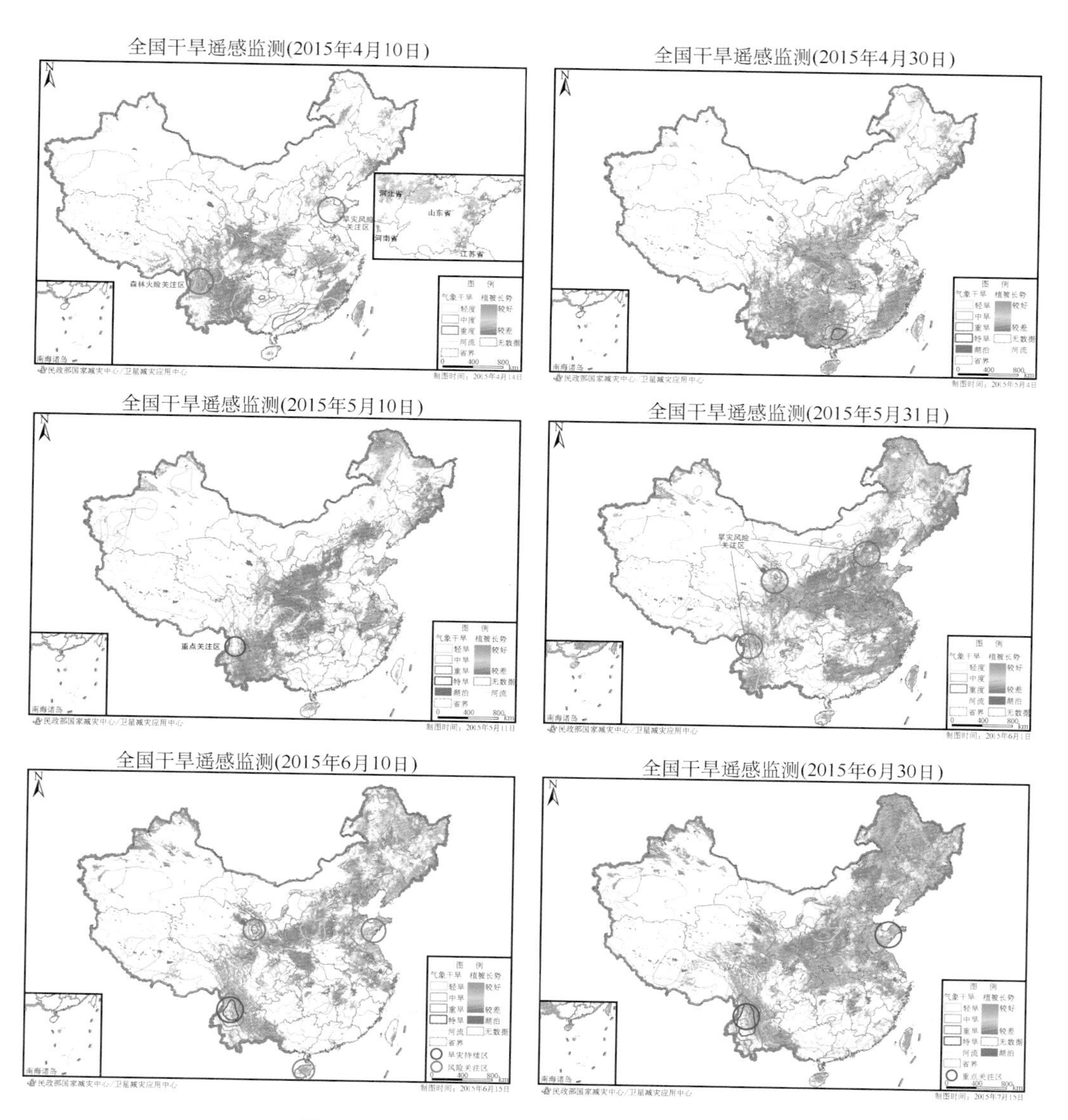

图 5-3　2015 年第二季度全国干旱风险预警

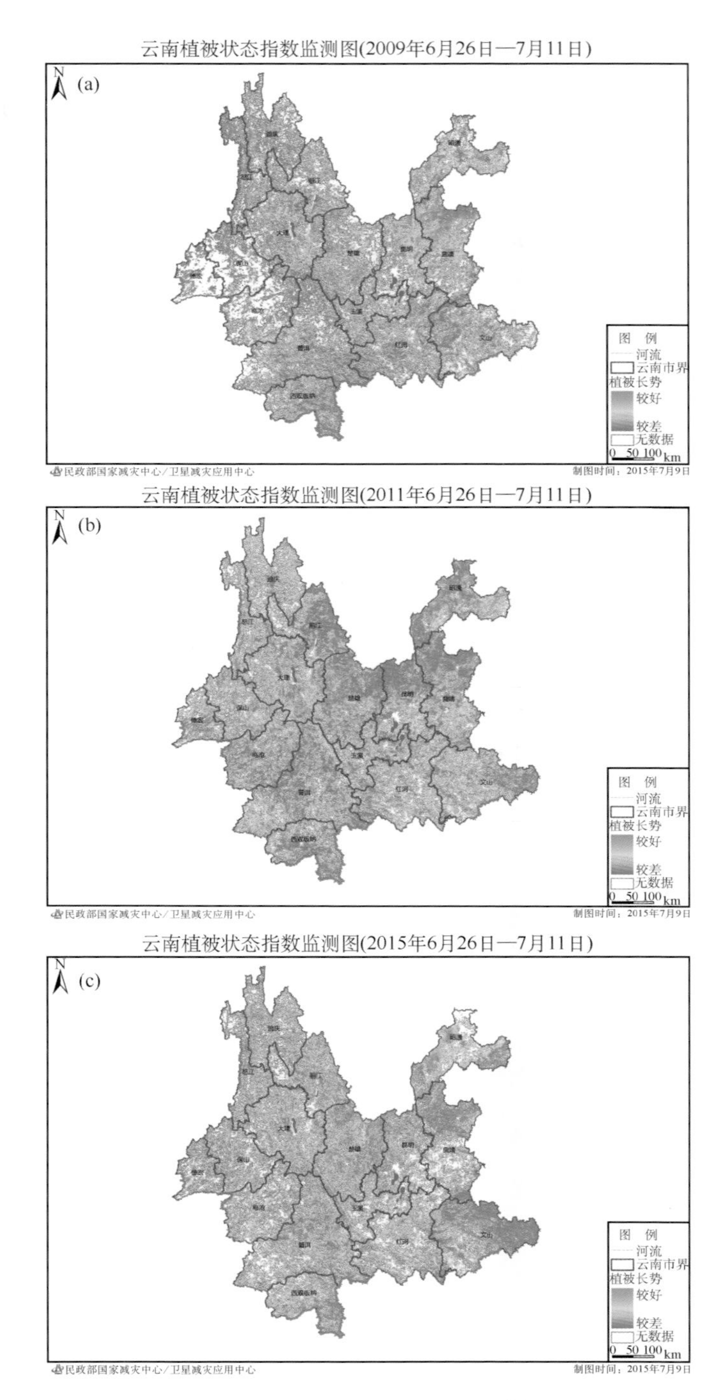

图 5-4　2015 年 7 月上旬及历史同期云南旱灾遥感监测((a):2015 年 7 月;(b):2009 年;(c):2011 年)

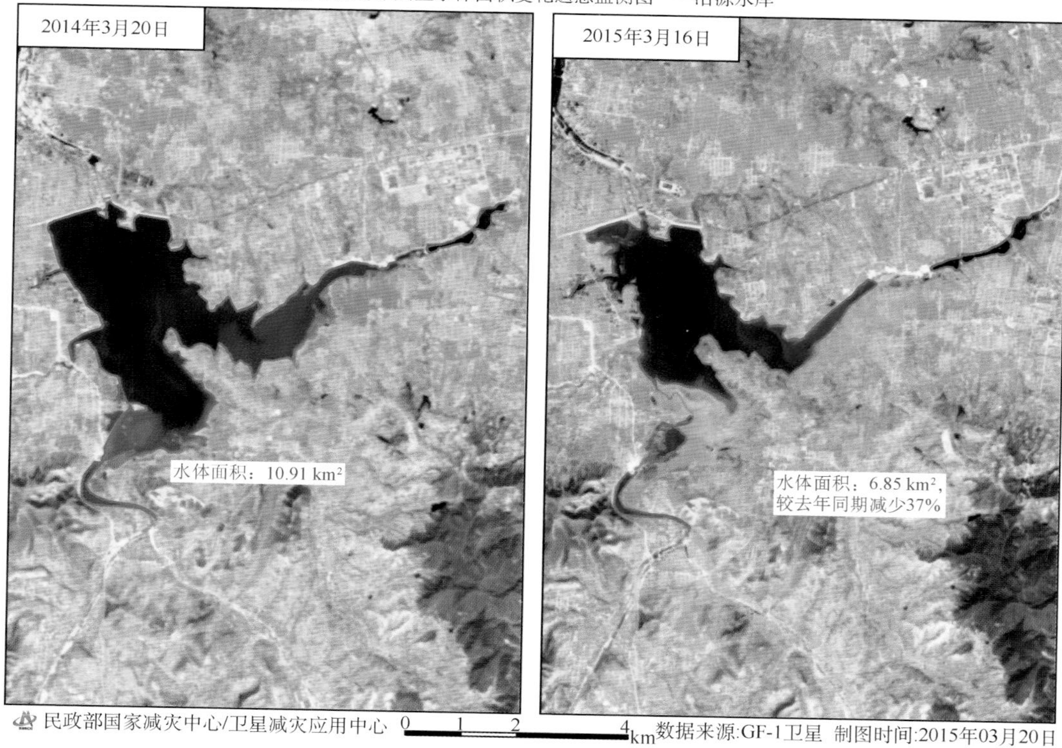

图 5-5 2015 年山东东部干旱引起水库干涸遥感监测

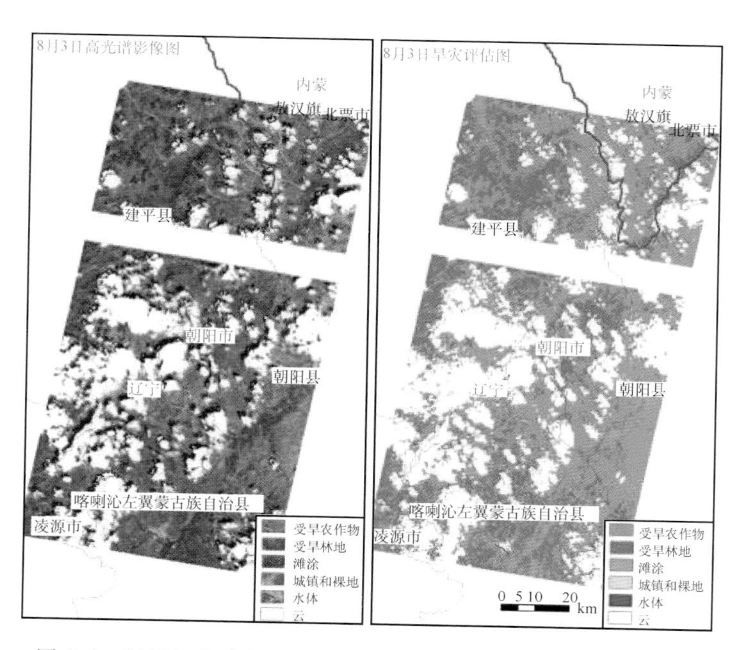

图 5-6 利用超光谱数据对辽宁西部部分地区进行旱灾监测评估

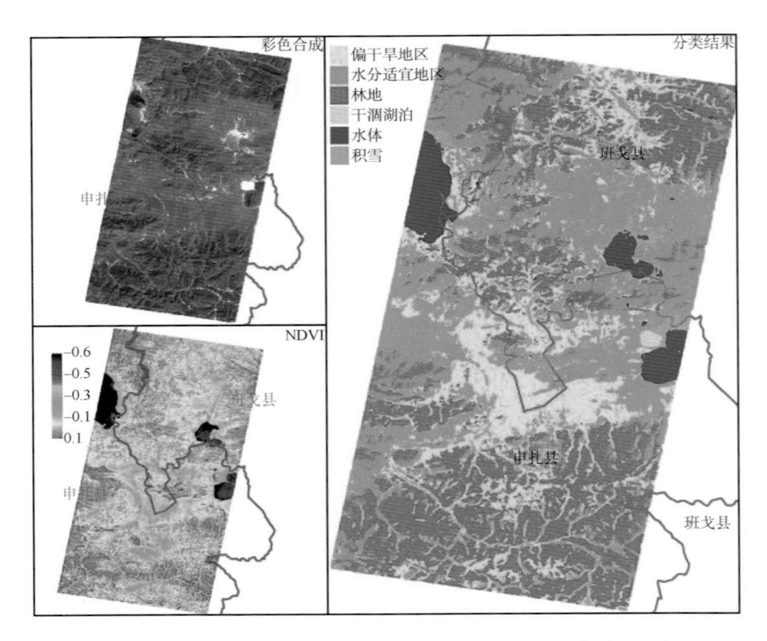

图 5-7　利用超光谱数据对西藏拉萨进行干旱灾害监测

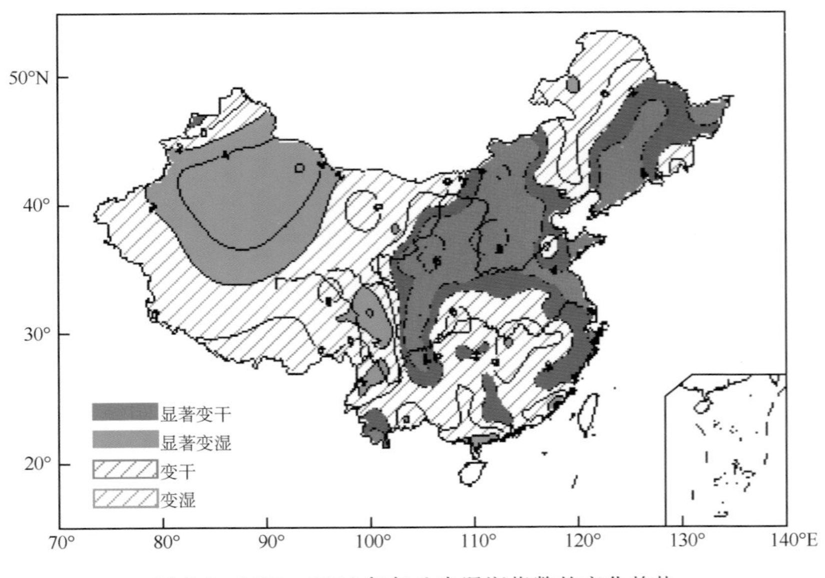

图 7-2　1951—2006 年年地表湿润指数的变化趋势